경이로운
반딧불이의
세계

Silent Sparks
The Wondrous World
of Fireflies

경이로운 반딧불이의 세계

초판 1쇄 인쇄일 2017년 8월 17일   **초판 1쇄 발행일** 2017년 8월 24일

지은이 새라 루이스 | **옮긴이** 김홍옥
펴낸이 박재환 | **편집** 유은재 | **관리** 조영란
펴낸곳 에코리브르 | **주소** 서울시 마포구 동교로 15길 34 3층(04003) | **전화** 702-2530 | **팩스** 702-2532
이메일 ecolivres@hanmail.net | **블로그** http://blog.naver.com/ecolivres
출판등록 2001년 5월 7일 제10-2147호
종이 세종페이퍼 | **인쇄·제본** 상지사 P&B

ISBN 978-89-6263-162-3 03490

책값은 뒤표지에 있습니다.   잘못된 책은 구입한 곳에서 바꿔드립니다.

경이로운
반딧불이의
세계

새라 루이스 지음
김홍옥 옮김

에코리브르

근 90년을 동고동락하면서 서로 위해주고,

어렸을 적에 우리에게 경이라는 감정을 일깨워주신

부모님께 이 책을 바칩니다.

서문: 반딧불이에 매료된 한 과학자의 고백

반딧불이는 우리가 살아가는 세상을 환히 밝혀준다. 몸집이 작은 동물군 가운데 가장 강력한 카리스마를 지닌 반딧불이는 아마도 이 지구상에서 최고로 사랑받는 곤충일 것이다. 그들은 묘하게도 우리가 거듭 경이의 감정에 빠져들도록 이끈다. 당신은 아마도 따사로운 여름 저녁에 이 조용한 불꽃들을 쫓아다니던 어린 날의 추억을 소중하게 간직하고 있을 것이다. 어쩌면 지금 이 순간에도 당신의 뒷마당에서 깜빡거리는 반딧불이의 불빛에 마음을 빼앗기고 있을지 모르겠다. 나는 내 자신이 반딧불이광임을 순순히 인정한다. 아마 당신도 그럴 것이다. 만약 당신이 반딧불이를 정녕 좋아한다면 이 책은 바로 당신을 위해 쓰인 셈이다.

나는 야생의 아이로 자라면서 생명의 다양성에 한껏 매료되었다. 그리고 여덟 살이 될 무렵 이미 생물학자가 되기로 마음먹었다. 찬란하게 쏟아지는 폭포수, 신비로운 독미나리 숲, 눈부신 밤하늘을 바라보면서 자연세계에 눈뜬 나는 경이로움에 민감한 내 감성을 언제까지나 잃지 않겠노라고 다짐하기도 했다. 내가 선택한 직업 이력에서 그 다짐을 지켜내기가 얼마나 지난한 노릇인지 그때는 미처 알지 못했다.

나의 과학적 지식이 급팽창한 시기는 먼저 래드클리프 대학에서, 그다음 듀크 대학에서 학업을 이어가던 때였다. 당시 박사논문을 위해 산호초의 비밀을 캐는 연구를 진행하면서 나는 몇 년 동안 산호초 사이를 헤엄쳐 다니기도 했다. 더러 해수면 아래 18미터 지점에 펼쳐진 산호 서식지를 돌아보다가 깜빡 잠드는 일마저 생겼다. 나는 과학자로 살아온 지난 수십 년을 반딧불이 등 여러 생명체의 성생활을 연구하는 데 통째로 쏟아부었다. 진화생태학자이자 터프츠 대학 생물학과 교수로서의 내 이력은 남들의 부러움을 살 만한 것이다. 단지 호기심이 많다는 이유로, 새로운 과학적 발견을 했다는 이유로 돈을 벌 수 있으니 말이다. 그러나 실은 나 역시 과학 논문을 수백 편 쓰고, 수십 명의 학생을 지도하고, 치열한 경쟁을 뚫고 수많은 연구비를 따내야 했다.

이 과정에서 나는 무엇보다 경이의 감정을 잃지 않으려고 치열하게 노력했다. 하지만 주지하듯이 경이는 과학계에서 그다지 존중받는 가치가 아니다. 우리 같은 학계 종사자들은 그저 학자로서의 생산성, 즉 연구비를 얼마나 따내느냐, 자신의 과학적 발견을 알리는 논문을 몇 편 쓰느냐에 따라 보상이 달라진다. 그러니만큼 경이의 감정에 이끌려서 연구를 한다고 자신 있게 말할 수 있는 과학자는 찾아보기 힘들다. 모종의 불문율에 따르면, 과학자가 자연세계에 경이감을 품는다는 사실은 철저히 비밀에 부쳐야 한다. 그것은 마치 자신은 과학자로서 부적격하며 따라서 불충한 사람임을 제 입으로 실토하는 꼴이기 때문이다. 물론 이 책에서 만나게 될 몇몇 연구자로 대표되는 빼어난

예외가 아예 없는 것은 아니다.

또한 과학적 환원주의도 경이를 가로막는 장애물로 작용한다. 과학자들은 모종의 현상이 어떻게 이뤄지는지 이해하기 위해 그 현상을 구성하는 요소들을 조심스럽게 분해하고 그 내부를 뒤적거린다. 그런데 생명이라 불리는 자그마치 40억 년이나 된 신비로운 직소퍼즐을 생각해보라. 우리는 과학자로서 경이감을 불러일으키는 외부 풍경 그 너머를 보도록 훈련받는다. 따라서 상자를 찢어발기고 퍼즐 조각을 몽땅 쏟아붓는다. 그런 다음 작디작은 조각을 하나 찾아내 그것을 탐구하는 데 전력을 다한다. 각각의 조각을 더욱 잘게 쪼갠 다음 그 가장자리를 손가락으로 매만진다. 형태를 파악하고 위치를 추정하기 위해 윤곽선을 더듬는 것이다. 그리고 끝없는 시행착오와 실험과 관찰을 거쳐 대관절 어떻게 서로 맞물린 조각들을 맞춰나갈지 머리를 싸맨다. 우리는 피나는 노력 끝에 결국에는 모든 조각을 조립하여 전경(全景)을 재구성하게 되는지 모른다. 그러나 그렇게 한 뒤에도, 즉 더없이 세세한 부분에까지 오래오래 주의를 기울인 뒤에도, 과학자들이 최근에 경험한 숨 막히는 경외감을 온전히 되살리기란 어렵다. 선(禪)의 대가 스즈키 순류(鈴木俊隆)의 말마따나 "초심자들은 마음속에 숱한 가능성이 있지만, 전문가들의 마음에는 가능성이 거의 없다".

따라서 경이에 민감한 상태를 유지하고자 처절하게 노력해온 과학자인 나에게는 이 책이 일종의 커밍아웃인 셈이다. 나는 반딧불이의 과학적 세부사항을 탐구하느라 수십 년을 보냈음에도, 아직껏 불빛을 발하는 이 놀라운 생명체를 마주하기만 하면 이내 경이감에 젖어들곤 한다. 비록 공들여 쓴 책이기는 하지만, 반딧불이에 대한 심회를 온전히 담아내기에는 나의 필설이 모자랐다. 나에게, 그리고 아마 당신에게도 반딧불이는 그저 매력적인 존재에 그치지 않을 것이다. 더없이 고혹적인 그들은 우리의 마음을 송두리째 앗아간다. 이제 내가 사랑해 마지않는 그들 삶의 다양한 면모를 비로소 독자들과 공유할 수 있게 되어 기쁘기 그지없다.

그동안 과학자들이 이 생명체에 대해 구축해놓은 지식을 전달할 수 있었던 것도 나로서는 커다란 영광이다. 곧 만나게 되겠지만, 반딧불이에 얽힌 흥미진진한 이야기는 숱하게 많다. 세계 전역의 연구자들은 지난 30년 동안 반딧불이의 놀라운 비밀을 몇 가지 발견했다. 우리는 그들이 어디서 밝은 불빛을 내는지 밝혀냈으며, 그들의 구애 행동과 성생활의 소상한 사항을 알게 되었고, 뜻하지 않게 그들의 독소, 배반과 속임수 따위에 대해서도 알아냈다. 그러나 이와 관련한 발견 결과를 담은 과학 논문들은 흔히 이해하기 어려운 전문용어로 쓰여 있고, 더러 유료사이트에 접속해야만 볼 수 있도록 되어 있다. 나는 이 책에서 과학에 숨결을 불어넣으려고 나름대로 애썼으며, 반딧불이와 관련한 최신 발견 결과를 알기 쉽게 담아내려 노력했다.

이 책을 쓴 데는 한 가지 목표가 더 있다. 나는 경이로운 반딧불이의 세계를 드러내 보임으로써, 도시민이든 숲의 거주민이든 간에 남녀노소를 불문하고 세상 모든 이들에게 나와 함께 밤의 세계로 걸어나가 보자고 설득하고 싶었다. 우리는 우리를 정신 사납게 만드는 허다한 디지털 기기들에 에워싸여 있다시피 하므로, 자연세계와 내내 연결되어 있는 방법을 찾아내기란 여간 어려운 게 아니다. 그러나 자연의 경이를 체험하기 위해 굳이 외딴 황야로 여행을 떠날 필요는 없다. 조용한 불꽃들이 바로 우리 집 뒷마당이나 도심의 공원에서 그저 우리 눈에 띄기를 기다리고 있기 때문이다.

기억하시라, 이 책 끝에 퀴즈 따위는 실려 있지 않으니 계속 읽어가면
서 그저 즐겨주기만 하면 된다는 것을!

차례

1

침묵의 불꽃

그리고 무엇보다 반짝이는 눈으로 당신을 둘러싼 온 세상을 바라보라.
가장 큰 비밀은 언제나 도무지 있을 법하지 않은 장소에 숨어 있으니까.
마법을 믿지 않는 사람은 결코 그것을 발견할 수 없다.

─로알드 달(Roald Dahl)

경이의 세계

반딧불이는 필경 우리와 행성을 공유하는 생명체들 가운데 가장 경이
로운 존재일 것이다. 여름날의 상징인 이 살아 있는 불꽃놀이는 화려
하지만 소리 없는 불꽃쇼로 밤의 풍경을 수놓는다. 발광(發光) 반딧불
이의 우아한 춤은 지난 수 세기 동안 시인, 예술가, 모든 나이대의 어
린이들에게 경이감을 불러일으켜 왔다. 이 조용한 불꽃이 그토록 우리
의 마음을 끄는 까닭은 무엇일까?

반딧불이는 우리들 대다수를 깊은 향수에 젖어들게 한다. 여름날
저녁 들판에서 반딧불이를 쫓아다니며 손바닥에, 잠자리채에, 유리병
에 그 녀석들을 잡아들이던 추억이 떠오르기 때문이다. 우리는 빛을
발하는 이 작은 존재들을 유심히 들여다보면서 경이로움을 느꼈다.
이따금은 심지어 그들 가운데 몇 마리를 눌러 죽인 다음 우리의 몸이

그림 1.1 반딧불이는 어릴 적 기억을 떠오르게 하며, 평범한 풍경을 특별하게 바꿔주며, 우리에게 경이의 감정을 되살려준다.(Photo by Tsuneaki Hiramatsu)

며 얼굴을 여전히 빛나고 있는 그들의 등(燈)으로 장식하기도 했다.

반딧불이는 시간과 공간을 초월하여 마술을 부린다. 눈부시게 빛나는 그들의 몸짓은 평범한 풍광을 오묘하고도 환상적인 풍경으로 뒤바꿔놓는다. 반딧불이는 산사면을 살아 있는 불빛의 폭포로, 교외의 잔디밭을 다른 세계로 들어서는 희미하게 일렁이는 문지방으로, 그리고 맹그로브가 늘어선 고요한 강가를 최면을 거는 듯한 고동치는 디스코텍으로 탈바꿈시킨다.

반딧불이는 전 세계적으로 거의 불가사의한 경외의 대상으로 손꼽힌다. 틀림없이 초기 인류인 호미니드조차 경외에 젖은 눈으로 이 조용한 불꽃을 말없이 응시했을 것이다. 아마도 이것이 반딧불이를 벗

삼고자 밤으로의 여행에 점점 더 많은 관광객이 몰려드는 이유일 것이다. 말레이시아에서는 반딧불이 떼의 현란한 공연이 해마다 8만여 명의 관광객을 끌어모으고 있다. 대만에서는 반딧불이 시즌 동안 거의 9만 명에 달하는 사람들이 반딧불이 관람 여행에 동참한다. 그리고 해마다 6월이 되면 3만 명의 관광객이 오직 일사분란하게 행동하는 〔즉 동기화(synchrony)하는〕 반딧불이의 불꽃쇼를 즐기기 위해 그레이트 스모키산맥〔Great Smoky Mountains: 애팔래치아산맥의 한 산계(山系). 그 일대가 국립공원이다—옮긴이〕을 찾는다. 언젠가 그곳에서 반딧불이를 보기 위해 차로 수백 킬로미터를 달려온 한 여인과 이야기를 나눈 적이 있다. 10년 넘게 해마다 가족 모두가 참석해온 순례여행이라고 했다. 이곳을 계속 찾게 되는 연유가 뭐냐고 묻자, 그녀는 잠시 생각에 잠기더니 천천히 대답했다. "음, 그냥 반딧불이에 대한 경외 때문인 것 같아요." 우리는 모두 경이로움에 젖어 반딧불이의 고요한 신비 앞에 서 있었다. 그들은 우리를 기쁨과 감사로 안내했다.

반딧불이는 수많은 나라에서 그 나라의 문화와 긴밀하게 연관되어 있다. 그러나 지상에서 반딧불이가 가장 멋지게 빛나고 있는 곳은 아마도 일본의 문화에서일 것이다. 책 후반부에서 다루겠지만, 일본인들은 1000년 남짓 반딧불이와 깊은 사랑을 나누어왔다. 여전히 인기가 높은 반딧불이 감상 취미는 신성한 영령, 즉 가미(神)가 자연세계에 확실하게 존재한다고 믿는 고대 신앙 신토(神道: 조상과 자연을 섬기는 일본 종교—옮긴이) 속에 깊숙이 자리 잡고 있다. 반딧불이는 11세기에 일본 여성 소설가의 대중소설 《겐지 이야기(The Tale of Genji)》가 출간된 이래 조용하고 열정적인 사랑의 은유로 통한다. 그런가 하면 반딧불이는 1998년에 발표된 일본 만화영화 〈반딧불이의 묘(墓)〉에 강렬하게 묘사되어 있듯이 사자(死者)의 혼을 대리하는 존재로 여겨지기도 한다. 일본의 예술작품과 시는 수 세기 동안 반딧불이를 찬미해왔다. 수많은 하이쿠(일본의 전통 단시―옮긴이)는 이 곤충을 각별하게 다룬다. 초여름이면 반딧불이가 마치 일시적인 GPS처럼 그 시를 이끌어가는 것이다. 그럼에도 20세기에 접어들면서 모두에게 사랑받던 이 곤충은 일본의 전원지역에서 거의 자취를 감추다시피 했다. 하지만 이내 놀라운 속도로 개체수가 회복되면서 국가적 자긍심의 상징이자 환경보호주의의 표상으로 떠올랐다. 일본의 문화에서 반딧불이는 새로운 상징적 의미를 더하면서 부단히 가치를 키워나가는 것이 마치 빛나는 진주조개와 같다.

반딧불이의 개략적 프로필

지난 200년 동안 반딧불이는 과학적 탐구에 불을 지폈고, 그들의 생화학적 기작·행동·진화에 관한 새로운 통찰을 낳았다. 특히 지난 수십 년간 더없이 활발하게 이루어진 연구를 통해 흥미진진한 발견들이 잇따랐다. 점잖은 겉모습 속에 감춰진 반딧불이의 실제 삶은 놀라우리만치 극적이었다. 그들의 삶은 (교미를 노리며 다가오는) 접근 퇴짜 놓기, 고가의 결혼 선물, 화학무기, 치밀한 속임수, 출혈에 의한 사망 등 흥미로운 현상으로 가득 차 있다. 나는 이 책에서 반딧불이의 숨겨진 세계를 여과 없이 자세하게 드러내고자 한다.

반딧불이는 lightningbug(점멸발광 반딧불이), candle fly, glow-worm(백열발광 반딧불이), fire bob, firebug(우리말로 옮기면 모두 '반딧불이'

로 같기에 그대로 원어만 적는다—옮긴이) 등 수많은 이름으로 불린다. 그러나 그들은 파리도 벌레(bug)도 아니며, 다름 아닌 딱정벌레(beetle)다. 딱정벌레목(Coleoptera)이라고도 알려진 이들은 무척이나 다양하고 생명력 있는 곤충 집단이다. 3억 년 전에 딱정벌레가 처음 진화했을 때는 이미 다른 수많은 곤충들이 존재하고 있는 상태였다. 그러나 딱정벌레는 마치 폭발하듯 무수한 종으로 분화함으로써 크게 번성했다. 오늘날에는 40만 종의 딱정벌레가 지구상의 어딘가에서 살아가고 있다. 모든 알려진 동물의 무려 25퍼센트에 해당하는 어마어마한 규모다. 반딧불이가 딱정벌레 왕국행 티켓을 거머쥘 수 있었던 비결은 무엇일까? 그들은 모두 '날개가 보호용 싸개에 덮인(sheath-winged)' 곤충이며, 앞날개는 단단한 덮개로 변형되어 어린 비행용 날개를 보호해 준다.

모든 반딧불이는 딱정벌레목의 하위 과인 반딧불잇과(Lampyridae)에 속해 있다. 이 과의 딱정벌레들은 그들이 공유한 몇 가지 특징에 의해 구분할 수 있다. 생물발광〔bioluminescence: 그리스어 바이오스(bios, 생)와 라틴어 루멘(lumen, 빛)의 조어〕이야말로 그들의 첫째가는 특징이다. 물론

그림 1.2 반딧불이는 실제로 딱정벌레의 일종이다. 그들의 앞날개는 단단한 덮개로 변해서 비행에 쓰이는 여린 뒷날개를 보호해준다.(동부반딧불이 포티누스 피랄리스. Photo by Terry Priest)

그림 1.3 오래전 이 반딧불이 두 마리는 나무의 진에 들러붙는 바람에 현행범으로 딱 걸리고 말았다.(사진: 마크 브래넘(Marc Branham)의 허락하에 게재)

대다수 반딧불이가 이 능력을 오로지 유충 단계에서만 사용하지만 말이다. 또한 반딧불이는 몸이 상대적으로 부드럽다는 특색이 있다. 만약 당신이 반딧불이를 만져본 적이 있다면 그들의 몸이 대개의 딱정벌레에서 흔히 볼 수 있는 딱딱한 몸과 비교할 때 약간 말랑말랑하다는 사실을 알아차렸을 것이다. 마지막으로 모든 반딧불이는 특이하게도 머리 뒤를 덮어주는 반반한 방패를 지니고 있다.

모든 살아 있는 반딧불이는 서로 닮았을뿐더러 그 유전적 기원이 단 하나의 공통된 조상으로 거슬러 올라간다. 이 원시 반딧불이는 아마도 약 1억 5000만 년 전, 공룡이 주름잡던 쥐라기 때 살았을 것이다. 당시에 곤충들은 저마다 확산하고 다양화하면서 새로운 생태적 틈새들(ecological niches)을 메웠다.(가령 공룡의 똥을 먹는 것으로 특화한 어느 바퀴벌레처럼 말이다.) 우리는 고대의 반딧불이가 무엇을 먹고 살았는지는 잘 모르지만, 장장 2600만 년 전에도 이미 그 모습이 지금 우리가 보는 것과 비슷하다는 사실은 알고 있다. 그 사실은 이렇게 해서 알려졌다. 즉 반딧불이 몇 마리가 찐득찐득한 '나무의 진〔수지(樹脂)〕'에 들러붙어 있었는데, 그 진이 나중에 호박(광물)으로 굳으면서 안에 갇혀 세밀한 부분까지 완벽하게 보존된 것이다. 그 가운데 연도가 1900만 년 전 것으로 추정되는 어느 호박 조각에는 짝짓기 중인 반딧불이 한 쌍이 영원히 사랑을 나누는 상태로 보존되어 있다.(그림 1.3)

사람들은 흔히 반딧불이가 단 하나가 아니라 무척이나 종류가 많다는 사실을 알면 깜짝 놀란다. 반딧불이는 실제로 약 2000종이 세계 각지에 흩어져 살아간다. 전체적으로 반딧불이는 남위 55도상의 티에라델푸에고 제도에서 북위 55도상의 스웨덴에 이르기까지 폭넓게 분포하며, 남극대륙을 제외한 모든 대륙을 아름답게 장식해주고 있다. 다른 대다수 생명체에게도 해당하듯이, 반딧불이 역시 종 다양성이 열대지방에서 가장 크다. 그들의 종 다양성은 특히 아시아와 남아메리카의 열대지방에서 최고조에 달한다. 브라질만 해도 그 한 나라에 서로 다른 반딧불이가 자그마치 350종이나 살아간다. 북아메리카는 알려진 반딧불이가 120종을 웃돈다. 북아메리카에서 가장 다양한 종의 반딧불이가 서식하는 곳은 미국 남동부 주들, 특히 조지아 주와 플로리다 주다. 이 두 주에는 각각 50종의 반딧불이가 살아간다. 반면 알래스카 주 전역에는 단 한 종의 반딧불이만이 서식한다. 반딧불이에 관한 과학적 연구는 오랫동안 주로 새로운 종을 식별하고 분류하는 데, 말하자면 새로운 종을 발견하고 명명하고 그들의 해부학적 특성을 기술하는 데 주력해왔다. 심지어 오늘날에도 계속 새로운 종이 발견되고 있다.

세 가지 구애 방식: 점멸발광, 백열발광, 향

반딧불이는 진화 과정을 거쳐 크게 번성하면서 짝을 발견하고 유혹하는 방식을 놀라우리만치 다채롭게 고안해냈다. 오늘날의 반딧불이는 일반적으로 구애 방식에 따라 구분한다. 일부 종은 짝을 꼬드기기 위해 밝은 불빛을 빠르게 깜빡거린다. 그런가 하면 어느 종은 은은한 불빛을 사용하고, 또 어느 종은 바람에 실려 다니는 눈에 보이지 않는

그림 1.4 북아메리카에 서식하는 전형적인 점멸발광 반딧불이. 미국의 동부반딧불이 수컷은 J자 모양의 밝고 빠른 점멸 불빛으로 자기 종의 암컷에게 구애한다.(포티누스 피랄리스. Photo by Alex Wild)

향(perfume)을 이용한다.

'점멸발광 반딧불이'는 불빛을 켰다 껐다 하는 능력 덕택에 이런 이름을 얻었다. 이들의 암수는 불빛이라는 언어로 사랑을 노래한다. 멋진 야간 공연으로 유명한 이들이 북아메리카 전역에서 가장 흔히 볼 수 있는 반딧불이다. 또렷한 깜빡임은 점멸발광 반딧불이가 유망한 교미 상대와 미묘한 대화를 나눌 수 있도록 해준다. 일반적으로 '날아다니는' 수컷은 뚜렷이 구분되는 점멸 패턴을 송신하고, '착생인' 암컷은 역시나 점멸로 화답한다. 이러한 구애 형태는 몇몇 상이한 반딧불이 혈통에서 진화해왔다. 점멸발광 반딧불이는 로키산맥의 동쪽에는 도처에 흔하지만, 알려지지 않은 몇 가지 이유로 미국과 캐나다의 서부 주들에서는 오직 일부 지역에서만 간간이 발견된다.

흔히 동부반딧불이라는 일반명으로 알려진 포티누스 피랄리스(*Photinus pyralis*)는 점멸발광 반딧불이의 전형으로 여겨진다. 이들의 영어 일반명 'Big Dipper firefly'를 보면 이 딱정벌레가 점멸 종이라는 사실뿐 아니라 몸집이 크다(최대 15밀리미터나 된다)는 것도 짐작할 수 있다. 깜빡이는 수컷은 처음에 아래로 툭 떨어지다가 다시 사뿐히 올라붙어 불빛으로 하늘에 J자를 그린다. 동부반딧불이는 아이오와 주에서 텍사스 주, 캔자스 주에서 뉴저지 주에 이르는 미국 동부 전역에서 발견된다. 오직 해거름 녘에만 왕성하게 활동하는 이들은 땅바닥 가까이 날기에 심지어 어린아이들조차 쉽사리 잡을 수 있다. 이 점멸발광 반딧불이는 서식지 선택이 그리 까다롭지 않아서 흔히 교외의 잔디밭, 골프 코스, 길가, 공원, 대학 교정 위를 날아다니는 모습으로 발견되곤 한다.

그림 1.5 북방반딧불이 암컷이 제 거처인 나뭇가지에 붙어서 날아다니는 수컷을 유인하기 위해 등(燈)을 달랑거리고 있다.(북방반딧불이 람피리스 녹틸루카. Photo by Kip Loades)

북유럽에서 흔히 볼 수 있는 반딧불이는 '백열발광 반딧불이(glow-worm firefly)'다. 통통하고 날개가 없는 이들의 암컷은 오래 지속되는 백열 불빛(glow)을 낸다. 날개가 없고 땅에 매여 사는 암컷은 밤마다 제가 기거하는 나뭇가지로 기어 올라가 몇 시간이고 불을 밝힌 채, 날아다니긴 하되 일반적으로 불빛은 내지 않는 수컷을 유혹한다. 일부 백열발광 반딧불이 암컷은 그 사랑의 묘약에 화학적 향을 더하기도 한다. 이 향은 대기중에 방출되어 나무를 비롯한 다른 수목의 주위를 거침없이 흘러 다니면서 멀찌가니 떨어져 있는 수컷을 유인한다.

전 세계적으로 분포하는 반딧불이종 가운데 약 4분의 1이 백열발광 반딧불이다. 이 가운데 가장 잘 알려진 종은 바로 북방반딧불이(common European glow-worm) 람피리스 녹틸루카(*Lampyris noctiluca*)다.

반딧불이의 의미

반딧불이는 어둠 속에서 발광하는 딱정벌레의 대다수를 차지하지만, 발광이 그들만의 고유한 능력은 아니다. 펜고디드과(phengodid beetle, Phengodidae: 그 유충은 선로벌레(railroad worm)라 불린다)와 방아벌렛과(click beetle, Elateridae, 푸에르토리코에서는 쿠쿠바노(cucubano), 자메이카에서는 피니윌리(peenie-wallie)라 부른다)를 비롯한 몇몇 딱정벌렛과도 발광 능력을 지닌 것으로 알려져 있다.

그렇다면 '반딧불이'라는 명칭이 의미하는 바는 정확하게 무엇인가? 이것은 성충이 빛을 내든 그렇지 않든 간에 딱정벌레에 속한 반딧불잇과의 구성원을 모두 가리키는 개념이다. 반딧불이는 짝을 찾는 데 활용하는 구애 방식에 따라 다음 세 가지 집단으로 분류된다.

1. 점멸발광 반딧불이: 성충은 '재빠르게 켰다 껐다 하는 깜박거림(flash)'을 구애에 활용한다.
2. 백열발광 반딧불이: 날개 없는 암컷이 수컷을 유혹하고자 '오래 지속되는 백열 불빛'을 밝힌다. 반면 수컷은 일반적으로 발광하지 않는다.
3. 검은반딧불이: 이들의 성충은 불빛을 내지 않는다. 대신 대낮에 구애에 나서는데, 짝을 찾기 위해 향 같은 화학신호를 사용한다.

이 특정 백열발광 반딧불이종은 포르투갈에서부터 스칸디나비아 3국에 이르는 유럽 전역, 그리고 러시아의 대부분 지역과 중국에서 발견된다. 백열발광 반딧불이의 구애 형태는 수많은 아시아 반딧불이에서도 흔히 나타난다. 희한하게도 백열발광 반딧불이는 로키산맥의 서쪽에서 몇몇 종이 드문드문 발견되기는 하지만 대체로 북아메리카에서는 희귀한 편이다.

그런가 하면 검은반딧불이(dark firefly)도 널리 분포한다. 이들은 성충이 '낮에' 날아다니고 불빛을 밝히지 않으므로 '검은'반딧불이라는 일반명을 얻었다. 이들의 수컷은 암컷이 바람에 실려 보낸 향을 쫓아 제 짝을 찾아간다. 몇몇 증거에 따르면 최초의 반딧불이도 이와 비슷한 구애 형태를 취했음을 알 수 있다. 낮에 활보하는 검은반딧불이는 북아메리카 전역에서(이번에는 미국과 캐나다 서부에서도) 흔히 발견된다.

그림 1.6 북아메리카에 서식하는 주행성의 검은반딧불이. 이들의 성충 암컷은 수컷을 꼬드기기 위해 불빛 대신 향을 사용한다.[루키도타 아트라(*Lucidota atra*). Photo by Peter Cristofono]

반딧불이의 현황

사람들은 일부러든 우연히든 간에 때때로 반딧불이를 그들 본래의 서식지가 아닌 곳으로 이주시키기도 한다. 소형 백열발광 반딧불이 포스파에누스 헤밉테루스(*Phosphaenus hemipterus*)는 원래 유럽산인데 1947년 캐나다 노바스코샤 주 핼리팩스(Halifax)에서 발견되었다. 수입된 묘목의 뿌리를 감싼 흙 속에 슬그머니 섞여 들어온 것으로 보인다. 이 날개 없는 백열발광 반딧불이는 용케 살아남았을 뿐만 아니라 핼리팩스 근방으로 널리 퍼져나가기까지 했다. 그 가운데 몇 개 집단은 2009년 현재까지도 크게 번성하고 있다. 그러나 그 밖의 이주들은 그다지 성공적이지 못했다. 1950년경, 미국 동부로부터 오리건 주의 포틀랜드, 워싱턴 주의 시애틀 같은 도시로 깜빡이는 포투리스속(*Photuris*)의 몇몇 반딧불이종을 일부러 들여온 일이 있었다. 도시의 공원에 반딧불이가 유유히 노닐게 함으로써 그곳의 풍취를 더해주려는 취지에서였다. 그런데 그들은 몇 주인가 깜빡거리고 다니는가 싶더니 금세 자취를 감추었다. 1950년대에도 또 한 차례 이주 시도가 있었다. 하와이의 달팽이를 억제하려고 일본의 반딧불이를 들여온 것이다. 이들 역시 살아남지 못했다. 그렇다면 어째서 어떤 반딧불이는 살아남을뿐더러 크게 번성하는 데 반해 어떤 반딧불이는 그렇지 못한가, 이것은 여전히 풀리지 않는 수수께끼로 남아 있다. 새로 정착한 지역의 온도·습도·토양 같은 조건이 맞지 않았을 수도 있고, 그들이 가장 좋아하는 먹잇감이 부족하거나 아예 없었을 가능성도 있고, 거기에 모종의 낯선 포식자가 도사리고 있었을지도 모른다.

우리는 지금이야 생명체(설사 아름다울뿐더러 겉으로는 아무 해가 없어 보이는 반딧불이 같은 생명체라 할지라도)를 일부러 재배치하는 것이 일반적으로 바람직하지 않음을 인식하고 있다. 수많은 멋진 식물들(털부처손(purple loosestrife), 부레옥잠(water hyacinth), 호장근(Japanese knotweed) 따위)은 당초 관상용으로 미국에 들여온 것이다. 그러나 이 외래종은 대번에 침략종으로 돌변했다. 사정없이 뻗어가면서 토착종을 밀어냈으며, 생태계를 크나큰 혼란에 빠뜨린 것이다. 모든 살아 있는 종은 정교한, 그러나 더러 잘 알려지지 않은 생물학적 관계망 속에 놓여 있다. 우리가 어떤 장소에 있는 생명체를 가져다가 다른 곳에 옮겨놓는 식으로 이

관계망을 건드리면 무슨 일이 벌어질지는 아무도 장담하지 못한다.

책의 개요

이 책을 읽는 것은 발광 반딧불이의 삶에 대한 안내원 딸린 여행을 떠나는 것이나 다름없다. 우리는 그들의 구애 의식, 그들이 지닌 강력한 독성, 매혹적인 의태, 현재 처해 있는 곤경 등 그들의 겉모습 뒤에 감춰진 진면모와 마주하게 될 것이다. 두말할 필요 없이 이 멋진 이야기들은 탐구심 많은 몇몇 과학자들이 반딧불이의 신비를 밝히고자 밤낮없이 애쓰지 않았더라면 결코 들을 수 없었을 것이다. 1980년대에 반딧불이의 생명현상을 탐구하는 매력에 푹 빠져들기 시작한 나는 수많은 선도적 연구자들을 만나고 그들과 함께 작업하는 행운을 누렸다. 우리는 반딧불이의 이야기를 풀어나가는 동안 반딧불이와 고락을 함께해온 사람들 몇을 만나게 될 것이다. 그들은 그저 과학자에 그치는 존재가 아니다. 우선 린 파우스트(Lynn Faust)를 첫손에 꼽을 수 있다. 그녀는 여성 승마인이요 아이들의 어머니이자 독학한 자연주의자다. 반딧불이의 불꽃과 함께 보낸 유년기는 그녀를 그레이트스모키산맥의 불꽃쇼에 관한 최고 전문가로 성장하도록 이끌었다. 그다음으로 만나볼 사람은 라파엘 드 코크(Raphaël De Cock)라는 음유시인이다. 그는 백열발광 반딧불이의 대가이기도 했던 만큼 이중생활을 한 셈이다. 우리는 제임스 로이드(James Lloyd)와 함께 밤으로의 여행에 나설 것이다. 그는 혼자 있기를 좋아하는 현장생물학자로서 한평생 반딧불이가 야생에서 어떻게 행동하는지 관찰하기 위해 자신의 여름밤을 모조리 바쳤다. 그리고 고(故) 존 보너 버크(John Bonner Buck)의 이야기도 듣게 될 것이다. 그는 열정적인 항해사이자 신중한 실험실 연구를 통해 점멸발광 반딧불이의 기작을 밝혀낸 생리학자다. 전 세계의 다른 모든 이들과 이 과학자들의 집단적 노력에 힘입어 마침내 반딧불이의 가장 내밀한 속살이 드러날 수 있었다.

반딧불이의 신비로운 세계로 들어서기 전에 이 책이 어떻게 구성되어 있는지 간략하게 살펴보자.

2장 '별들의 생활양식'은 모든 반딧불이가 애초에는 초라하게 삶을 시작한다는 내용이다. 반딧불이는 멋진 유년기를 즐긴다. 그들 삶의 대부분(두 살까지)은 땅속에서 살아가는 구더기 모양의 유년 단계다. 반딧불이 유충은 무시무시한 포식자인 것으로 드러났다. 이들은 무섭게 먹어대면서 성장하는 데 몰두한다. 우리는 한 반딧불이가 희미하게 빛을 내는 알에서부터 출발하여 변태라는 신기한 마법을 거치는 전 생애 단계를 추적할 것이다. 반딧불이는 일단 성충 단계에 접어들면 먹는 것은 뒷전이고 자나 깨나 '성(性)'에만 골몰한다. 우리는 테네시 주의 숲으로 걸어 들어가서 불빛의 파도를, 즉 수많은 반딧불이 떼가 우리에게 밀려오면서 일사분란하게 깜빡깜빡 고동치는 장관을 마주하게 될 것이다.

우리가 그토록 찬미하는 화려한 디스플레이는 실상 수컷 반딧불이의 고요한 사랑 노래다. 3장 '풀밭 속의 장엄함'에서는 해거름 녘의 뉴잉글랜드 초원을 찾아가서 점멸발광 반딧불이의 구애 행동을 관찰할 것이다. 나는 거의 30년 동안 지도학생들과 함께 야생에서 반딧불이를 연구한 끝에, 미묘하지만 강력한 진화 과정인 자웅선택에 관한 통찰을 얻을 수 있었다. 우리는 밤에 짝짓기 여정에 나선 수컷 몇 마리를 추적할 것이다. 수컷은 깜빡깜빡 점멸하면서 분주히 제 존재를 과시하며 돌아다니지만, 한껏 촉각을 곤두세우고 있으면서도 짐짓 내숭을 떠는 도도한 암컷은 유독 매력적인 수컷을 발견했을 때에만 점멸 발광으로 화답한다. 그렇다면 암컷 반딧불이는 정확히 어떤 수컷의 특성을 섹시하다고 여길까? 이 책을 읽어가노라면 자연스레 그 답을 알게 될 것이다. 우리는 반딧불이 수컷들이 섹시하게 여겨질 가능성이 지극히 낮다는 사실도 보게 된다. 오직 선택된 소수만이 요염한 암컷을 차지하고 그 경쟁에서 낙오한 수많은 수컷은 가뭇없이 사라진다.

불빛이 꺼진 뒤에는 무슨 일이 벌어지는가? 반딧불이의 성은 불가사의한데, 그것은 그들의 성생활이 어둠 속에서 이루어지기 때문만은 아니다. 4장 '이 패물로 나는 너와 혼인하는 거야'는 성과 관련한 그들의 드라마가 암컷의 생식기관 속 깊고 우묵한 곳에서도 줄곧 이어지고 있음을 보여준다. 현미경으로 반딧불이의 내부를 들여다보던 나는 반딧불이의 성생활에 관한 우리의 관점을 180도 뒤집어놓은 놀라운 사실을 발견했다. 이 장은 우리에게 결혼 선물에 관한 이야기를 들려주며, 이 육감적인 꾸러미가 그 선물의 공여자와 수여자 양자에게 무엇을 의미하는지 보여준다.

백열발광 반딧불이의 암컷은 날개가 없으므로 그들의 생활양식은 다른 반딧불이들과 극명한 대조를 이룬다. 5장 '비행의 꿈'에서는 희귀한 미국의 백열발광 반딧불이 블루고스트반딧불이(blue ghost firefly) 파우시스 레티쿨라타(*Phausis reticulata*)를 한 마리 만나볼 것이다. 또한 이 신비로운 반딧불이의 구애 습성을 연구하기 위해 애팔래치아 산맥 남부로 떠나는 현장탐험에 동행할 것이다. 숲바닥 위 무릎 높이 지점을 나는 이 종의 수컷들은 으스스한 백열 불빛을 내면서 암컷을 찾아다닌다. 한편 작고 날개도 없는 이 종의 암컷들은 쌓인 낙엽더미 속을 천천히 기어 다닌다. 우리는 이 날개 없는 암컷들과 눈높이를 맞추기 위해 몸을 한껏 움츠려 그들의 움벨트〔Umwelt: 야코프 폰 윅스퀼(Jakob von Uexküll)은 저서 《동물과 인간 세계로의 산책(A Foray into the Worlds of Animals and Humans)》에서 지상에 존재하는 객관적 세계인 벨트(Welt)에 대비해 각각의 동물들이 주관적으로 경험하는 현실로서 세계를 '움벨트'라 명명했다—옮긴이〕 속으로 들어가서 그들의 눈으로 세상을 바라볼 것이다.

그렇다면 반딧불이는 과연 어떻게 불빛을 '만들어'낼까? 반딧불이의 불빛은 마력적으로 보이지만, 6장 '발광기관의 생성'에서는 생물발광이 세심하게 조직된 화학작용에 의해 촉발된 결과임을 보게 될 것이다. 우리는 반딧불이의 등(燈) 안에서 그 주인공, 즉 인간의 건강을 보호하는 작용을 하기도 하는 효소 루시페라아제(luciferase)를 만날 것이다. 일부 반딧불이는 불빛을 재빨리 켰다 껐다 할 수 있어서 그 능력에 힘입어 모스부호 같은 또렷한 신호를 만들어낸다. 이들은 첨단기술이라 할 만한 이러한 점멸 능력을 대관절 어떻게 획득하게 되었을까? 우리는 동남아시아 탐색에 나선 초기의 반딧불이 전공자 몇과 동행하여 일부 반딧불이가 어떻게 해서 밤새도록 놀라우리만치 엄밀하게 동기화를 유지하면서 일시에 점멸할 수 있는지 살펴볼 것이다.

그러나 반딧불이가 하나같이 사랑스럽고 온화한 존재인 것만은 아니다. 7장 '독을 숨긴 매혹'은 반딧불이의 어두운 면을 폭로한다. 일부 반딧불이는 강력한 독성물질을 만들어내며, 이 역겨운 화학물질로 새·도마뱀·생쥐를 비롯한 식충 동물의 접근을 막는다. 이 화학무기는 처음에 무슨 연유로 반딧불이의 밝은 불빛이 진화했는지 알려주는 열쇠이기도 하다. 그러나 고혹적인 팜파탈로 대표되는 몇몇 동물들은 여전히 반딧불이를 맛 좋은 먹잇감으로 여긴다.

반딧불이의 세계에는 흥미진진한 사연이 숱하게 많고, 우리는 여전히 반딧불이에 관해 알아내야 할 것이 수두룩하다. 그런데 반딧불이의 개체수는 전 세계적으로 점차 줄어들고 있다. 8장 '반딧불이를 위해 소등을!'은 인간과 반딧불이 간의 복잡미묘하고 더러 파괴적이기도 한 관계를 탐구한다. 또한 서식지 파괴, 빛 공해 따위를 비롯하여 최근의 반딧불이 개체수 감소의 원인으로 꼽힐 만한 요소를 몇 가지 살펴본다. 그리고 사람들이 어느 때는 반딧불이에게서 불빛을 만들어내는 화학물질을 추출하고, 또 어느 때는 그들의 장엄한 아름다움을 즐기는 등 그들을 과잉착취하고 있는 양상에 대해 다룬다. 다행히 미래세대도 이 살아 있는 불꽃을 즐길 수 있으리라는 희망이 아직은 남아 있다. 이 장은 당신의 마당을 좀더 반딧불이 친화적으로 만들 수 있는 실질적 방안을 제안하는 것으로 끝맺는다.

나는 책 말미에서 장비를 챙겨 들고 밤길을 나서서 저마다 자신이 사는 지역의 반딧불이와 친해질 수 있는 기회를 가지도록 독자들을 격려했다. '현장 안내서'는 당신이 북아메리카에서 흔히 볼 수 있는 몇몇 반딧불이종을 식별하고, 그들의 구애 대화를 해석하는 데 도움을 줄 것이다. 마지막 부분에서는 유용한 현장 장비와 관련한 몇 가지 도움말을 실었고, 반딧불이의 경이로운 세계를 훨씬 더 심층적으로 들여다볼 수 있게 해줄 기타 모험들을 소개했다.

나는 이 책에서 평상시와 달리 그래프니 도표니 하는 과학적 표현 도구는 가급적 쓰지 않았다. 만약 여러분이 그런 쪽에 관심이 있다면 각 장의 참고문헌 목록을 참조하여 관련 정보를 찾아보라. 온라인에서 무료로 이용할 수 있는 과학 논문의 경우 링크를 걸어놓았다.(전자책 버전이라면 직접 클릭하면 되고, 단행본 버전이라면 블로그 'Silent Sparks'나 http://press.princeton.edu/titles/10667.html에서 이 링크들을 포함해 장마다 딸린 주를 찾아볼 수 있다.) 또한 특수 용어 몇 가지를 설명하고자 '용어 설명'을 실었다. 혹시라도 더 많은 것을 원한다면 부가적 탐험을 안내해주는 인쇄 자료와 신중하게 선정된 웹사이트 목록을 참조하라.

이제 반딧불이의 숨겨진 세계로 여행을 떠나보자. 우리는 당신의 집 뒷마당에서, 마을 공원에서, 주변의 들판이나 숲에서 밤마다 펼쳐지는 불꽃의 향연을 탐사하면서 그들의 이면을 들추는 여정에 나설 것이다. 자, 문을 열고 가볍게 발걸음을 내디뎌보자.

별들의 생활양식

변화를 이해하는 유일한 방법은
그 속에 뛰어들어서
거기에 발맞추며
함께 뒹구는 것이다.
— 앨런 워츠(Alan Watts)

그레이트스모키산맥 첩첩산중에서

나는 몇 년 전 깊은 경외심을 불러일으키는 반딧불이 체험을 한 일이 있다. 그레이트스모키산맥 국립공원(미국 노스캐롤라이나 주 서남부에서 테네시 주 동남부에 걸쳐 있는 국립공원—옮긴이)에서 테네시 주 토박이 린 파우스트를 만난 것이다. 빼어난 자연주의자인 그녀는 자신이 반딧불이 광임을 순순히 인정한다. 그해 6월, 우리는 미국 최대의 장엄한 볼거리들 가운데 하나를 관람하려고 단 2주로 엄격하게 제한된 기간 동안 그곳을 찾은 수천 명의 방문객 대열에 합류했다. 이 구경거리는 지금이야 북새통을 이룰 만큼 인기가 많지만, 1990년대 중반까지만 해도 엘크몬트(Elkmont)라는 작은 마을에 통나무집을 짓고 살아가던 몇몇 가족들에게만 알려져 있었다.

파우스트는 유년기에 여름내 엘크몬트에서, 즉 그녀의 표현에 따르면 '엘크몬트의 마법 속에서' 안개 낀 숲을 쏘다니고 송어 떼가 노니는 산속 개울에서 물장구를 치며 놀았다. 파우스트는 눈을 반짝이면서 6월의 밤이면 쫓아다니곤 했던 의례에 대해 들려주었다. 동네 아이들은 저녁을 먹은 뒤 모두 잠옷 바람으로 방충망이 쳐진 베란다에 모여들었다. 그들은 거기에서 장차 그녀의 시어머니가 되는 이가 '불꽃쇼(The Light Show)'라고 명명한 것, 그것이 시작되기를 애타게 기다렸다. 그들은 주변 숲에 어둠이 깔리는 모습을 바라보았다. 처음에는 반딧불이가 단지 열 마리 정도만 보이다가 점차 100마리, 이윽고 수천 마리로 불어났다. 그들은 모두 일제히 조용한 불꽃의 향연을 펼쳤다.

파우스트는 이러한 어린 시절을 보내면서 엘크몬트의 매력에 푹 빠져들었다. 나중에 그녀와 그녀의 남편 에드거(Edgar)는 가족을 모두 이끌고 해마다 엘크몬트를 찾았다. 그레이트스모키산맥이 1940년 국립공원으로 지정되었을 때, 연방정부는 엘크몬트에 살던 가족들에게 1992년 12월 31일로 종료시한을 못 박은 장기임대를 유지할 수 있도록 허락해주었다. 약 반세기 뒤, 약속된 그날이 시시각각 먹장구름처럼 다가오고 있었다. 마치 파우스트네를 비롯한 엘크몬트의 모든 거주민들에게 이제 마법은 끝났노라며 으름장을 놓는 것만 같았다. 파우스트는 울먹이면서 그날을 회고했다. 섣달 그믐날 자정을 알리는 소리와 함께, 무장한 공원 경비원들이 들이닥쳐서 공손하지만 단호하게 그녀의 가족과 친구들을 엘크몬트의 통나무집 밖으로 끌어냈다. 몇 달 뒤, 파우스트는 조지아 서던 대학(Georgia Southern University)의 생물학자 존 코플랜드(Jon Copeland) 박사를 만났다. 이때쯤 그녀는 더없이 예리한 반딧불이 관찰자가 되어 있었다. 코플랜드는 동기 점멸하는 것으로 유명한 프테롭틱스속(*Pteroptyx*) 반딧불이를 살펴보기 위해 멀리 동남아시아까지 탐험여행을 떠났다가 막 돌아온 참이었다. 그는 처음에는 파우스트가 들려준 테네시 주의 반딧불이 이야기에 시큰둥한 반응을 보였다. 그때까지만 해도 동기화 반딧불이는 미국에 서식하지 않는다고 알려져 있었던 것이다. 그러나 1993년 여름 파우스트는 끝내 코플랜드와 그의 동료 앤드루 모이세프(Andrew Moiseff)가 엘크몬트를 찾아와서 직접 반딧불이를 관찰하도록 설득할 수 있었다. 코플랜드는 나중에 그 경이로운 발견의 순간을 이렇게 간략하게 묘사했다. 그가 살아가면서 수시로 떠올리곤 하는 순간이다. "안개가 자욱했고 비가 내리는 쌀쌀한 날씨였어요. 어둠이 깔리기 시작했지만 아무 일도 일어나지 않았죠. 저는 꾸벅꾸벅 졸면서 제 차 안에 앉아 있었어요. 그러다가 어느 순간 눈을 떴는데, 그때 눈앞에서 수많은 반딧불이가 동시에 불빛을 깜빡였어요!"

파우스트는 코플랜드와 모이세프가 엘크몬트를 다녀간 뒤 돌아오는 여름마다 그들의 현장조수로 일하게 되었다. 곤충 신경생리학자인 두 남성은 이 특정 반딧불이가 정확한 동기화를 유지하는 방법과 까닭을 알아내고자 피나는 노력을 기울였다. 그때부터 파우스트는 엘크몬트 반딧불이가 정확히 무슨 일을 하고 있는지에 진정으로 관심을 기울이기 시작했다. 그녀는 여름내 세밀한 현장일지를 기록했다. 그리고 겨울마다 그것을 타이핑하여 자신이 찍은 사진을 곁들여 스프링 제본된 단정한 책으로 묶어냈다. 일 년에 한 권꼴이었다. 파우스트의 책장을 메운 현장노트는 이제 스무 권을 넘어서고 있다. 뿐만 아니라 그녀는 테네시 주 동부에서 살아가는 서로 다른 여남은 종의 반딧불이를 면밀히 관찰했다.

세월이 흐르면서 그레이트스모키산맥에는 점점 더 많은 방문객이 모여들었다. 특히나 주연 격의 반딧불이종 포티누스 카롤리누스(Photinus carolinus)의 구애 의례가 빚어내는 천혜의 향연을 관람하기 위해서였다. 처음에는 방문객들이 엘크몬트까지 차를 몰고 갈 수 있었다. 그러나 반딧불이의 인기가 하늘을 찌르자 교통체증이 심해졌고, 차량의 헤드라이트가 반딧불이에게 지장을 주는 지경에까지 이르렀다. 보다 못한 국립공원관리청(National Park Service)은 2006년, 개틀린버그에 있는 슈거랜드 관광안내소에서부터 반딧불이의 관람 최적지까지 셔틀버스를 운행하기 시작했다. 요즘에는 6월의 2주 동안 이제 공식 명칭으로 자리 잡은 '불꽃쇼'를 보기 위해 거의 3만 명에 달하는 방문객이 몰려든다. 필수사항인 셔틀버스 예약은 오직 온라인에서만 가능한데, 매년 단 몇 분 만에 매진되고 만다. 나는 2008년에 파우스트를 만나고 그녀와 함께 그곳의 반딧불이가 연출하는 장관을 직접 목격했으며, 그때부터 그들의 짝짓기 습성을 연구하기 시작했다.

파우스트와 함께 셔틀버스에서 내려섰을 때, 고사리와 녹음이 우거진 숲의 내음과 산을 타고 흘러내리는 개울물 소리가 맨 먼저 우리를 맞았다. 같은 셔틀버스를 타고 온 이들 가운데에는 교회 사람, 손을 맞잡은 젊은 연인도 있었고, 아이들은 앞서서 달리고 어르신들은 뒤따라오는 다세대 가족의 모습도 보였다. 아마도 그들은 저마다의 개인적 신과 교감하기 위해, 혹은 그들 자신보다 더 큰 어떤 존재를 만나기 위해 이곳을 찾았을 것이다. 그들은 자신이 찾는 것이 무엇이든 간에 필시 그것을 만났으리라. 내가 이야기를 나눠본 수많은 방문객들은 이 순례여행을 전에 이미 수차례 와본 경험이 있는 이들이었다. 해마다 불꽃쇼를 보기 위해 그레이트스모키산맥을 찾는 이들이 대부분이었던 것이다.

우리는 리틀강을 따라 구불구불 이어진 길을 천천히 걸어 올라갔다. 도중에 뼈대만 남은 낡은 엘크몬트 통나무집들을 만났다. 법령에 따라 버리고 떠난 통나무집들은 이제 국립공원관리청조차 돌보지 않아서 쇠락할 대로 쇠락했다. 우리는 샛길로 빠져나가서 파우스트가 살았던 통나무집에 도착해 예의 그 방충망 쳐진 베란다 안을 들여다보았다. 거기에는 가족이 돌아오기만을 기다리고 있는 낡은 테이블이 여태껏 놓여 있었다. 희미한 빛에 싸여 있는 엘크몬트는 으스스해 보였다. 금방이라도 무너질 것 같은 귀기 어린 통나무집, 오솔길, 정원이 서서히 폐허로 변해가고 있었다.

군중들은 언덕 꼭대기에서 흩어지기 시작했고, 숲에 난 공터 여기저기에 작게 무리 지어 자리를 잡았다. 그들은 챙겨온 접이식 의자를 펴고 앉아서 황혼이 내릴 때까지 느긋하게 기다렸다. 관람자들은 다른 장소에 모인 여느 군중들과는 달리 마치 대성당을 찾은 참배객처럼 숙연해 보였다. 모두가 가만히 앉아 있었으며 이야기를 나눌 때면 나지막이 속삭였다. 숲이 완전한 어둠에 잠기고서야 우리는 처음으로 점멸 불빛을 하나 보았다. 얼마 뒤 여남은 마리의 수컷 반딧불이가 전형적인 구애 표현을 해 보이면서 우리 주위를 날아다녔다. 처음에 불빛을 여섯 번 빠르게 깜빡인 뒤 이어지는 6초 동안 확실하게 불을 끄는 식이었다. 숲이 날아다니는 불꽃들로 아연 살아나기 시작했다. 수컷 반딧불이 수천 마리가 한 치의 흐트러짐도 없이 일시에 불꽃을 점멸하는 엄밀한 동기화 솜씨를 선보였다! 그들은 모두 함께 정확하게 6회 불꽃을 깜빡깜빡한 다음 일시에 소등했다. 순식간에 칠흑 같은 어둠이 눈 위에 씌운 가리개처럼 우리를 덮쳤다.

그간 반딧불이에 관해 과학적으로 묘사한 내용은 빠짐없이 챙겨본

그림 2.1 날아다니는 불꽃의 향연이 엘크몬트의 방문객을 맞이한다.(포티누스 카롤리누스. Photo by Radim Schreiber)

나였지만 리듬감 있게 고동치는 그들의 공연을 보면서 처음으로 깊은 전율을 느꼈다. 얼이 나간 나는 마음을 가라앉히고 마치 최면을 거는 듯한 거대한 생명의 리듬에 그저 몸을 맡겼다. 스티븐 스트로가츠(Steven Strogatz: 수학자로서 물고기 떼, 새 떼, 반딧불이 집단 같은 생명체 군집이 어떻게 지휘자 없이 개체 차원으로 움직이면서도 정확한 동기화를 유지할 수 있는지 설명한다—옮긴이)가 그의 멋진 책《동기화: 자생적 질서에 관한 새로운 과학(Sync: The Emerging Science of Spontaneous Order)》에서 언급한 대로, "우주의 중심에는 꾸준하고 집요한 박동이 있다". 우리 인간은 그 어떤 감각 경로상의 동기화에도 이상하리만치 마음을 빼앗긴다. 반딧불이 수천 마리가 빚어내는 동기 움직임 말고는 마냥 적막하기만 한 장소에 가만히 서 있자니 마치 시간이 멈춘 것만 같았다.

나는 그날 밤 엘크몬트에서, (앞으로 곧 보게 되겠지만) 온통 생식과 관련한 반딧불이의 눈물겨운 노력을 목격했다. 멋진 공연을 펼치고 있는 고동치는 작은 별들은 기실 어떻게든 제 유전자를 후대에 남기기 위해 필사적으로 몸부림치는 중이었던 것이다. 우리가 그저 그들의 공연을 맘 편히 관람하는 처지라서 얼마나 다행인지 몰랐다.

이윽고 정신을 가다듬은 나는 파우스트와 함께 네댓 시간 동안 암컷 반딧불이를 찾으러 다녔고, 앞으로 밤마다 무엇을 관찰해야 하는지 치밀하게 계획을 세웠다. 둘은 자정이 훌쩍 지나서야 마침내 길을 따라 허위허위 내려올 수 있었다. 신비로운 숲을 빠져나오면서 그레이트스모키산맥 첩첩산중에 그토록 오랫동안 이렇듯 경이로운 자연이 숨어 있었다는 사실에 깊이 탄복했다.

초라한 출발

다른 여느 반딧불이와 마찬가지로 엘크몬트 불꽃쇼의 주역도 나중에는 빛나는 별들로 성장하지만 애초의 시작은 초라했다. 반딧불이는 그들의 생애 주기에서 완전변태라 알려진 인상적인 변화를 겪는다. 약 2억 9000만 년 전에 곤충들 사이에서 시작된 복잡하기 이를 데 없는 이 생활양식은 진화 과정을 거치는 동안 더없이 성공적인 것으로 드러났다. 오늘날 딱정벌레, 나비, 꿀벌, 파리, 개미는 모두 완전변태를 거친다. 이들은 전부 합하면 대략 지구상에 존재하는 총 동물종의 절반에 이른다.

곤충은 변화의 대가다. 인간의 발달은 거기에 비하면 기실 아무것도 아니다. 다른 포유류와 마찬가지로 인간의 아기는 기본적으로 어른의 축소판이다. 어른은 아기 때보다 훨씬 크게 자라지만, 기본적으로 신체부위 목록에는 거의 변함이 없다. 반면 곤충의 변신력은 정녕 놀랍다. 그들은 자라면서 제 신체를 그야말로 완전히 재창조한다. 실제로 17세기까지만 해도 애벌레와 나비는 전혀 다른 생명체로 간주되었다.

곤충의 변태는 형태를 변화하도록 해줄 뿐만 아니라 생활양식도 완전히 뒤바꿔놓는다. 유충 단계와 성충 단계는 서식지가 완전히 다르므로 상이한 자원을 이용할 수 있다. 게다가 유충과 성충은 확연하게 구분되는 역할을 수행하는 것으로 특화한다. 일반적으로 유충은 먹기와 성장하기(물론 그러면서 다른 포식자에게 잡아먹히지 않고 살아남기)에 주력한다. 반면 성충은 새로운 서식지로 퍼져나가는 데 신경을 쓰는 경우도 더러 있기는 하지만, 대체로 오로지 생식에만 몰두한다.

반딧불이의 삶은 모순으로 가득 차 있다. 반딧불이는 살아가면서 제 전문 분야뿐 아니라 특성도 크게 달라진다. 곤충판 '지킬 박사와 하이드'라 할 만하다. 우리는 성충 반딧불이를 천상의 아름다움을 지닌 존재로 찬미하지만, 그 곤충이 언제나 그렇게 신사적인 것만은 아니다. 반딧불이의 유년 단계, 즉 반딧불이 유충은 성충과는 판이하다. 반딧불이 유충은 게걸스러운 육식동물로, 제 몸의 네댓 배에 달하는 먹잇감을 제압하여 걸신들린 듯 먹어치운다. 불행인지 다행인지 그들은 은거 생활을 하므로 우리는 그들을 거의 만나보지 못한다. 미국 반딧불이종의 대다수는 유충일 때 땅속에 살면서 지렁이며 달팽이 등 몸이 보드라운 곤충을 양껏 포식한다. 수많은 아시아 반딧불이종은 물속에 살면서 수생 달팽이를 잡아먹는다. 놀랍게도 반딧불이는 생애의 거의 대부분의 기간을 유충 단계로 보낸다. 유충 단계가 고위도 지역에서는 1~3년간 지속되는 데 반해, 저위도 지역에서는 단 몇 달에 그친다. 때가 무르익으면 반딧불이 유충은 움직이지 않는 번데기로 살아가기에 안전한 장소를 찾아 나선다. 번데기 단계는 단 2주 정도에 불과한데, 이 기간 동안 성충으로 변신하기 위해 신체를 재조직하느라 여념이 없다. 반딧불이 성충은 오직 몇 주밖에 살지 못한다. 전 생애에 비춰볼 때 그저 빙산의 일각에 불과한 기간이다.

백열 불빛을 내는 북방반딧불이 람피리스 녹틸루카 유충은 땅 위에서 먹이를 찾아다닌다. 그러므로 정원이나 초원에서, 길가나 철로 변에서 흔히 볼 수 있다. 자연주의자들이 지난 100여 년 동안 눈에 잘 띄고 덩치 큰 이들 유충을 연구해온 덕택에 우리는 그들의 서식지에 대해 꽤나 잘 알게 되었다. 따라서 다음과 같은 짧은 연극의 주연배우로 등장한 것도 바로 북방반딧불이다.

● ● ●

방황하는 별: 어린 딱정벌레로서 반딧불이의 초상

1막 1장: 막이 열리자 무대 위에서 3주 전 어미가 이끼밭에 슬어놓은 반딧불이 알 하나가 희미하게 빛나고 있다. 7월 초순 이래, 이 알은 홀로 몸이 건조해지는 상황과 호시탐탐 노리는 포식자들의 위협을 이겨내고 끝내 살아남았다. 알 속에서 뭔가가 꿈틀거리더니 알껍질을 빠져나오기 위해 몸부림친다. 구더기처럼 생긴 작은 유충이 알에서 갓 부화했다. 다리가 여섯 개 달린 유충은 시력이 나빠서 후각에 의존해 세상 밖으로 나온다.

1막 2장: 어둠이 내리면 유충은 슬슬 허기가 진다. 유충은 다리 여섯 개로 자신들이 최고로 치는 먹잇감(즉 크고 즙 많은 달팽이!)을 사냥하러 길을 나선다. 시속 몇 미터의 속도로 땅 위를 기어 다니는 유충은 일순 뭉툭한 작은 촉수로 '달팽이 즙(eau de l'escargot)'의 냄새를 감지한다. 유충은 달팽이가 지나간 점액질 길을 따라가서 최초의 먹잇감인 탐스러운 정원달팽이(garden snail)를 만난다. 그런데 달팽이는 작은 유충이 왜소해 보일 만큼 덩치가 크다. 유충은 전혀 기죽지 않고 달팽이의 껍데기에 올라타 구기(口器)로 달팽이의 보드라운 육질을 살핀다. 우리는 무대 뒤에서 근접 촬영한 비디오 화면을 통해 반딧불이 유충이 먹잇감을 제압하기 위해 사용하는 위력적인 무기들을 본다. 안쪽으로 휘어져 있고 끝이 날카로운 낫처럼 생긴 한 쌍의 턱인데, 유충은 이 연장을 휘둘러서 먹잇감을 공격한다. 위아래 턱의 끝부분에는 눈에 잘 띄지 않는 작은 구멍이 각각 하나씩 나 있다. 중장(中腸)으로 이어지는 좁은 관의 입구다. 유충은 달팽이를 조심스레 한 입 베어 문 다음 양 턱으로 달팽이의 피부를 깨물고 독소를 주입하여 먹이를 마비시킨다. 유충에게 물린 달팽이는 도망가려고 안간힘을 쓰지만, 유충 역시 질세라 집요하게 달팽이 껍데기에 매달린 채 따라간다. 유충이 한 번 더 깨물면 달팽이는 움직임이 시시각각 느려진다. 또 한 번 깨물면 더는 미동도 않게 된다.

1막 3장: 먹성 좋은 유충은 이제 죽은 듯 꼼짝 않는 먹잇감을 공략한다. 달팽이는 움직이지 않지만 여전히 심장

그림 2.2 반딧불이 유충은 사나운 포식자로서 위아래 턱에 난 작은 구멍을 통해 먹잇감인 달팽이에게 마비용 독소와 소화 효소를 주입한다. 사진은 북방반딧불이 람피리스 녹틸루카의 유충이 달팽이를 공격하는 모습이다.(람피리스 녹틸루카. Photo by Heinz Albers)

이 펄떡이고 있느니만큼 신선함이 보장된다. 유충은 위아래 턱으로 달팽이의 육질을 깨문 다음 소화 효소를 주입한다. 식욕이 왕성한 유충은 사흘 밤낮 그 달팽이로 늘어지게 포식한다. 유충이 먹이를 먹을 때 보면, 몸이 외골격 안에 더 이상 담길 수 없을 만큼 눈에 띄게 부풀어 오른다. 점차 커지는 몸을 담아내려면 유충은 이제 낡은 외피를 벗어던지고 좀더 큰 것을 마련해야 한다.

막간

2막 1장: 한여름에 접어들면서 낮 길이가 가장 긴 날이 다가오고 있다. 유충은 지금껏 자신에게 주어진 과업을 충실하게 이행해왔다. 지난 18개월 동안 무려 달팽이 70마리를 먹어치웠고, 외피를 네댓 차례 갈아치웠으며, 몸집을 300배가량 키운 것이다. 하지만 유충은 마지막 몇 주 동안 정처 없이 떠돌아다닌다. 일생일대의 대변신을 도모하기에 적합한 장소를 찾아 바삐 돌아다니는 것이다. 이 방랑자는 마침내 같은 처지의 다른 유충들이 모여 있는 쓰러진 통나무 아래로 기어 들어간다. 저마다 며칠 동안 꿈쩍도 하지 않고 몸을 웅크리고 있던 그들은 유충기의 마지막 외피를 벗어던진다. 드디어 번데기로 변한 것이다. 모든 번데기는 2주 동안 통나무 밑에 몸을 숨긴 채 웅송그리고 있다. 그들은 뭔가가 건드리면 꿈틀거리면서 밝은 빛을 내기도 하지만, 보통은 거의 움직이지 않는다. 그들의 내부에서는 낡은 몸을 부수고 새로운 몸을 정성스레 단장하는 작업이 한창이다.

2막 2장: 어둠이 깔린다. 통나무 밑에서는 갓 생성된 성충들이 번데기 싸개를 털어내느라 몸부림을 치고 있다. 그들은 차례차례 기어 나와서 새 출발을 한다. 성충들 가운데 일부는 크고 통통하고 날개가 없다. 백열발광 반딧불이의 암컷이다. 나머지 성충들은 크기가 암컷의 10분의 1에 불과하지만 날개가 있어서 날아갈 채비를 한다. 수컷이다. 성충은 하나같이 먹이에 대한 욕구가 전혀 없다. 이제 그들의 머릿속을 차지하는 것은 온통 '성'뿐이다. 생애의 마지막 2주 동안, 오로지 자손을 낳고자 하는 욕구뿐인 성충은 유충기에 열심히 먹어서 비축해둔 식량에 전적으로 의존한다. 이제 뿔뿔이 흩어진 그들이 새 임무를 달성하는 데 에너지를 조달하는 유일한 연료인 셈이다. 그들은 식량이 동날 때까지 구애, 짝짓기, 수정하기, 산란하기에 매진한다.

* * *

아, 로맨스가 기다리고 있다. ……하지만 매혹적인 다음 막은 3장으로 잠시 미루어두기로 한다. 지금은 그레이트스모키산맥에서 멋지게 동시 발광하는 반딧불이종 포타누스 카롤리누스로 돌아가, 그들이 어떻게 구더기 모양의 유년기를 보낸 뒤 발광 성충으로 성장하게 되는지 살펴보겠다.

6월의 어느 때쯤, 짝짓기를 마친 포타누스 카롤리누스 암컷은 축축한 땅이나 이끼밭에만 알을 낳는다. 알은 만사가 순조롭다면 약 2주 뒤 부화하여 몸이 잿빛인 2~3밀리미터 길이의 작은 유충이 된다. 유충은 이어지는 18개월 동안 땅속에 숨어 지내게 될 터이므로, 우리로서는 단 한 마리도 만나볼 가능성이 없다. 그들은 이 기간 내내 모든 반딧불이 유충이 최선을 다해 매달리는 일, 즉 열심히 먹고 몸집을 불리는 일을 하면서 시간을 보낸다.

포티누스속(*Photinus*) 반딧불이의 유충은 지렁이를 먹이 삼는 쪽으로 특화했다. 이들도 백열발광 반딧불이 유충들처럼 저보다 훨씬 더 큰 먹잇감을 무릎 꿇게 만든다. 날카로운 턱으로 지렁이를 여러 차례 깨물고, 그때마다 신경독을 주입한 결과다. 포티누스속 반딧불이의 유충은 이따금 떼 지어 지렁이 한 마리를 공격하기도 한다. 지렁이가 더 이상 움직이지 않게 되면 우르르 몰려들어 몇날 며칠 배를 두둑이 채우는 것이다.

나는 연구를 진행하는 동안 적잖은 포티누스속 반딧불이 유충을 키운 일이 있다. 그들은 매주 지렁이 먹이를 줄 때마다 그렇게 흡족해할 수가 없었다. 우스울 정도로 식탐이 많은 그들은 종종 너무 많이 먹어서 배가 남산만 하게 부풀어 오르는 바람에 다리가 땅에 닿지 않는 지경에 이르기도 한다. 그러면 소화가 다 되어 다시 걸을 수 있을 때까지 도리 없이 등을 대고 드러누워서 다리를 허공에 바둥거려야 한다. 그런 모습을 질리도록 본 우리 가족은 어쩌다 늘어지게 포식하기라도 하면 이렇게 외치곤 한다. "반딧불이 유충처럼 배 터지게 먹었다!"

포티누스속 반딧불이 유충은 첫해의 여름과 가을에 지렁이를 사냥해 먹고 몸집을 키우면서 시간을 보낸다. 겨울이 시작되면 땅 밑에서 사는 유충들은 동면에 접어들고, 이듬해 봄이 되어서야 먹이 사냥을 재개한다. 이들은 더러 몸집이 충분히 커지면 이어지는 여름에 번데기가 되기도 한다. 그러나 두 번째 해의 여름과 가을에도 먹이 사냥을 이어가고, 이어지는 겨울에 동면에 접어들 가능성이 더 많다.

이듬해 봄에 한 번 더 먹이를 실컷 먹고 난 유충은 5월의 어느 날 촉촉한 땅뙈기나 썩은 통나무 아래에 옹기종기 모여든다. 그리고 각자 이글루처럼 생긴 작은 흙집을 만든다. 번데기 단계 때 기거할 장소다. 번데기는 몇 주 뒤 마침내 성충 반딧불이로 탈바꿈한다. 이들이 바로 현란한 불꽃으로 하늘을 수놓는 그레이트스모키산맥 불꽃쇼의 주역이다. 그렇다면 그 불빛은 과연 무슨 연유에서 수백억 년 전 처음으로 발달하게 되었을까? 다음에 다루게 될 이야기의 주인공은 다름아닌 반딧불이 새끼, 즉 유충이다.

유충의 백열발광은 거부를 의미한다

그림 2.3 모든 반딧불이 유충은 백열 불빛을 낸다. 반딧불이 유충 세 마리(왼쪽)와 번데기 두 마리(오른쪽)의 모습이다.(Photo by Siah St. Clair)

반딧불이 유충은 복부의 아래쪽이자 끝 부근에 자리한 한 쌍의 작은 부위에서 백열 불빛을 낸다. 그들은 근처에서 진동이 느껴지거나 무

엇인가가 건드리면 불을 밝힌다. 그리고 흔히 기어 다닐 때에도 불빛을 낸다. 유충의 불빛은 번데기 단계까지도 줄곧 이어진다. 그러나 대체로 성충이 되면 사라진다. 유충의 불빛은 반딧불이들 사이에서는 보편적이다. 모든 알려진 반딧불이종은, 성충이 되어서는 불빛을 발산하지 못하는 종들조차 유충 단계에서는 하나같이 불을 밝힐 수 있다. 만약 성충이 불빛을 만들어낸다면 그것은 어디까지나 그들이 변태 마지막 단계에서 조립한, 완전히 새로운 조직인 등(燈)에서 비롯된 것이다.

2001년 당시 오하이오 주립대에 재직하던 생물학자 마크 브래넘과 존 웬젤(John Wenzel)은 생명이라는 나무의 가지를 거슬러 올라감으로써 진화 시기를 역추적하는 도구인 계통발생학 분석법을 써서 놀라운 사실을 한 가지 밝혀냈다. 오늘날의 반딧불이와 그 유관 곤충들의 물리적 형태를 이용하여 반딧불이의 불빛 생산 능력이 초기 반딧불이 조상의 유충 단계에서 비롯되었음을 보여주는 증거를 발견한 것이다. 그렇다면 고대의 반딧불이 유충은 무슨 연유로 불빛을 만들어내야 했을까? 곤충의 유충은 성적으로 적극적이지는 않다. 사랑을 좇기에는 아직 대가리에 피도 안 마른 것이다.

맛이 역겹거나 유독한 동물은 상당수가 잠재적 포식자를 물리치기 위해 밝은 색을 광고한다. 대체로 노란색, 주황색, 빨간색, 그리고 검은색이다. 대부분의 척추동물 포식자는 머리가 꽤나 잘 돌아간다. 이런 먹잇감을 공격한 경험이 있는 포식동물은 밝은 색 패턴과 맛이 고약하다는 경험을 연결 짓는 방법을 재빨리 익힌다. 그래서 그 후 비슷한 색깔 패턴을 지닌 동물은 한사코 피한다. 예를 들어 검은색 바탕에 주황색이 어우러진 선명한 색상의 제주왕나비는 새를 비롯한 식충 포식자들에게 '이 나비는 유독하다'는 경고를 보낸다. 철없고 순진한 큰어치(blue jay)는 제주왕나비를 냉큼 잡아먹지만 바로 뱉어내고 만다. 큰어치는 이 단 한 번의 혐오스러운 경험만으로 다른 모든 제주왕나비들을 거들떠보지도 않게 된다.

그러나 반딧불이 유충은 주로 밤에 돌아다니거나 아니면 땅속에서 살아가므로, 이처럼 화사한 색깔은 아무짝에도 쓸모가 없다. 반면 어둠 속에서 빛나는 불빛은 확연하게 눈에 띈다. 우리는 반딧불이 유충의 맛이 끔찍하다는 사실을 알고 있다. 7장에서 다루겠지만, 새·두꺼비·생쥐 같은 수많은 식충 포식자는 반딧불이에 대해 전형적인 거부 반응을 보인다. 그들은 제 주둥이나 부리를 세차게 닦거나 토악질을 하거나 아니면 냅다 줄행랑을 친다. 반딧불이의 생물발광이 처음 발달한 것은 어린 반딧불이가 포식자를 무찌르기 위해서라는 사실을 보여주는 증거는 허다하다. 즉 그것은 마치 경고성 네온사인처럼 '나는 독이 있으니 썩 물렀거라!'라고 말없이 외치고 있는 것이다. 수백만 년의 세월이 흐른 뒤 이 유충의 불빛은 결국 성충 반딧불이의 구애 신호로 변모하게 된다.

창의적 즉흥작: 진화하는 반딧불이

나는 세계를 두루 여행하면서 신이 인간에게 경이와 기쁨을 안겨주기 위해 반딧불이를 창조했다고 믿는 사람들을 수도 없이 만났다. 나 역시 반딧불이가 어떻게 해서 이런 경외감을 불러일으키는지 이해하고도 남는다. 운 좋게도 밤에 조용한 불꽃이 사방을 둘러싼 들판에 서게 될 때마다 나는 온 우주와 긴밀하게 소통하는 듯한 느낌에 사로잡히곤 했다. 그러나 내가 반딧불이와 관련하여 가장 놀라워한 점은 그들이 지난 38억 년 동안 지구의 온갖 생명체를 주조해온 진화의 힘을 더없이 아름답게 보여주고 있다는 사실이다.

진화는 안무가가 따로 없는, 복잡하기 이를 데 없는 창의적이고 즉흥적인 춤이다. 진화란 어떤 의도도 예지력 있는 기획도 없이 처음에 낡은 어떤 것으로 시작하여 새로운 어떤 것을 만들어내는 과정이다. 생명체가 이러한 진화 과정을 거치면서 뭔가 새로운 것을 시도하면, 그것은 더 좋은 것으로도 더 나쁜 것으로도 드러날 수 있다. 각각의 새로운 모델은 적응성이 저마다 다르다. 그 적응성이란 다름 아니라 진화의 관점에서 후대에 얼마나 많은 자손을 퍼뜨리는가에 의해 판가름 난다. 기나긴 세월을 거치면서 모종의 새로운 모델이 낡은 모델을 대체하기에 이른다. 적응성이 더 낫다는 이유에서다. 이러한 임의적 조정 과정이 10억 년 동안 이어진 결과 줄곧 작은 개선들이 더해지면서 기준은 점차 높아졌다.

다른 모든 생명체들과 마찬가지로, 반딧불이도 두 가지 강력한 힘, 즉 자연선택과 자웅선택에 의해 지금의 모습에 이르렀다. 찰스 다윈은 《종의 기원(The Origin of Species)》에서 그 자신이 자연선택이라고 부른, 진화를 결정하는 강력한 힘에 대해 설명했다. 개체들은 유전형질이 저마다 약간씩 다르므로 필요한 자원을 얻는 능력이나 포식자에게 잡아먹히는 사태를 피하는 능력이 각기 다르다. 다윈의 책에는 다음과 같은 놀랍도록 시적인 구절이 담겨 있다.

자연선택은 전 세계적으로 날마다 시간마다 모든 변이들을 제아무리 사소한 것이라 할지라도 면밀히 살피면서 나쁜 변이는 거부하고 좋은 변이는 보존하고 받아들인다. 이렇듯 각각의 생명체는 생물적·무생물적 조건과의 관련성 속에서 조금씩 나아지려고 남몰래 말없이 애쓰고 있는 것이다.

다윈의 자연선택에서는 이러한 개체들 간의 변이가 전부 다냐 아무것도 아니냐 하는 냉혹한 양단간의 결론으로 귀결된다. 즉 어떤 것은 살아남고 어떤 것은 도태되는 것이다. 처음에 반딧불이의 밝은 불빛이 발달하도록 이끈 것도 자연선택이었다. 일단 유년기의 반딧불이가 포식자를 물리치는 생화학적 혁신을 이루어내면, 이러한 형질은 기나긴 유년기 동안 무사히 살아남는 데 도움을 주므로 끝까지 보존된다.

자웅선택은 생식의 성공 정도가 저마다 다양하므로 한층 더 미묘한 진화의 힘이다. 다윈은 《종의 기원》에 이어 두 번째로 유명한 책 《인간의 유래와 성 선택(The Descent of Man, and Selection in Relation to Sex)》에서 수많은 생명체의 수컷이 구사하는 기기묘묘하고 화려한 특성들, 즉 수컷 개구리의 끊임없는 울음소리, 수컷 장수풍뎅이가 높이 쳐들고 있는 거추장스러운 뿔, 공작이 한껏 뽐내면서 활짝 펼친 정교한 날개 따위를 생생하게 묘사하고 찬미했다. 수컷이 자연선택에 의해 이 화려한 장식품과 무기들을 갖추게 되었을 리는 만무다. 포식자의 공격을 피하거나 먹이를 구하는 데 도움을 주는 것들은 아닐 테니 말이다.

다윈의 주장에 따르면, 수컷의 그 같은 화려한 특성은 필시 그 보유자의 생식 가능성을 높여주는 까닭에 진화했다. 동물은 자기 '종 전체'를 위하여 생식활동을 하는 게 아니다. 오로지 '제 자신'을 위하여,

다시 말해 제 유전자를 어김없이 후대에 전수하기 위하여 생식에 임한다. 그리고 최고로 잘 타고난 수컷의 무기와 장신구는 실제로 짝짓기에서 이점을 누리게 해준다. 자웅선택은 확연하게 구분되는 두 가지 경로로 작동한다. 어떤 형질은 수컷이 경쟁자를 제치고 승리할 수 있는 능력을 키우는 데 기여한다. 또 어떤 형질은 그 보유자인 수컷을 거부하기 힘들 만큼 매력적으로 보이게 만들어 그의 생식 활동을 거든다.

그레이트스모키산맥을 찾아간 나에게 매혹적인 풍경을 선사해준 보이지 않는 강력한 진화의 힘이 바로 자웅선택이었다. 그때 나는 그곳 숲에서 포티누스 카롤리누스 수컷 수백 마리가 밑에 도사리고 있는 암컷의 관심을 끌기 위해 안간힘 쓰는 광경을 보고 있었던 것이다. 그들이 미친 듯이 불빛을 뿜어대고 있었던 것은 공작이 거드름을 피우면서 날개를 활짝 편 것에 비견되는 행동이었다. 또한 이 점멸발광 반딧불이는 진화가 독창적이자 즉흥적으로 이뤄진다는 사실을 유감없이 보여주는 예이기도 하다. 오래전 이 반딧불이의 선조들은 유충의 경계 불빛을 구애 행동의 신기원을 열어준 더없이 유익한 도구로 바꾸어놓았다.

동기 교향곡

자웅선택에서 비롯된 멋진 의례들 가운데 최대의 장관으로 꼽히는 것은 아마도 일부 동기화 점멸 반딧불이의 디스플레이일 것이다. 왜 그런지는 아직까지 알려지지 않았지만, 오직 몇 종의 점멸발광 반딧불이만이 한꺼번에 일제히 불을 켰다 껐다 하는 특별한 능력을 지녔다.

미국 테네시 주에서 포티누스 카롤리누스종의 수컷은 '움직이는(traveling)' 교향곡을 연주한다. 즉 그들은 이웃한 수컷들과 보조를 맞춰 날면서 6회 펄스(맥박이 쿵쿵 뛰듯이 점멸발광 반딧불이가 깜빡깜빡 불빛을 내는 현상을 일컫는다—옮긴이) 주기의 구애에 나선다. 그런가 하면 동남아시아에서는 모종의 수컷 반딧불이들이 이른바 레크(lek)라 불리는 '고착성(stationary)'의 공동 구혼장에 모여서 동기 점멸한다. 이러한 고착성 동기화 반딧불이의 예로는 프테롭틱스 테네르(Pteroptyx tener)를 들 수 있다. 말레이시아에서는 '켈립켈립(kelip-kelip)'이라 불리는 종이다. 매일 밤 이들 종의 수컷 수천 마리가 감조하천(조수간만의 차가 큰 바다로 흘러 들어가는 강—옮긴이) 가장자리에 늘어선 특정 맹그로브 나무에 떼 지어 몰려든다. 그들은 나뭇잎 위에 붙어서 일제히 깜빡거리는 집단 디스플레이를 펼쳐 보인다. 이러한 레크는 곤충에서는 비교적 보기 드물지만, 공작·극락조·뇌조 같은 조류의 짝짓기에서는 흔히 볼 수 있다. 수컷이 이런 식으로 모여 있는 것은 오로지 날카로운 심미안을 지닌 암컷 앞에서 자신의 매력을 한껏 뽐내려는 목적에서다.

반딧불이의 동기 교향곡은 움직이는 것이든 고착성이든 간에 아무런 소리도 나지 않는다. 허나 나에게는 그들의 디스플레이가 어쩐지 독특한 음색을 지닌 음악처럼 다가온다. 포티누스 카롤리누스가 빚어내는 6회의 밝고 야한 불빛은 마치 숲을 향해 요란하게 울려대는 트럼펫 소리처럼 들린다. '켈립켈립' 반딧불이 프테롭틱스 테네르는 교향악단에서 일시에 피치카토(현악기에서 줄을 손가락으로 튕기는 주법으로, 활로 연주하는 아르코와 대비된다—옮긴이)로 연주하는 바이올린 주자들의 음악 같다. 그러나 인상적인 것은 이 반딧불이 교향악단의 동기는 지휘자가 따로 없는 연주라는 점이다. 그들의 리듬을 이끌어가는 지도자는 어디에도 존재하지 않는다.

이제 우리는 이 반딧불이들이 '어떻게' 불빛을 동기화하는지, 그 기작에 대해서 꽤나 잘 파악하고 있다.(그 내용은 6장에서 다루므로 여기서는 일단 넘어가기로 한다.) 그렇다면 반딧불이는 '왜' 굳이 동기화를 고집하는가? 수컷은 어떻게든 암컷의 눈에 들기 위한 경쟁에서 이겨야 한다. 그런데도 자신들의 구애 신호를 동기화하기 위해 협동해야 하는 까닭은 무엇일까? 그들의 구애 행동은 언뜻 앞뒤가 맞지 않는 것처럼 보이므로, 우리는 동기 구애 신호가 어떻게 진화할 수 있었는지 추정하는 몇 가지 가설을 살펴볼 필요가 있다.

첫 번째, 동기화란 수컷이 암컷의 관심을 끌기 위해 경쟁을 벌이는 과정에서 우연찮게 생겨난 부산물이라는 가설이다. 개구리·귀뚜라미·매미 등을 비롯한 수많은 생명체는 함께 모여서 개굴개굴·귀뚤귀뚤·맴맴 하는 청각 신호로 구애에 나서는데, 그들의 리듬감 있는 울음소리는 이따금 몇 분 동안 동시발생하기도 한다. 이러한 청각 신호 동물에 관한 연구에 따르면, 수컷의 울음소리가 특정 시간에 집중되면 암컷은 그 가운데 맨 처음 인지한 신호에 매료된다고 한다. 만약 수컷들이 서로에게 조응하면서 타이밍을 맞출 수 있다면, 암컷에게 통하는 특성이 무엇인지 파악한 수컷들은 암컷에게 간택될 가능성을 높이고자 다투어 최초 신호를 보내려 들 테고, 그러다 보면 결국 동기화가 이루어질 수 있다. 이럴 경우 동기화 자체는 거기에 참가한 수컷들에게 아무런 이득도 없다. 따라서 동기화는 그저 암컷의 청각 취향이 빚어낸 부산물일 따름이다. 증거들에 따르면 이러한 '기본값 동기화(synchrony by default)'는 수많은 곤충들이 함께 합창하는 현상을 잘 설명해줄 수 있다. 우리는 이것이 반딧불이에도 해당하는지는 확신할 수 없다. 포티누스 피랄리스(동부반딧불이)의 암컷은 실험실에서 이 같은 감각 성향을 보여주었지만, 이 종의 수컷은 일반적으로 동기화하지 않기 때문이다.

두 번째, 반딧불이의 점멸 동기화란 거기에 동참한 수컷들이 일정한 이익을 거둘 수 있기에 발달한 고도의 협동 행위라는 가설이다. 그 이익이 무엇인지에 관한 주장도 몇 가지 나와 있다. 동기화가 어떻게 신호를 더욱 잘 탐지할 수 있도록 해주는지에 대해서는 세 가지 설명이 있다.

먼저, '리듬 보존(rhythm preservation)' 가설이다. 수컷들은 신호를 동기화하면 제 종에서만 볼 수 있는 고유한 점멸 리듬을 확실하게 전달할 수 있다. 만약 여러 상이한 반딧불이종이 시공간적으로 몰려 있다면, 서로 행동을 일치시키는 수컷들은 암컷이 자기 종 특유의 신호를 좀더 쉽사리 알아차리게 만들어 이득을 볼 수 있다. 앤드루 모이세프와 존 코플랜드가 엘크몬트의 움직이는 동기화 반딧불이, 포티누스 카롤리누스에 관해 실시한 연구는 이 '리듬 보존' 가설을 뒷받침해준다. 그들은 일련의 발광다이오드(LED)를 이용하여 암컷이 수컷의 점멸에 어떻게 반응하는지를, 동기화와 비동기화 상태로 나누어 비교했다. 동기화하면서 6초 간격으로 점멸하는 여러 개의 신호를 본 암컷은 산발적으로 따로따로 보내는 신호에 대해서보다 더 적극적으로 반응했다. 여러 수컷이 중구난방으로 비동기 신호를 보내면 암컷은 아무래도 시야가 어수선해진다. 수컷들이 쉴 새 없이 움직이므로, 암컷은 특정 수컷이 제공하는 점멸 패턴을 골라내느라 애를 먹게 되는 것이다. 따라서 거대한 무리에 속한 포티누스 카롤리누스의 수컷은 이웃한 개체들과 보조를 맞추고 동기 점멸함으로써 이득을 누릴 수 있다. 이러한 행동은 암컷으로 하여금 제 종에 속한 수컷을 잘 감지하게 해 줌으로써 반응을 하도록 고무한다. 안타깝게도 동남아시아의 프테롭틱스속 반딧불이 같은 고착성 동기 점멸 암컷을 대상으로 한 유사한 실험은 진행되지 않았다.

다음으로, 동기화가 수컷으로 하여금 암컷의 반응을 좀더 쉽게 포착할 수 있도록 도와준다는 '조용한 창문(silent window)' 가설이다. 수많은 반딧불이종에서, 암수는 마치 주고받는 대화처럼 불꽃 신호를 교환한다. 암컷은 대개 일정 간격으로 계속되는 불꽃 신호들 사이에 짧게 끼인 어둠 속에서 불꽃을 되쏘는 식으로 자신의 의사를 표시한다. 반딧불이 수컷은 점멸을 동기화함으로써 모두가 공유하는 '조용한 창문'을 통해 암컷의 깜빡거림을 감지하는 능력을 키울 수 있다.

점멸 동기화가 진화한 까닭을 설명하는 마지막 시도는 '신호 송신(beacon)' 가설이다. 다시 말해 수컷들은 불꽃을 동기화하기 위해 협동할 때 더 밝은 빛을 송신하게 된다는 주장이다. 식생이 우거진 곳에서는 이 같은 집단적 노력을 통해 제법 멀찌감치 떨어져 있는 암컷의 눈에도 띌 수 있는 밝은 신호를 만들어낼 공산이 크다. 디스플레이 나무들 사이를 누비고 다니는 암컷은 가장 밝은 빛을 내는 수컷에게 이끌리기 십상이다. 이 가설 역시 아직 실험을 거친 것은 아니지만, 고착성 수컷이 특정 나무에 모여 있는 프테롭틱스속 반딧불이의 동기 점멸을 설명하는 데 유용하다.

우리는 아직까지 이 가설들의 진위를 판가름하는 데 필요한 증거를 확보하지 못한 상태다. 따라서 반딧불이가 동기화하는 정확한 이유는 여전히 흥미로운 수수께끼로 남아 있다. 세 가지 가설은 개별 수컷이 점멸 동기화를 통해 잠재적 교미 상대를 만나는 데 어떤 식의 도움을 주는지 설명한다. 하지만 다윈이 제시한 자웅선택에 따르면, 수컷들은 암컷과의 짝짓기 기회를 놓고 서로 다투어야 한다. 실제로 6장에서는 일단 암컷이 끼어들게 되면 이처럼 자가당착적인 수컷의 협동 행동이 갑자기 피비린내 나는 경쟁으로 돌변한다는 사실을 다룬다.

* * *

반딧불이의 생애는 놀라운 변신의 연속이다. 그들은 지상에 매여 사는 채로 땅을 기어 다니면서 그저 먹고 자라고 살아남으려고 애쓰는 일에만 골몰하는 생명체로 생을 시작한다. 먹성 좋은 포식자인 반딧불이 유충은 무시무시한 턱을 휘둘러서 먹잇감을 처음에는 꼼짝 못하게 제압하고, 나중에는 액화시킨다. 생존 투쟁에서 반딧불이 유충의 불빛은 자연선택에 의해 포식자를 퇴치하는 화학물질과 더불어 보존되었다. 유충이 변태를 거쳐 이윽고 성충이 되면 그들의 생애는 거의 막바지에 접어든다. 성충은 식음을 전폐하고 오매불망 성에 대한 생각뿐이다. 구애 의식은 종에 따라 제각각이지만, 그들은 하나같이 짝을 만나고 자녀를 후대에 남기는 일에 여생을 몽땅 바친다.

　이제 우리는 뉴잉글랜드에서 흔히 볼 수 있는 점멸발광 반딧불이가 어떻게든 생식에 성공하기 위해 나선 밤의 여정을 함께하려 한다. 우리는 그들의 교미 절정기인 7월에 날아다니는 불꽃을 만나러 밖으로 나가서 불빛과 더불어 이뤄지는 그들의 성생활을 속속들이 파헤쳐볼 것이다.

풀밭 속의 장엄함

온갖 생각·열정·환희,
인간의 몸을 움직이는 것은 무엇이나
모두 사랑의 대리물에 불과하고,
그 안에서 성스러운 사랑의 불꽃을 지핀다.
—새뮤얼 테일러 콜리지(Samuel Taylor Coleridge)

반딧불이에 미치다

여름 하늘에 서서히 어둠이 깔리자 마른 풀내음 가득한 뉴잉글랜드의 초원 위로 서늘한 산들바람이 살랑인다. 웃자란 풀밭 위에서 쉬고 있노라면 제아무리 예리한 관찰자라 하더라도 낮의 거처에서 슬슬 기어 나오고 있는 소형 동물 군단을 놓치기 일쑤다. 작은 수컷 반딧불이들이 하나하나 기다란 풀잎을 따라 위로 기어오르고 있다. 그들은 풀잎 꼭대기에 멈춰 서서 조용한 헬기 블랙호크(Black Hawk)처럼 이륙할 채비를 하고 있다. 그러나 반딧불이 수컷들을 야간 수색 임무에 나서도록 내몬 것은 무슨 군사적 정복욕 같은 게 아니다. 그렇다면 그들은 대체 무엇을 찾아 나선 길인가? 바로 유전적 불멸이다. 그들은 제 유전자를 후대의 반딧불이에게 전해주려는 절박한 욕구에 이끌려 자손을 낳고야 말겠다고 굳게 다짐한다. 결의를 불태우는 수컷들은 짧은 성년기 동안 매일 밤 제 불빛 신호를 맹렬히 내보내야 하는 운명이다. 하지만 안타깝게도 그들이 사랑을 찾아 밤길을 나서며 마주한 상황은 험난한 가시밭길이다.

이들은 북아메리카에 가장 흔한 점멸발광 반딧불이 포티누스속이다. 우리는 포티누스속 반딧불이의 성생활에 대해 잘 알고 있다. 이세상에 존재하는 그 어떤 반딧불이보다 더 많은 내용을 파악하고 있는 것이다. 이렇듯 그들에 관한 지식이 풍부한 것은 무엇보다 일평생 여름밤을 통째로 반딧불이 행동 연구에 바친 미국의 몇몇 과학자들 덕택이다. 이 같은 반딧불이 전문가들 가운데 한 사람이 바로 곤충학자이자 플로리다 대학의 명예교수인 제임스 로이드다. 1933년생인 로이드는 뉴욕 주 모호크 밸리 근처에서 자랐다. 그는 그곳에서 고기를 잡고 사냥을 하고, 그것도 아니면 그저 바깥을 여기저기 쏘다니면서 유년기를 보냈다. 로이드는 학교라면 딱 질색이었다. 미 해군에서 복무한 뒤 전역한 그는 신발을 팔기도 하고, 어느 때는 과자공장에서 반죽 짓는 일을 하기도 했다. 그러다 느닷없이 대학에 들어가기로 맘먹었다. 로이드는 어느 수업의 과제를 제출하기 위해 반딧불이를 관찰하러 지역의 습지로 나갔을 때 그 과제에 흥미를 느끼기 시작했다. 그때 자신이 이렇듯 매력적인 곤충에 대해 아는 게 거의 없다는 사실을 깨닫고 적잖이 놀랐다. 그가 이 새로운 대상에게 느낀 매혹은 대학원 시절하고도 그 이상, 아니 실은 평생토록 이어졌다.

로이드는 들판으로, 숲으로, 습지로 포티누스속 반딧불이를 쫓아다닌 끝에 1960년대 중반 결국 코넬 대학에서 박사학위를 받을 수 있었다. 그는 그 기간 동안 여름이면 픽업트럭을 몰고 미국 전역을 종횡무진했다. 매일 밤 전조등을 끈 채 천천히 차를 몰고 시골길을 돌면서 창밖으로 고개를 내밀어 반딧불이 불꽃들이 보이나 살폈다. 그러다가 활발한 반딧불이 소굴을 발견하면, 주저 없이 길가에 차를 대고 적당한 곳에 텐트를 쳤다. 로이드는 스톱워치, 불꽃 기록 장치, 배터리로 작동되는 도표 기록기를 갖추고 며칠 밤 동안 꼬박 자신이 발견한 모든 반딧불이종의 행동이며 점멸 패턴을 꼼꼼하게 노트에 적어나갔다. 그는 또한 각 점멸 패턴을 보여주는 반딧불이 표본도 몇 마리씩 수집했으며, 나중에 그들이 어느 종에 속하는지 정확하게 파악하려고 현미경으로 저마다의 특징을 살펴보기도 했다. 자칭 은둔자인 로이드는 아직도 '전설적일 정도로 비사회적인' 자기 성격을 자랑으로 삼는다. 그는 집중적인 현장 조사에 따르는 고독하기 이를 데 없는 생활방식을 정말이지 좋아한다. 로이드는 학위를 마칠 무렵, 반딧불이가 유망한 짝과 의사소통하기 위해 사용하는 암호를 마침내 해독할 수 있었다.

로이드는 결국 플로리다 대학에 자리를 잡았고, 거기서 시종일관 인기를 누린 우등과정 강좌 '반딧불이의 생명현상과 자연사'에 반딧불이를 향한 자신의 열정을 쏟아부었다. 강연 체질이 아니었던 그는 반딧불이의 자연사에 관한 풍부한 지식과 수강생의 흥미를 북돋우고자 고안한 질문을 한데 버무린 비공식적 토론 형식으로 강좌를 꾸렸다. 학생들은 호기심을 안고 야간 현장학습에 나서서 반딧불이의 짝짓기 의식이며 거미의 포식, 유충이 선호하는 먹잇감 따위에 대해 배웠다.

로이드는 오래전에 은퇴했음에도 사람들은 여전히 그를 '반딧불이 박사'라고 부른다. 그에게 딱 들어맞는 이름이다. 그는 지난 50여 년 동안 다 해서 3000일 남짓을 밤에 야생으로 현장연구를 떠나 북아메

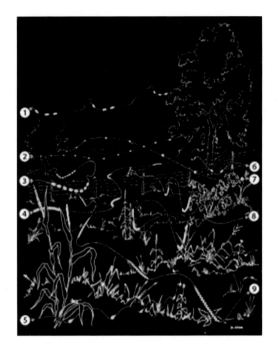

그림 3.1 북아메리카에 사는 포티누스속 반딧불이 9종의 수컷은 서로 구별되는 비행경로와 점멸 패턴을 보여준다.(1966년 로이드의 책에 실린 댄 오트(Dan Otte)의 삽화)

리카의 반딧불이가 자연 서식지에서 어떻게 행동하는지 꾸준히 정리했다. 100여 편의 과학 논문과 몇 권의 저서 등 그가 내놓은 출판물은 하나같이 반딧불이의 행동과 그들의 진화 과정을 이해하고자 노력한 발자취다.

내가 이 과묵하고 열정적이며 어마어마하게 해박한 남자를 처음 만난 것은 듀크 대학에서 박사학위 논문을 쓰느라 한창 연구에 매진하고 있을 때였다. 그에게 강연을 요청하자 그가 기꺼이 수락해준 것이다. 로이드는 성미가 고약하다는 평판이 자자했고, 정장에 넥타이 차림을 거북해하는 모습이 역력했지만 실제로 겪어보니 대단히 신사다웠다. 그의 학문적 강연은 내가 여태껏 들어본 것들 가운데 가장 재미있었다. 로이드는 자신이 현장연구를 진행하면서 알아낸 사실을 실감 나게 들려주었다. 그리고 강당의 불을 끈 다음 자신이 직접 만든 희한한 장비를 꺼내 들었다. 후크 대신 불이 달려 있다는 것만 빼면 영락없는 낚싯대였다. 로이드는 그 장비를 손가락으로 조작하면서 무대를 신나게 누비고 다니며 상이한 포티누스속 반딧불이종들의 독특한 점멸 패턴을 실제로 보여주었다.

북아메리카에는 약 35개의 포티누스속 반딧불이종이 살아간다. 1960년대에 로이드는 이 모든 종에서 수컷의 점멸 패턴이 서로 다르다는 사실을 알아냈다.(그림 3.1) 포티누스속 반딧불이의 수컷은 어느 종에 속하느냐에 따라 달라지는 점멸 패턴을 이용해 구애에 임한다.

종마다 한 번, 두 번, 혹은 네댓 번 등 펄스 횟수가 각기 다른 점멸 패턴을 띠는 것이다. 수컷은 잠시 쉬었다가 그 패턴을 고스란히 되풀이한다. 모든 점멸 패턴은 불빛의 펄스가 몇 번이냐, 각 펄스의 지속시간이 얼마냐, 펄스 사이에 낀 깜깜한 순간이 어느 정도냐가 저마다 다르다.

따라서 수컷의 종 정체성이나 성에 관해 결정적 정보를 제공하는 것은 점멸발광의 빛깔이나 형태라기보다 그 타이밍이다. 저마다 독특한 불빛 패턴을 보고 지금 어느 등대에 접근하고 있는지 판단하는 선원처럼, 암컷 반딧불이도 점멸발광의 타이밍 차이를 통해 제 종의 수컷을 분간해낸다. 당신도 이 책 뒷부분에 소개된 방법에 따라 로이드가 발견한 반딧불이 언어를 써서 그들과 소통할 수 있다.

정의할 수 없는 것 정의하기

로이드는 포티누스속 반딧불이의 사랑 언어를 해석해냈을 뿐만 아니라 완전히 새로운 반딧불이를 네댓 종 발견했다. 그렇다면 그는 자신이 새로운 종을 찾아냈다는 사실을 어떻게 알았을까? 그리고 종(種)이란 대체 무엇일까? 우리는 종이라는 말을 흔히 사용하며, 종의 개수가 얼마나 되느냐로 생물 다양성을 따지기도 한다. 게다가 박물관에 전시된 표본은 종 라벨을 달고 있다. 섬세하게 박제한 새, 납작하게 눌러서 말린 해조, 혹은 핀으로 고정한 곤충 따위를 우리 인간의 분류 체계에 공식적으로 끼워 넣는 것이다. 그러나 놀랍게도 심지어 생물학자들마저 종이라는 말을 그다지 엄밀하게 사용하지는 않는 것으로 드러났다. 성은 널리 받아들여지는 정의인 이른바 '생물학적 종' 개념의 기반을 이룬다. 이 정의에 따르면, 만약 두 집단이 상호 간에 성공적으로 교미하여 건강한 후손을 만들어낼 수 있다면 그들은 같은 종으로 간주된다. 생식으로 하나가 된 종에서는 그 구성원들이 '유전자 풀(genetic pool)'을 공유한다. 반면 두 집단이 생식에서 분리되어 있다면 그들은 각각 저만의 '작은 유전자 풀(genetic puddle)' 안에 머물러 있다. 이럴 경우 우리는 두 집단을 별개의 종으로 본다.

로이드는 이 '생물학적 종'이 알맞은 기준인지를 직접 현장에 나가 일부 포티누스속 반딧불이에게서 확인해보기로 했다. 그들이 진짜 서로 생식이 격리되어 있는지 따져보고 싶었던 것이다. 한 '장소 교환' 실험의 경우, 그는 뉴저지 주 브랜치빌에서 포티누스 스킨틸란스종(*Photinus scintillans*)의 잘 반응하는 암컷 여섯 마리를 잡아서 메릴랜드 주 실버스프링스로 데리고 갔다. 이튿날 밤, 이 암컷들을 따로따로 유리병에 넣어 포티누스 마르기넬루스종(*Photinus marginellus*)의 최대 번식지에 놓아두었다. 과연 스킨틸란스종의 암컷들은 제가 들어 있는 유리병을 맴돌면서 열렬하게 구애하는 마르기넬루스종의 수컷들에게 반응을 보일 것인가? 로이드는 또한 일부 마르기넬루스종의 암컷 몇 마리를 스킨틸란스종의 번식지로 데려와서 그들이 다른 종에 속한 수컷의 구애 점멸에 어떤 반응을 보이는지도 살펴보았다. 로이드는 별개의 종으로 간주되는 13개 집단의 암수를 대상으로 집요하게 이 같은 장소 교환 실험을 되풀이했다. 마침내 그가 발견한 바에 따르면, 암컷은 거의 모든 경우에 제 유전자 풀에 충실했다. 즉 그들은 오로지 자기 종에 속한 수컷이 점멸하는 구애 신호에만 점멸로써 화답했다. 로이드의 발견 결과는 포티누스속이 '생물학적 종' 기준을 놀라울 정도로 엄밀하게 지킨다는 사실을 보여주었다. 그들은 상호교배하지 않으므로 뚜렷이 구분되는 다른 종이었던 것이다.

로이드는 현장에서 돌아와 자연사박물관들을 찾아다니기 시작했다. 자신이 관찰한 반딧불이들과 박물관에 소장된 종으로 분류된 표본들을 비교하기 위해서였다. 곤충 종에 관한 공식적 과학 기술(記述)은 일반적으로 사체(死體)를 근거로 이루어지고, 따라서 종을 구분할 때는 부득이 구조적 유사성에 근거한다. 로이드는 자신이 수집한 몇몇 포티누스속 반딧불이종들에게서 성기의 육감적 곡선에 이르는 구조가 똑같다는 사실을 확인했다. 따라서 공식적 과학 기술에 따르면, 그들은 모두 단일 종에 속하는 셈이다. 그러나 로이드는 이 곤충들을 살아 있는 상태로, 즉 야생에서 불빛을 깜빡이는 상태로 관찰했다. 그는 그들이 전혀 다른 구애 신호를 사용하는 모습을 두 눈으로 똑똑히 지켜보았다. 그들은 이 같은 상이한 구애 신호를 기반으로 기회가 충분히 주어질 때조차 결단코 서로 짝짓기를 거부했다. 이 반딧불이종들은 비록 죽고 나서는 서로 분간이 가지 않지만, 서로를 구분하는 데 아무런 어려움을 느끼지 않는 게 분명했다. 따라서 로이드는 점멸 패턴의 차이를 토대로 한때 베일에 싸여 있던 종들을 서로 구분하기 위해 과학적으로 기술된 종전의 내용을 고쳐 썼다.

종을 정의한다는 것이 북아메리카에서 살아가는 포투리스속 반딧불이를 비롯한 다른 생명체의 경우에는 한층 모호해질 수 있다. 포투리스속 반딧불이들은 재빨리 다른 점멸 패턴으로 갈아탈 수 있으며, 따라서 그들의 점멸 패턴은 종을 범주화하는 데 유용한 기준이 못 되는 것이다. 더군다나 간혹가다 뚜렷하게 구분되는 두 개 종처럼 보이는 반딧불이들이 실제로 상호교배하여 어중간한 잡종을 만들어내는 일마저 벌어진다. 기실 종 연구에 많은 시간을 들인 찰스 다윈마저 종을 정의하는 데는 그다지 열의를 보이지 않았다. 다윈은 한 편지에서 이렇게 말하기까지 했다. "수많은 자연주의자들이 '종'에 관해 언급할 때 마음속으로 서로 얼마나 다른 개념들을 떠올리는지 알고 나면 참으로 어처구니가 없을 것이다. 나는 이것이 정의할 수 없는 것을 정의하려 애쓰는 탓에 빚어진 결과라 생각한다." '생물학적 종' 개념은 분명 실용적이지만 이런 식의 범주화에는 더러 모호한 경계 지역이 남아 있다.

밤의 여정에 나서다

다시 뉴잉글랜드의 초원으로 떠나서 밀회를 즐기기 위해 밤에 불빛을 반짝거리며 돌아다니는 작은 곤충들을 만나보자. 이곳 초원은 포티누스 그레니(*Photinus greeni*)라는 반딧불이종의 근거지다. 이 종의 수컷은 2회의 빠른 불빛 펄스를 내보내고 1.2초 동안 쉬었다가 다시 2회 빠른 불빛 펄스를 내보내는 식으로 특유의 신호를 보낸다. 이 반딧불이 수컷 군단은 풀잎 끝에 대기하면서 어둠이 깔리기를 끈기 있게 기다린다. 이제 수컷들이 모두 허공으로 날아올라 야간 순찰을 시작한다. 그들은 날면서 자신들을 지켜보는 누군가를 향해 4초 주기로 불꽃을 깜빡임으로써 부지런히 제 존재를 알린다. "나는 그레니종 수컷이에요, 여기요! 나는 그레니종 수컷이에요, 여기요!" 그는 불빛을 깜빡이고 나서 매번 암컷을 발견했으면 하는 희망으로 잠깐 멈춘다. 따라서 오늘 밤 여기 초원에서는 이런 리듬이 감지된다. 깜빡, 깜빡, (희망 안고) 허공 맴돌기, 깜빡, 깜빡, 허공 맴돌기, 깜빡, 깜빡, 허공 맴돌기……. 수컷들은 암컷들이 모여 있을 법한 장소에서 집중적으로 노력을 기울이다 여의치 않으면 다음 후보지로 자리를 뜬다. 날아다니는 수컷 수백 마리가 바닷물 위에 반짝이는 햇살처럼 생기발랄한 불꽃을 깜박이면서 초원을 가득 메운다.

반딧불이에게 생각하기도 싫은 끔찍한 악몽이란 어떤 상황일까? 나는 이따금 그것은 다름 아니라 그들이 막 구애를 위해 불빛을 깜박거리며 길을 나섰을 때 난데없이 폭풍우가 몰아치는 사태일 거라고 생각한다. 어느 날 빗방울이 그들의 작은 몸 위에 쏟아져 쫄딱 젖은 별똥별들이 허겁지겁 땅바닥으로 곤두박질치는 장면을 떠올려본다. 날개가 젖었다는 것은 오늘 밤 비행은 애초에 글렀다는 것을 의미한다. 이렇게 되면 흠뻑 젖은 수컷은 이제 발로 걸어 다니면서 구애를 이어갈 것이다. 그들은 암컷을 찾느라 풀 속을 지루하게 걸으면서 간간이 불빛을 깜빡거린다.

그러나 수컷이 그토록 찾으려 애쓰는 아리송한 존재, 즉 암컷은 대관절 어디에 숨어 있단 말인가? 포티누스 그레니 암컷은 날 수 있는데도 웬만해선 그렇게 하는 데 귀중한 에너지를 허비하지 않는다. 그들은 그러는 대신 독신 전용 바의 높고 둥근 의자를 차지한 여인들처럼 풀잎에 살포시 앉아 있다. 암컷은 유독 매력적인 수컷을 발견하면 짐짓 시치미를 떼면서 그의 '교미를 노린 접근'을 알아보았노라는 반응을 한다. 그녀는 그가 있는 쪽으로 제 등(燈)을 내보이면서 도발적으로 불빛을 깜박거린다. 포티누스속 반딧불이 암컷은 대개 점점 밝아졌다가 서서히 잦아드는 단 한 번의 긴 점멸로 화답한다. 여기서도 역시나 타이밍이 결정적이다. 포티누스속 암컷은 점멸 반응을 보이기 전에 뜸 들이는 시간, 즉 반응지체 시간이 종마다 제각각이다. 따라서 수컷은 종에 따라 다른 반응지체 시간을 근거로 제 종의 암컷을 찾아낸다. 포티누스 그레니종의 암컷은 반응지체 시간이 무척 짧다. 암컷은 수컷이 깜빡거리고 난 뒤 채 1초도 되지 않아 점점 밝아졌다가 서서히 잦아드는 점멸발광으로 응수하는 것이다.

포식자의 먹잇감으로 스러지다

그림 3.2 비명횡사한 운 나쁜 수컷의 모습이다. 하필 구애에 나선 날 황금눈뜨개거미가 둥글게 쳐놓은 거미줄에 걸려들어 친친 감기고 말았다.(Photo by Van Truan)

날면서 깜빡이는 우리의 반딧불이 수컷들은 온통 성에 관한 생각뿐이지만, 이곳에는 다른 야행성 생명체들도 웅크리고 있다. 저녁 먹잇감을 찾아 나선 녀석들이다. 이곳 초원은 수백 마리의 늑대거미(wolf spider)와 거미줄을 둥글게 치는 그들의 친척 황금눈뜨개거미(orb-weaving spider)의 터전이기도 하다. 그들은 모두 오늘 밤 메뉴에 반딧불이 요리를 올리겠노라고 성화다. 가장 키가 큰 풀줄기들 사이에 거미줄을 치고 조심성 없는 반딧불이들이 눈에 보이지 않는 덫에 걸려들기만 고사 지내고 있는 것이다. 오늘 밤 허공을 날던 수많은 수컷 반딧불이들이 재수 없게 조용히 걸려들 테고, 끈적끈적한 엉덩이가 거미줄에 친친 감긴 채 꼼짝 못 하고 매달려 있게 될 것이다.(그림 3.2) 그 불행한 수컷은 숨을 거두지만 그의 불빛만큼은 여전히 살아 있을 수도 있다. 우리의 현장노트에는 비단 거미줄 수의를 걸친 반딧불이들이 움직임을 멈춘 뒤로도 한동안 제 본연의 리듬에 맞춰 연신 불빛을 켰다 껐다 하는 장면에 관한 관찰 기록이 허다하다. 그들의 점멸발광이 다른 반딧불이들을 끌어들여 새로운 동료들마저 거미줄에 걸려드는 경우도 있다. 거미들은 아마 제가 잡아들인 포로를 발광 미끼로 활용하는 법을 터득한 듯하다.

그렇다면 성과 죽음의 기로에서 벌이는 이 도박은 과연 승률이 어느 정도일까? 그것을 알아보기로 마음먹은 제임스 로이드는 플로리다 주 게인스빌에서 포티누스 콜루스트란스(Photinus collustrans) 반딧불이종이 살아가는 초지를 찾아 나섰다. 측량 바퀴(surveyor's wheel)와 집계 계수기, 날카로운 눈으로 무장한 로이드는 며칠 밤을 꼬박 지새우면서 한 번에 한 마리씩 총 199마리의 수컷을 집요하게 추적했다. 그들은 모두 합해서 약 16킬로미터 넘게 비행했으며, 거의 8000번가량 점멸했다. 그런데 그 가운데 딱 두 마리만이 결국에 가서 암컷을 찾아내는 데 성공했다. 그리고 그와 비슷한 수치의 반딧불이들은 치명적 포식자의 덫에 걸려들었다. 포티누스속 수컷들에게 교미 상대를 찾아 나서는 이른바 생식 게임은 승률이 터무니없이 낮은 위험한 도박임에 틀림없다.

아슬아슬한 만남

한편 우리의 수컷 반딧불이들은 여전히 뉴잉글랜드 초원에서 하늘 위에 떠 있다. 그들은 거의 20분 동안 끈질기게 수색 중이다. 급기야 수컷 한 마리가 아래에서 깜빡거리는 반응을 얼핏 본 듯하다. 반응지체 시간으로 보아 자기 종의 암컷이 분명하다. 암컷이 마침내 그의 신호에 화답해온 것이다. 그는 재빨리 허공에서 그 근처 땅으로 내려온다. 수컷이 암컷을 향해 바삐 걸어가는 동안 둘은 요사스러운 불빛을 주고받기 시작한다. 수컷은 어느 풀잎을 향해 허둥지둥 기어 올라가다가 도중에 발을 멈추고 불빛을 깜빡인다. 그녀는 그에게 반응을 보일까? 아니다. 그는 풀잎 위로 좀더 올라가서 멈춘 다음 다시 한번 불빛을 깜빡인다. 이번에는 그녀가 대답한다. 그러나 아뿔싸, 아무래도 잘못된 방향으로 올라가는 듯싶다. 그는 오던 길을 되짚어가야 한다. 수컷이 암컷을 찾아서 미친 듯이 풀잎을 오르내리는 동안 구애 대화가 간간이 이어진다. 한 시간가량 지나서야 그는 바로 위에서 그녀가 화답하는 모습을 보게 된다. 이제야 비로소 그녀와 같은 풀잎 위에 나란히 놓이게 된 것이다. 수컷은 허겁지겁 풀잎의 위쪽으로 기어 올라가

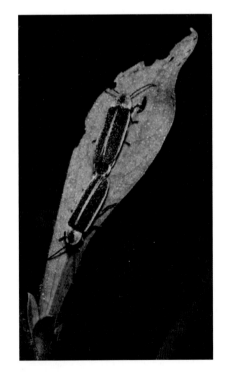

그림 3.3 교미하고 있는 포티누스속 반딧불이 암수.(위쪽이 암컷이고 아래쪽이 수컷이다. Photo by Sara Lewis)

그녀의 등에 냅다 올라탄다. 수컷이 거리낌 없이 제 성기를 그녀의 성기에 결합하면서 교미가 시작된다. 그러나 이러한 교미가 이뤄지려면 수컷은 먼저 반대 방향에서 마주 보도록 몸을 돌려야 한다. 좁은 풀잎 위에서 위태롭게 몸을 지탱하고 있는 수컷으로서는 바닥으로 굴러떨어지지 않으면서 이 위업을 달성하자면 상당한 곡예 솜씨가 필요하다. 일단 암수가 꼬리와 꼬리를 맞댄 체위로 편안하게 자리를 잡으면 점멸발광은 중단된다.(그림 3.3)

그러나 잠깐 기다려보라. 불빛이 꺼지고 난 뒤에는 무슨 일이 벌어질까? 내가 1980년대에 처음으로 반딧불이를 연구하기 시작했을 때, 연구의 대다수는 반딧불이 구애의 좀더 화사한 측면에 주목했다. 실제로 교

미가 이루어지고 나면 정신이 제대로 박힌 대부분의 과학자들은 현
장 조사 장비를 주섬주섬 챙겨서 편안한 침대가 기다리고 있는 집으
로 돌아갔다. 그러나 나는 반딧불이의 성생활에 걷잡을 수 없이 빠져
들었다. 반딧불이 암수는 한 몸이 된 상태를 얼마나 오랫동안 유지할
까? 그들은 그저 잠시 한바탕 불타오르고 마는가? 그러니까 속전속결
로 교미를 해치우고 나서 갈라선 다음 남은 밤 동안 또 다른 교미 상
대를 만나는가?

　나는 이런 질문에 답하기 위해 지도학생들과 함께 보스턴 부근의
들판에서 모기에 뜯겨가며 포티누스속 반딧불이를 쫓아다니느라 숱
한 밤을 지새웠다. 우리 일행은 매일 밤 정확히 오후 8시 35분에 클립
보드를 챙겨 들고 푸른색 필터를 끼운(반딧불이가 푸른색을 잘 보지 못하므
로) 헤드램프를 머리에 쓰고 연구 장소에 도착했다. 수컷이 비행을 시
작하는 9시가 되면 우리는 반응을 잘하는 암컷을 가능한 한 많이 찾
아내려고 분주히 움직였다. 암컷이 있는 위치에 깃발을 꽂아놓고 그
녀에게는 무해한 페인트로 작은 점을 찍어 표시해놓는다. 그런 다음
등받이 없는 캠프용 의자에 앉아서 우리가 점찍은 암컷들이 지나가
는 수컷들과 대화하는 모습을 지켜본다. 기다리고 또 기다린다. 어느
때는 그들의 대화가 몇 시간씩 이어지기도 한다. 마침내 암수가 몸을
접촉하면 우리는 교미 시작 시각을 기록한다. 그러고 나서 순찰을 돈
다. 밤새도록 각 쌍들이 아직도 계속 교미 중인지를 30분 간격으로 체
크한다. 하늘이 조금씩 환해지고 새들이 지저귀기 시작할 즈음까지
도 우리는 기록지에 변함없이 '계속 교미 중'이라고 적고 있었다. 동
이 틀 무렵에야 반딧불이 암수는 마침내 아쉬운 듯 몸을 떼고 혼사를
치른 풀잎에서 내려와 각자 제 갈 길을 서두른다. 우리는 눈도 못 붙

이고 꼬박 밤을 새웠지만, 급기야 포티누스속 반딧불이들이 하룻밤에 딱 한 번만 짝짓기한다는 사실을 알아내고 얼마나 기뻤는지 모른다. 그들의 기나긴 정사는 과학자들이 이른바 '배우자 지키기(copulatory mate guarding)'라 부르는 것이다. 즉 수컷 반딧불이가 그날 밤 자신과 교미한 암컷을 또 다른 경쟁자들과 몸을 섞지 못하도록 내내 붙잡아 두려는 작전이다.

우리의 반딧불이 연인들은 밤새 결합되어 있다가 동틀 무렵 마지못해 서로에게서 떨어진다. 더없이 낭만적인 것처럼 들리지 않는가? 그렇다면 우리 반딧불이들의 러브스토리는 정녕 이렇듯 순정할까?

전리품은 승자의 것

그럴 리가 없다. 행동생태학은 1980년대 초부터 고정불변의 행동 패턴을 기술하는 데 주력하던 고전적 동물행동학을 대체하면서 꽃피기 시작했다. 행동생태학자들은 종전과 달리 좀더 진화적인 접근법을 취했다. 즉 개체별로 행동이 어떻게 차이 나는지, 그리고 그런 차이가 개체들이 살아남고 생식에서 성공하는 능력에 어떤 영향을 미치는지 파악하고자 한 것이다. 제임스 로이드는 자웅선택에 관한 다윈의 생각을 곤충 일반, 특히 반딧불이에 적용하는 데 찬성한 초창기 인물들 가운데 하나다. 그는 면밀한 자연사 관찰 결과를 축적해가면서 자웅선택이 반딧불이의 형태와 행동을 주조하는 데 어떤 영향을 주는지 부단히 고심했다. 로이드의 생각에 고무된 나는 우리 집 뒷마당에서 내 나름의 탐구에 매달리기 시작했다. 그렇게 시작된 일이 결국 반딧불이의 성생활과 관련한 수많은 비밀을 드러내게 된 수십 년간의 연구 프로그램으로 발전한 것이다.

나는 우연히 반딧불이와 관련한 놀라운 사실을 한 가지 발견했던 어느 무더운 여름 저녁을 아직도 생생하게 기억한다. 노스캐롤라이나 주 더럼 시에 있는 우리 집 뒷베란다에서 블랙래브라도종인 반려견 오르페우스와 함께 앉아 있었다. 우리는 둘 다 풀섶에서 날아오르는 반딧불이 떼를 흐뭇하게 바라보았다. 그때 난데없이 그들 가운데 수컷과 암컷의 비율이 어떻게 될지가 궁금해졌다. 나는 포충망(생물학 전공 대학원생은 대개 이런 것들을 가까이 두게 마련이다)을 집어 들고 마당으로 달려나가 날아다니는 반딧불이를 있는 대로 잡아들이기 시작했다. 머잖아 수백 마리가 잡혀들었고, 나는 그 녀석들을 커다란 플라스틱 통에 담았다. 그로부터 몇 시간 동안 그들을 조심스레 하나씩 꺼내 등(燈) 모양을 살펴보면서 수컷인지 암컷인지 구분했다. 그런데 놀랍게도 200마리 넘게 성감별을 할 때까지 암컷은 단 한 마리도 나오지 않았다.

대학 도서관으로 달려가서 참고자료를 뒤적여본 나는 그제야 포티누스속 반딧불이 암컷을 발견하려면 풀밭 아래를 뒤져봐야 한다는 사실을 알게 되었다. 그래서 이어지는 며칠 동안은 밤에 실제로 그대로 해보았다. 사냥 챔피언의 후예답게 오르페우스는 나의 첫 현장조수가 되었다. 우리는 자정이 훌쩍 넘어서까지 깨어 있으면서 반응하는 암컷의 불빛을 보고 그들의 위치를 찾아냈다. 암컷을 발견할 때마다 그녀가 있는 곳에 조사용 플라스틱 깃발을 꽂아 표시해두었다. 마침내 내가 하는 일이 무엇인지 파악한 오르페우스는 자신의 기량을 유감없이 뽐내면서 암컷을 찾아냈다. 사방을 둘러보면 그가 저쪽에서 주둥이를 잔뜩 치켜들고 앞발을 올린 채 서 있는 모습이 보였다. 암컷 반딧불이를 또 한 마리 찾아냈다며 으스대고 있는 것이다. 나는 그렇게 꽂아놓은 깃발의 수가 모두 12개에 불과하다는 사실을 확인하고서 다시 한번 크게 놀랐다. 수컷 반딧불이에게 이 데이트 현장은 말도 못하게 살벌한 전쟁터였다. 무려 수컷 218마리가 불과 암컷 12마리를 향해 죽을힘을 다해 구애의 몸짓을 펼쳐 보이고 있었던 것이다. 나는 그 며칠 밤을 보내고 나서부터는 가능성이 희박한 생식 활동에 매달리는 수컷 반딧불이들이 전에 없이 존경스러워 보이기 시작했다.

거의 모든 유기체에게 수컷과 암컷이라는 '개념'은 생식에 투자하는 정도가 근본적으로 비대칭적이라는 데 기반을 둔다. 그들은 일단 생식세포부터가 다르다. 암컷은 정의상 알을 생산하는 성으로, 움직이지 않는 그의 커다란 알세포는 세포기관을 비롯한 여러 세포질 조각들로 가득 차 있다. 한편 수컷의 정자는 움직이는 작은 DNA 조각에 불과하다. 이처럼 생식세포가 서로 크게 다를뿐더러 일반적으로 암컷은 자손들이 태어나기 전, 혹은 더러 태어난 후에 그들을 돌보는 데 수컷보다 더 많은 시간과 노력을 기울인다. 1970년대에 생물학자 로버트 트리버스(Robert Trivers)는 결국 부모 투자에서 드러나는 암수 간의 근본적 차이 때문에 우리가 동물계 전반에서 거듭 보게 되는 고전적 구애 행동이 진화한 것이라고 주장했다. 수컷은 대체로 암컷을 두고 경쟁하는 역할을 떠안는다. 가령 일부 오스트레일리아의 딱정벌레 수컷은 짝짓기를 향한 열망이 어찌나 강한지 이따금 버려진 맥주병과 교미하려 애쓰면서 죽어가기도 한다. 반면 암컷은 교미 상대를 고를 때 내숭을 떨 뿐만 아니라 콧대가 여간 높은 게 아니다. 거의 보편적이랄 수 있는 이러한 패턴이 나타나는 것은 암수가 자녀를 만드는 데 투자하는 정도가 서로 다르기 때문이다. 투자를 덜 하는 쪽인 수컷은 목숨 건 경쟁에 뛰어들어야 하는 운명이다. 반면 투자를 더 하는 쪽인 암컷은 귀하신 몸이고 그러니만큼 말도 못 하게 까탈스럽다. 트리버스가 주장하는 부모 투자 개념의 필연적 결과로서 수컷은 좀더 적극적이고 비용이 많이 드는 구애 작전을 펼쳐야 한다. 화려한 장식과 고급 무기류를 갖출 뿐만 아니라 암컷을 찾아 나서거나 저돌적인 디스플레이를 선보여야 하는 것이 바로 그러한 작전의 일환이다.

나는 노스캐롤라이나 주의 우리 집 뒷마당에서 반딧불이 수컷의 수가 암컷의 수보다 압도적으로 많다는 사실을 알고 크게 놀랐는데, 기실 그러한 특성은 많은 곤충들에서 되풀이해 나타난다. 수컷의 짝짓기 경쟁은 기이한 짝짓기 행동을 수도 없이 양산했다. 일례로 수컷들은 흔히 변태를 서두른 결과 같은 종에 속한 암컷보다 먼저 성충이 된다. 이처럼 수컷이 일찌감치 등장하는 패턴은 웅성선숙(protandry, 雄性先熟)이라 알려져 있으며, 나비·하루살이·모기·반딧불이에게서 흔히 볼 수 있다. 수컷 경쟁은 심지어 일부 곤충 수컷들로 하여금 어린 신부를 미리 채가도록 내몰기도 한다. 몇몇 모기·거미·나비의 수컷은 채 자라지도 않은 암컷을 눈에 불을 켜고 지키며 경쟁자들을 물리치면서 암컷이 성적으로 성숙해질 때까지 참을성 있게 기다린다. 열대 지방에 사는 일부 헬리코니우스속(Heliconius) 나비의 수컷은 아직 성숙하지 않은 암컷 번데기를 며칠간 지키면서 아예 자신의 성기를 미리 번데기 집에 찔러 넣고 있다. 암컷이 번데기 집에서 나오자마자 짝짓기에 돌입할 수 있도록 만전을 기하는 것이다. 일부 반딧불이종의 수컷 역시 유년의 신부를 선점하는 전략을 쓴다. 그들은 아직 다 자라지도 않은 암컷을 지키고 있다가 그들이 기어 나오면 지체 없이 짝짓기를 한다.

짝짓기 경쟁은 비단 암컷을 가장 먼저 차지하는 데 그치지 않는다. 고전적 애니메이션 영화 〈밤비(Bambi)〉에는 수컷 사슴 두 마리가 공동의 연인을 가운데 놓고 서로 가지 진 뿔을 걸고 있는 인상적인 장면이 나온다. 수많은 딱정벌레·파충류·포유류의 수컷은 뿔, 가지 진 뿔, 엄니, 발톱 따위를 발달시켜왔다. 경쟁자 수컷들과 맞선 격렬한 투쟁에서 써먹게 될 무기들이다. 하지만 반딧불이의 경우 수컷 대 수컷의 상호작용은 한층 더 미묘하다. 반딧불이 수컷들은 운 좋게 암컷을 발견하고 그녀와 불빛을 주고받는다 하더라도 사적으로 이야기를 나눌 겨를이 거의 없다. 이들의 불빛 교환이 마치 자석처럼 일시에 다른 수컷들을 끌어당기는 탓이다. 암컷은 삽시간에 저마다 그녀의 관심을 끌려고 불빛 경쟁을 벌이는 한 무리의 구혼자들에게 둘러싸이고 만다.

만약 당신이 캠프용 의자에 앉아서 이들의 치열한 구애 작전을 찬찬히 지켜본다면, 유독 야비한 몇몇 수컷의 행동을 보게 될 것이다. 수컷 네댓 마리가 암컷 단 한 마리를 향해 구애하고 있을 때, 어느 수컷이 엉큼하게도 암컷의 점멸을 흉내 낸 신호를 경쟁자 수컷에게 보내는 경우가 더러 있다. 수컷이 만들어내는 가짜 암컷 점멸은 영락없이 암컷이 보내는 불빛 신호처럼 점점 밝아지다가 서서히 잦아든다. 그는 또한 암컷에서 흔히 보이는 반응지체까지 엄밀하게 구사하면서 불빛을 깜빡거린다. 암컷이 어디에 있는지 찾아내려 애쓰던 내 스스로의 경험에 비추어볼 때 수컷이 암컷인 양 흉내 내면서 보내는 불빛은 깜빡 속아 넘어갈 정도로 감쪽같다. 이러한 수컷은 실제로 경쟁자들을 암컷으로부터 따돌리는 현명한 방법을 알아낸 것 같다.

수컷 반딧불이는 겉으로 분명하게 드러난 무기가 따로 없지만, 그럼에도 경쟁자들끼리 더러 육탄전을 펼치곤 한다. 동부반딧불이 포티누스 피랄리스종에서는 이따금 스무 마리나 되는 수컷 경쟁자들이 한껏 교태를 부리면서 단 한 마리의 암컷을 에워싸고 있다. 수컷들은 제 머리 방패를 이용하여 서로 세차게 밀고 밀린다. 이 경쟁에서 승리하는 비결이 정확히 무엇인지는 아직껏 제대로 알려져 있지 않지만, 어쨌거나 거기서 수컷 한 마리가 끝내 승리를 거두고 암컷과 짝짓기를 성사시킨다. 가엾은 패자들, 혹은 별 가망이 없는데도 여전히 희망의 끈을 놓지 못하는 수컷 네댓 마리가 이 행복한 암수 위로 우르르 몰려들어서 최대 6겹까지 탑을 쌓기도 한다. 아마도 이것이 동남아시아의 프테롭틱스속('구부러진 날개'라는 뜻) 반딧불이 수컷이 그들의 딱지날개(elytra)로 교미 상대의 복부 주위를 단단히 붙들고 있는 까닭일 것이다. 이것은 경쟁자들에게 짝을 빼앗기지 않도록 막아주는 훌륭한 방편인 듯하다.

자웅선택의 관점에서는 초원에서 펼쳐지는 더없이 사랑스러운 불꽃의 향연이 좀 다르게 보인다. 수백 마리의 수컷 반딧불이는 날아다니면서 어떻게든 제 유전자를 후대에 전달하고자 불빛을 반짝거린다. 수컷 반딧불이들은 밤마다 가물에 콩 나듯 있는 암컷을 찾아내려고 다른 수컷 수십 마리와 불빛 경쟁을 벌인다. 이 야간 비행에는 많은 에너지가 드는데, 그 에너지는 수컷이 유충일 때 실컷 먹이를 먹으면서 체내에 비축해둔 자원으로 조달한다. 그리고 앞에서 보았듯이, 수컷이 구애를 위해 감당해야 하는 비용에는 비단 비행만 있는 것이 아니다. 수색 임무를 수행할 때 포식자들과 맞닥뜨리는 일도 심심찮게 벌어진다. 반딧불이에게 구애 행동은 필시 비용이 많이 드는 일이며, 그 비용은 오롯이 수컷이 감당해야 할 몫이다.

암컷의 선택

다윈이 주창한 자웅선택의 두 번째 기제인 암컷의 선택 개념을 둘러싸고는 한층 더 논란이 분분하다. 다윈은 1871년에 쓴 책에서 동물계 전반, 즉 갑각류·곤충·어류·양서류·파충류에 이르는 생명체들에게서 나타나는 과장된 수컷 장식의 사례를 세세하고 꼼꼼하게 다루었다. 그는 특히 새들의 성적 장식품을 묘사하는 데 여러 장에 걸쳐 공을 들였다.

> 수컷 새들은 …… 다채롭기 짝이 없는 음악으로 암컷을 매료시킨다. 그들은 또한 볏, 육수(肉垂: 칠면조, 닭 따위의 목 부분에 늘어져 있는 붉은 군살―옮긴이), 융기부, 뿔, 공기로 부풀어 있는 주머니, 묶음머리, 깃털 없이 드러난 깃대(naked shafts), 왕관 모양의 머리 깃털, 몸에서 사방으로 우아하게 뻗어나간 기다란 깃털 등 갖가지 종류의 장신구로 몸을 꾸민다. 부리와 머리 부근에 드러난 맨살, 그리고 깃털은 대개 화려한 빛깔을 과시한다. 수컷은 구애를 할 때면 춤을 추기도 하고 땅바닥이나 공중에서 우스꽝스러운 몸짓을 해 보이기도 한다. 적어도 한 가지 사례에서는 수컷이 암컷을 흥분시키거나 매료시키는 데 도움을 주는 것으로 추정되는 사향 냄새를 풍긴다.

이렇듯 만연한 다양한 성적 장신구들은 지금껏 어떻게 진화해왔을까? 다윈은 암컷이 어떻게든 이러한 특징을 보고서 자신의 교미 상대를 판단하고 선택한다고 주장했다. 그는 계속해서 암컷이 수컷의 구애 디스플레이, 발성, 깃털을 비롯한 여러 특색을 살펴본 뒤 유독 '아름답다'고 느끼는 수컷과만 교미하기로 결정한다는 자신의 주장을 뒷받침하고자 수백 가지 사례를 수집했다. 그리고 언제나처럼 반대의견이 제기될 경우에 대비해 이렇게 냉큼 덧붙였다. "이것은 암컷이 얼핏 봐서는 그럴 것 같지 않지만 분명 수컷을 보는 확고한 안목과 취향을 갖추고 있음을 보여준다."

결국 그의 말이 옳았다. 다윈의 동료 앨프리드 러셀 월리스(Alfred Russel Wallace)를 비롯해 19세기 말의 남성 과학자들은 암컷 동물에게는 배우자 선택에 요구되는 인지력이 부족하다고 믿었다. 빅토리아 시대의 영국에서는 수컷이 암컷을 놓고 격렬하게 다툰다는 생각이 널리 받아들여졌다. 암컷, 특히 인간 암컷들 역시 적극적 역할을 할 가능성이 있다고 보는 문화 풍조와는 배치되는 생각이었다. 20세기 초반의 몇 십 년 동안 진화생물학자들은 다윈의 자연선택론, 그리고 유전과 관련한 멘델의 발견 결과를 한데 아우른 근대종합이론(Modern Synthesis)을 받아들였다. 그 이론의 골자는 자연선택, 그리고 유전적 변형체를 만들어내는 데서 선택의 자료인 돌연변이가 맡은 역할이었다. 암컷의 선택을 통한 자웅선택이라는 다윈의 주장은 기성 과학계로부터 수십 년 동안 외면당했고 거의 잊다시피 했다.

암컷이 적극적으로 배우자를 고른다는 다윈의 주장은 20세기 중엽에 이르러서야 비로소 엄격한 과학적 논의의 대상으로 떠오르기 시작했다. 두 가지 연구 방법을 통해 암컷의 선택은 결국 널리 받아들여지는 자웅선택의 양식으로 격상되기에 이른다. 1930년대에 아놀리스 속(Anolis) 도마뱀을 대상으로 한 실험실 연구는 암컷이 수컷의 격렬한 팔굽혀펴기와 고개를 까닥거리는 디스플레이와 더불어 그의 연붉은 군턱(dewlap: 목 밑에 처진 살—옮긴이)에 각별한 관심을 기울인다는 사실을 보여주었다. 한편 인구유전학자이자 통계학자인 로널드 피셔 경

(Sir Ronald Fisher)은 그 무렵 《자연선택에 관한 유전 이론(The Genetical Theory of Natural Selection)》이라는 책을 펴냈다. 피셔는 이 책에서 암컷이 임의로 모종의 수컷 특성을 선택한 결과 그 특성이 오랜 진화 과정을 거치면서 급속도로 부풀려지게 되었다는 주장을 펼쳤다. 그때부터 그 분야는 폭발적으로 성장했으며, 이어지는 수십 년 동안 자웅선택 연구자들은 암컷의 선택에 주목했다. 1990년경, 과학적 연구 성과가 쌓인 결과 암컷은 정말이지 자신의 배우자를 적극적으로 고르며, 이러한 암컷의 결정은 수컷의 겉모습이나 행동의 미묘한 차이를 기반으로 한다는 것이 정설로 받아들여지게 되었다.

나는 여러 해 동안 현장에서 구애를 둘러싼 암수의 상호작용을 면밀히 관찰한 끝에 포티누스속 암컷은 짝을 고를 때 까다롭기 짝이 없다는 사실을 확인했다. 그들은 열정적인 구혼자에게조차 좀처럼 곁을 주지 않는다. 포티누스속 암컷은 일반적으로 어느 하룻밤 동안 자신이 보는 수컷의 구애 불빛 가운데 반응을 보이는 비율이 채 절반도 되지 않는다. 암컷은 유독 마음에 드는 구혼자를 만나면, 그의 불빛에 좀더 확실한 반응을 보이는 식으로 호감을 드러낸다. 암컷에게서 가장 빠른 반응을 이끌어낼 수 있는 수컷이 결국 그녀를 차지하게 된다. 따라서 반딧불이 수컷은 그저 암컷이 반응하게 만드는 것만으로도 생식 전쟁에서 승리하는 데 유리한 고지를 점할 수 있다.

그렇다면 암컷 반딧불이는 정확히 수컷의 어떤 점을 섹시하다고 느낄까?

반딧불이 생물학자들은 지난 15년 동안 이 문제를 푸는 데 도움이 되는 기발한 실험을 몇 가지 실시했다. 제임스 로이드는 오래전에 포티누스속 암컷들이 수컷의 점멸 타이밍을 보고 그들이 어느 종인지 분간한다고 밝힌 바 있다. 그러나 수컷 반딧불이들이 모두 같은 종에 속해 있다 하더라도, 그들의 점멸발광은 어딘가 모르게 조금씩 다르다. 이러한 개별 수컷 간의 차이는 너무나 미묘해서 인간의 눈으로는 감지하기 어려울 때도 있지만, 컴퓨터를 이용하여 저마다 다른 수컷의 점멸발광을 기록하고 검토해보면 그 차이가 분명하게 드러난다. 일부 종들 내에서 개별 수컷들 간에는 점멸발광의 '지속시간'이 다른 경우도, 점멸의 '속도'가 다른 경우도 있다. 암컷 반딧불이는 점멸에서 드러나는 이러한 차이를 귀신같이 알아차린다.

암컷은 수컷이 구애 디스플레이를 펼치는 동안 정확히 그의 어떤 점에 주목하는가? 동물행동학자들은 이 문제에 답하기 위해 흔히 '녹화된 내용을 재생하여 들려주는 실험(playback experiment)'을 실시하곤 한다. 예컨대 연구자들은 귀뚜라미·개구리·새의 암컷은 어떤 수컷의 노래를 선호하는지 알아보기 위해 저마다 다른 노래를 녹음해 고성능 스피커로 들려준다. 그렇게 하면 암컷이 어떤 노래에 매료되는지 알아낼 수 있다. 그와 비슷하게 반딧불이 암컷이 어떤 점멸발광을 가장 좋아하는지 알아보기 위해 '녹화된 점멸발광을 재생하여 보여주는 실험'을 했다. 수컷 반딧불이의 점멸발광을 흉내 내는 것은 발광다이오드를 컴퓨터에 연결하기만 하면 되므로 비교적 손쉽다. 암컷은 매력적이다 싶은 깜빡임을 발견하면 역시나 깜빡임으로 응수할 것이다. 간단하지 않은가? 연구자들은 이 불빛 재생 기법을 써서 수많은 다양한 반딧불이종의 암컷을 대상으로, 불빛 가운데 가장 섹시한 것이 무엇이냐 하는 가장 중요한 문제를 다루었다.

당시 캔자스 대학에 재직하던 반딧불이 연구자 마크 브래넘과 마이클 그린필드(Michael Greenfield)는 1996년 최초로 이 기법을 써서 포티누스 콘시밀리스(*Photinus consimilis*)의 암컷이 선호하는 점멸발광이 무엇인지 알아냈다. 이 종의 수컷은 암컷에게 구애할 때 6~9회 펄스로 이루어진 점멸발광 패턴을 일정 간격을 두고 되풀이한다. 연구자들은 미주리 주의 로어링강주립공원(Roaring River State Park)에서 암컷을 찾아 헤매는 수컷 61마리의 점멸발광 패턴을 비디오로 녹화했다. 녹화 기록을 분석한 결과 그들은 이 종의 수컷들의 점멸 신호가 꽤나 제각각이라는 사실을 확인했다. 연구자들은 또한 그들 종의 암컷도 몇 마리 실험실에 잡아와서 신중하게 제작한 일련의 불빛을 보여주었다. 점멸발광의 빛깔과 강도는 동일하게 유지하되 점멸발광 패턴의 펄스 횟수, 펄스의 지속시간, 펄스의 속도를 저마다 달리했다. 각각의 암컷이 상이한 점멸발광 패턴에 어떻게 반응하는지 추적한 연구자들은 암컷이 펄스의 지속시간이나 펄스의 정확한 횟수에는 크게 괘념치 않는다는 사실을 알아냈다. 하지만 포티누스 콘시밀리스의 암컷은 펄스의 속도를 달리해 보여주자 신경을 바짝 곤두세우며 주의를 기울였다. 실험 대상 암컷들은 하나같이 펄스의 속도가 빠른 점멸발광 패턴을 보면 달뜬 반응을 보인 반면 펄스의 속도가 느린 패턴은 철저히 외면했다. 이것은 혁신적 실험이었다. 첫째, 이 실험은 심지어 동일한 종 내에서도 수컷들은 점멸 타이밍에서 미묘한 차이를 보인다는 증거를 제공했다. 둘째, 이 실험은 암컷 반딧불이가 그들의 배우자 후보군 사이의 차이점을 예의주시한다는 사실을 드러냈다. 마지막으로, 이 실험은 자웅선택이 펄스의 속도가 빠른 수컷에게 유리한데, 그것이 암컷이 좋아하는 특성이기 때문이라는 사실을 보여주었다.

그때 이후 다른 포티누스속 반딧불이를 대상으로 비슷한 불빛 재생 실험을 실시했다. 그에 따르면, 반딧불이 수컷에게는 알맞은 점멸 패턴을 지니는 것이야말로 암컷의 마음을 사로잡는 첩경이었다. 내 대학원 지도학생 크리스토퍼 크랫슬리(Christopher Cratsley)는 터프츠 대학에서 박사학위를 취득하기 위해 두 가지 다른 포티누스속 반딧불이를 대상으로 연구를 진행했다. 두 종의 수컷은 구애용 점멸발광에서 1회 펄스를 사용한다. 크리스토퍼는 포티누스 이그니투스(*Photinus ignitus*)의 수컷들 간에 펄스의 지속시간이 약 20분의 1초에서 10분의 1초 사이로 저마다 다르다는 것을 발견했다. 크리스토퍼는 포티누스 이그니투스 암컷들에게 서로 다른 점멸발광으로 구애를 해본 결과, 그들이 펄스의 지속시간이 긴 불빛을 선호한다는 사실을 밝혀냈다.

포티누스 피랄리스 역시 수컷의 점멸발광이 포티누스 이그니투스와 비슷한 차이를 보였으며, 암컷도 그와 비슷하게 펄스의 지속시간이 긴 불빛에 이끌렸다. 결국 포티누스속 반딧불이에게 수컷의 점멸발광 타이밍은 그가 속한 종과 성에 관한 정보를 전달해줄 뿐만 아니라 그가 암컷들에게 얼마나 먹히는지를 결정해주기도 한다. 반딧불이 암컷은 분명 펄스의 속도가 빠르거나 펄스의 지속시간이 긴 것 같은, 눈에 확 띄는 구애 신호를 선호한다. 이것은 까다로운 문제를 한 가지 제기한다. 그렇다면 반딧불이 수컷은 암컷이 그러한 신호를 선호한다는 사실을 근거로 훨씬 더 빠르거나 훨씬 더 긴 점멸발광 신호를 갖추면 유리할 텐데 왜 그렇지 않은가, 하는 문제다. 차차 보게 되겠지만 그것은 수컷의 구애 신호를 주시하고 있는 암컷들 가운데에는 짝짓기에 그리 까다롭지 않은 개체들도 얼마든지 섞여 있기 때문이다.

구애에서 처지가 바뀐 암수

지금껏 보아온 대로 다윈이 묘사한 고전적 구애 역할—암컷이 선택하고 수컷은 선택받기 위해 경쟁한다—은 반딧불이 행동의 상당 부분을 설명해준다. 그러나 이따금은 상황이 뒤바뀌기도 한다. 수컷은 암컷보다 일찍 성충이 되어 나타나는 까닭에 포식자들에게 잡아먹힐 가능성도 더 많다. 따라서 늦여름이 되면 수컷에 비해 암컷의 수가 더 많아진다. 암컷은 여전히 교미하기를 바라고 있지만 배우자가 될 수 있는 수컷의 수가 희소해지는 것이다. 이렇게 되면 암컷 반딧불이는 더 이상 찬밥 더운밥 가릴 처지가 못 된다. 그녀는 이제 자존심이고 뭐고 내던진 채 불빛을 깜빡이는 거의 모든 것에 반응한다.

실제로 암컷은 심지어 당신에게도 반응할 것이다! 교미철 막바지에 이 같은 암컷들을 만나려거든 수컷 디스플레이의 절정기로부터 약 일주일 남짓 지났을 무렵 반딧불이 들판을 거닐어보라. 그러면 풀잎에서 부지런히 반응하는 암컷들을 만날 수 있다. 이것이 바로 내가 좋아하는 반딧불이 장난들 가운데 하나다. 평상시 같으면 구경하기조차 힘든 암컷들이 여럿이서 나의 점멸발광에 화답하고자 동시에 불빛을 밝히는 모습은 언제 보아도 짜릿하다.

교미철 막바지에 소수의 수컷 반딧불이들은 여전히 제 근거지에서 배회하고 있다. 그런데 지금은 '그들이' 암컷들 사이를 누비고 다니면서 짝을 고를 수 있는 처지다. 그렇다면 수컷이 까다롭게 짝을 선택하는 까닭은 무엇일까? 그것은 수컷들이 하나같이 더 많은 자녀의 아비가 되려고 기를 쓰기 때문이다. 1990년대 중엽 터프츠 대학에서 내가 지도하던 학생팀은 교미철 후반기에 반딧불이 수컷들이 가장 많은 알을 지닌 암컷을 부지런히 고르고 다닌다는 사실을 발견했다. 그렇다면 그들은 뭘 보고 암컷이 알이 많다는 사실을 알아내는가? 수컷은 암컷 위에 올라탄 뒤 다리를 이용하여 암컷의 허리둘레를 잰다. 그들의 눈에 제일 모양새가 좋은 것은 수정 준비가 된 알을 많이 품고 있어서 배가 불룩한 암컷이다. 수컷이 풍만한 암컷을 고르기 위해 수많은 암컷을 상대로 구애를 하고 짧은 다리로 그들의 허리를 일일이 감아보는 일은 가외의 수고를 요하는 일이다. 하지만 수컷 반딧불이는 그것이 진화적으로 가치 있는 투자임을 정확히 간파한 듯하다.

포티누스속 반딧불이의 교미 습성을 관찰하기 위한 야간 여행은 이렇게 끝이 났다. 포티누스 그레니의 수컷들에게, 열렬히 구애 신호를 보내고 열정적으로 불빛을 교환한 그날 밤은 무척이나 고단한 시간이었다. 그러나 끝내 짝짓기에 성공한 소수의 수컷들조차 아직 모두 다 끝난 것은 아니다. 다윈 판의 자웅선택은 오로지 교미의 성공에만 주목하지만, 우리의 반딧불이 수컷들은 단지 교미만으로는 충분치 않다. 끝내 생식이라는 목표를 달성하려면 그날 밤의 교미 성사만으로는 부족한 것이다. 내일 밤 그의 암컷이 다른 수컷을 만날지도 모르잖은가. 진화에서 마침내 성공하려면 제 자신이 그녀가 낳는 자녀들의 아비가 되는 데 한 치의 어긋남도 없어야 한다. 그러려면 몇 가지 특별한 재능이 필요하다. 이것이 바로 우리가 다음 장에서 살펴볼 내용이다.

나는 밤에 현장에 나가 반딧불이를 관찰하면서 시간을 보낼 때면 언제나 자연스럽게 한 남성을 떠올린다. 갖은 노력을 기울여 이들의 조용한 대화를 이해할 수 있도록 실마리를 마련해준, 자타가 공인하는 반딧불이 언어의 전문가 제임스 로이드다. 몇 년 전 어느 무더운 여름밤 로이드는 자신의 낡아빠진 먼지투성이 캠핑용 자동차를 몰고 내 연구 장소인 보스턴 외곽을 찾아왔다. 우리 둘은 질퍽거리는 들판에서 키 큰 풀들 사이를 누비고 다녔다. 결코 녹슬지 않을 것 같은 경이의 감정을 품은 채 반딧불이를 바라보며 네댓 시간을 함께 보낸 것이다. 그때 나는 황홀경에 빠진 그의 모습을 분명하게 볼 수 있었다. 나름의 일가를 이룬 로이드는 봐줄 만하긴 하지만 성미가 고약한 편이었으나, 밤에 들판에서 반딧불이에 둘러싸여 있을 때면 그 어느 것도 그의 기쁨을 막지 못한다는 것을 또렷이 느낄 수 있었다. 그는 그 점에 관한 한 정말이지 남달랐다.

이 패물로 나는 너와 혼인하는 거야

멋진 베풂의 기술은
값은 과하지 않되
몹시 탐나는 선물을 해야 한다는 것이다.
받는 사람이 한껏 기대를 품을 수 있도록 말이다.
—발타사르 그라시안(Baltasar Gracián)

불빛이 꺼지고 난 뒤

사람들은 더러 나에게 어쩌다가 반딧불이에 관심을 가지게 되었느냐고 묻곤 한다. 뜻밖일지 모르지만 나는 어렸을 적에 반딧불이를 쫓아다니거나 수집했던 추억이 별로 없다. 진짜로 반딧불이를 연구해봐야겠다고 심각하게 고민하기 시작한 것은 하버드 대학에서 박사후과정을 밟으면서부터다. 그렇다면 왜 하필 반딧불이였을까? 분명하게 볼 수 있고 해독하기도 쉬운 그들의 구애 신호와 짧은 성충기는 내가 점차 관심을 기울이게 된 자웅선택이라는 진화게임과 완벽하게 어울리는 것처럼 여겨졌다. 지난 30년간 터프츠 대학에서 반딧불이 연구를 광범위하게 전개하는 동안, 운이 좋았던지 유능하고 성실한 학생들이 내 연구팀에 합류했다. 열정과 통찰력과 호기심으로 똘똘 뭉친 명민한 젊은 예비 과학자들은 그저 반딧불이의 성과 진화를 좀더 잘 이해

해보겠노라는 일념으로 거센 뇌우며 끈질긴 모기떼, 그리고 스컹크·진드기·덩굴옻나무가 안겨주는 고통을 이겨냈다.

유독 정신이 없었던 어느 해 여름, 남편이 임상심장학 특별 연구원으로 일하기 시작했고 거의 매일 밤마다 병원에서 살다시피 했다. 5개월밖에 안 된 아들 벤이 연구팀의 최연소자로서 동참하게 되었던 것이 아마 그즈음이었으리라. 나는 벤을 조심스럽게 모기장으로 감싼 채 현장에 데리고 나가 이슬 맺힌 풀 위 아동용 의자에 눕혀놓았다. 매일 밤 그의 머리 위에서 반딧불이와 별들이 어지럽게 반짝거리도록 내버려둔 상태로 학생들과 반딧불이의 성생활에 관한 자료를 수집했다. 나는 이따금 그 별빛 아래서 잠들며 보낸 숱한 밤들이 벤이 이론물리학자로 살아가겠노라 결심하게 된 데 영향을 미친 게 아닐까 생각하곤 한다. 어쨌거나 그는 지금 이론물리학자로서 우주의 신비를 탐구하고 있다.

우리가 반딧불이와 관련하여 발견한 사실들 가운데 가장 흥미로운 것 몇 가지는 1980년대 말 불빛이 꺼지고 나면 과연 무슨 일이 벌어지는지 과학적으로 따져보고자 한 내 과학적 결정 덕택에 가능했다. 앞 장에서 기술한 대로, 우리는 연구를 통해 포티누스속 반딧불이 암컷은 하룻밤에 딱 한 번만 짝짓기한다는 사실을 밝혀낸 바 있다. 그렇다면 다음 날 밤에는 또 다른 상대를 취하는가?

개별 반딧불이들의 교미 역사를 도표로 만들기 위해, 우리는 기술이 별로 필요치 않지만 효율은 뛰어난 방법을 한 가지 사용했다. 발견한 암컷이 있는 곳마다 깃발을 꽂아 표시한 다음, 물감으로 조심스럽게 그녀의 딱지날개에 독특한 패턴의 작은 점을 그려 넣은 것이다. 암컷은 거의 돌아다니지 않으므로 풀어준 뒤 쉽게 도로 찾을 수 있었다. 우리는 밤마다 찾아가서 개별적으로 표시해놓은 암컷들이 무슨 일을 하는지 확인했다. 그들이 수컷의 구애 신호에 반응하는지, 하면 언제 하는지, 짝짓기를 하는지, 하면 언제 누구와 하는지 기록했다. 우리는 여름내 매일 밤 반딧불이의 밀회와 관련한 사항을 착실하게 추적해나갔다.

그림 4.1 저자가 짧은 성충기 동안 매일 밤 반딧불이 암컷의 교미 역사를 추적하려고 미리 일일이 표시해둔 암컷 반딧불이를 찾아다니고 있다.(Photo by Dan Perlman)

그들은 비록 하룻밤에는 딱 한 번만 짝짓기했지만, 암수 모두 2주에 걸친 성충기 동안 다른 상대를 수없이 되풀이해 만났다. 나는 이게 어째서 다소 조심스러운 발견이 될 수 있는지 알 것 같다. 발발거리고 돌아다니는 수컷들이 그렇다는 거야 하등 놀라울 게 없지만, 반딧불이 암컷이 다수의 교미 상대를 거친다는 발견은 파급력이 적잖았던 것이다.

1980년대 말 동물의 교미 현상에 관한 연구에서는 뜻밖의 기류가 감지되었다. 유전자 감식에 의한 정교한 친자 확인 검사를 통해 암컷의 난혼 현상이 만연해 있다는 사실이 드러난 것이다. 이는 들쥐, 요정굴뚝새(superb fairy-wren), 꿀벌, 제비, 반딧불이 등 생물학자들이 관찰한 거의 모든 자연세계에서 확인되었다. 이 생명체들의 경우 하나같이 암컷이 여러 수컷 배우자와 교미하고 자녀를 낳는다. 생물학자들은 절대 다수의 새들이 성적으로 문란한 것으로 드러나자 특히나 충격을 받았다. 내가 대학 때 수강한 동물행동학 강좌에서만 해도 새들은 모범적 일부일처주의자로 소개되었다. 암수가 이중창을 부르고, 힘을 모아 둥지를 틀고, 부지런히 함께 벌레를 잡아다 새끼에게 먹이는 흐뭇한 광경은 그들의 관계가 돈독하다는 증거로 받아들여졌다.

하지만 실제 내막을 파헤쳐보니 암컷 새들은 더없는 바람둥이였다. 그런데 생물학자들은 이들의 이른바 혼외정사가 그저 재미 삼아 저지르는 일이 아님을 발견했다. 매혹적인 오스트레일리아산 명금(鳴禽) 요정굴뚝새〔말루루스 키아네우스(Malurus cyaneus)〕를 예로 들어보자. 수컷과 암컷 요정굴뚝새는 한 배우자와만 평생토록 부부관계를 유지하면서 금슬 좋게 지내고 그 사이에서 낳은 자녀들을 키운다. 그러나 어떤 둥지에서든 그 안에서 지저귀고 있는 새끼 요정굴뚝새의 무려 3분의 2는 어미의 진짜 배우자가 아닌 다른 수컷의 자식들이다.

그렇다 한들 뭐가 대수란 말인가? 그런데 결국 밝혀진 대로 그 차이는 상당하다. 만연한 암컷의 성적 난잡함은 우리가 자웅선택에 대해 알고 있다고 생각한 모든 것을 다시 돌아보게 만들었다. 다윈은 수컷이 어떻게든 일단 암컷과 교미만 한다면 그의 진화적 성공은 보장된다고 여겼다. 그러나 이제 그 중요한 진화 과정이 단지 교미에만 그치지 않고 한층 더 확장되었다. 각각의 암컷들이 여러 상대와 교미한다면 생식이라는 게임에 새로운 요소가 더해진다. 즉 교미한 수컷들이 암컷의 알을 수정하는 데서 동등해지지 않으므로, 교미가 필요조건이되 충분조건은 아니게 되는 것이다. 대신 그들은 자녀의 아비가 되기 위해 다른 수컷들과 겨뤄야 한다. 게다가 일부 암컷은 제 교미 상대를 선택하고 난 뒤에도 그중 누가 최종적으로 자녀의 아비가 되는지 결정하는 데까지 입김을 넣는다. 암컷이 정조를 지키지 않는다는 사실이 밝혀짐에 따라 이른바 '교미 후 자웅선택(postcopulatory sexual selection)'이라는 흥미진진한 분야가 새로이 등장했다. 지난 20년 동안 행동생태학자들은 동물이 계속되는 생식게임에서 승리하고자 교미 중이나 교미 후에 구사하는 놀라운 전략을 몇 가지 알아냈다.

정액을 둘러싼 사랑과 전쟁

그렇다면 수컷은 어떻게 해야 하는가? 우선 수컷은 진화라는 게임에서 끝끝내 성공해야 한다. 즉 다른 수컷들보다 더 많은 자녀의 아비가 되어야 한다. 그는 틀림없이 많은 수의 암컷과 교미하려 애쓸 것이다. 그러나 암컷의 알이 수정될 때 '그 자신의' 정액이 확실하게 우위에 서도록 다른 수컷들과 아비 되기 경쟁을 치러야 한다.

동물계에서는 수컷들이 극심한 정액 경쟁에서 승리하기 위해 기기묘묘한 행동이나 이상하기 짝이 없는 구조를 발달시켜왔다. 자웅선택을 통해 이러한 전쟁터에서 사용할 수 있도록 엘크의 가지 진 뿔이나 딱정벌레의 뿔 같은 무기들이 등장한 것이다. 그러나 정액 전쟁은 동물들로 하여금 성기 안에 좀더 미묘한 무기를 갖추도록 부추겼고, 이 무기들은 암컷의 생식기 저 깊은 곳에서 벌어지는 은밀한 싸움에 쓰인다. 곤충의 암컷은 대체로 교미를 통해 수컷에게 받은 정액을 모아두는 특별 저장소를 지니고 있다. 정액은 이곳에서 몇 주, 심지어 몇 달 동안 살아 있으면서 암컷이 알을 수정하는 데 사용된다. 따라서 수컷은 교미할 때마다 그저 제 정자를 전달하는 데 그칠 게 아니라 암컷의 정액 주머니에 진작부터 보관되어 있는 다른 경쟁자들의 정액을 밀어내고 대신 그 자리를 차지해야 한다. 이러한 과업을 완수하기 위해 수컷의 성기는 더러 제임스 로이드의 말마따나 '스위스 아미 나이프(Swiss Army knife: 흔히 '맥가이버 칼'이라고 일컫는 것으로, 다양한 종류의 날이 달려 있다—옮긴이) 꼴'을 띠기도 한다.

곤충의 남근에는 숟가락, 강모(剛毛), 돌기, 가시 등 놀라울 정도로 다양한 것들이 달려 있다. 이것들은 도관청소기(plumbers' snake)라 불리는 기다란 연장처럼 복잡한 지그재그를 그리면서 암컷의 생식기 안쪽 깊숙이까지 가 닿는다. 예를 들어 실잠자리(damselfly)의 남근은 뒤쪽을 바라보는 강모들로 장식된 멋진 뿔과 소용돌이 꼴의 기구를 지니고 있다. 수컷 실잠자리들은 이러한 기관들 덕택에 암컷이 이전 교미에서 저장해놓은 정액의 90~100퍼센트를 몰아내고 제 정액을 채워넣을 수 있다. 실잠자리종들에서는 수컷의 남근이 자기 종 암컷의 생식관을 솜씨 좋게 누비고 다닐 수 있도록 저마다 다른 형태로 발달해왔다.

새의 수컷은 대부분 성기가 없으므로 자신들이 틀림없이 아비가 되기 위해서 몇 가지 희한한 행동에 의존한다. 바위종다리(dunnock, hedge sparrow)는 참새 크기의 유럽산 황갈색 명금인데, 이들의 암컷은 번식기 동안 수컷들에게 짝짓기하자고 꼬리 치면서 돌아다닌다. 그러면 수컷 바위종다리는 주둥이로 암컷의 엉덩이를 쪼아 경쟁자 수컷의 정액이 담긴 액체를 한 방울 떨어뜨리게 만든다. 수컷은 오직 그것을 확인한 연후에만 교미를 하려고 든다.

정액 경쟁은 수컷들로 하여금 동시에 두 개의 전선에서 전쟁을 치르도록 이끈다. 수컷은 교미를 하고 자신의 정액을 성공적으로 암컷에게 전달하고 난 뒤에도 계속 미래의 경쟁자들을 퇴치해야 한다. 이제 수비하는 위치에 선 수컷은 그 암컷이 다른 수컷들과 어울리지 못하도록 막아야 한다. 자신이 아비 되는 일을 위협할지도 모를 존재들이기 때문이다. 앞 장에서 기술한 대로, 일부 포티누스속 반딧불이는 해거름 녘부터 동이 틀 무렵까지 내내 짝짓기를 이어간다. 그러는 대부분의 시간 동안 수컷이 주력하는 일이란 다름 아니라 그날 밤 암컷이 다른 수컷들과 또다시 교미하는 사태를 막는 '배우자 지키기'다.

그러나 수컷 반딧불이의 정력은 수컷 대벌레(stick insect)와 비교해볼 때 그리 신통치 않은 편이다. 대벌레는 비록 가느다란 막대처럼 부실해 보이지만, 지칠 줄 모르는 정력의 소유자로 암컷 배우자와 자그마치 79일까지도 연결된 상태를 유지할 수 있다! 그 방면에 관한 한 유례를 찾아보기 힘든 기록이다. 그런가 하면 어떤 곤충 수컷은 자신의 정자가 틀림없이 암컷의 알과 수정되도록 정조대(chastity belt) 구실을 하는 화학물질에 의존하기도 한다. 헬리코니우스속 나비의 수컷은 짝짓기할 때 암컷에게 진한 향내를 전달한다. 오랫동안 지속되는 일종의 성욕 억제제인 이 향내는 다른 수컷들이 암컷에 접근하지 못하도록 경고하는 구실을 한다.

교미 후 자웅선택은 대개 암컷의 몸 안에서 일어나므로, 암컷이 수컷의 아비 되기가 성공하느냐 실패하느냐에 영향을 미친다고 보는 게 논리적이다. 과학자들은 이것을 좀더 흔히 관찰되는 '암컷의 선택'과 대비하기 위해 '은밀한 암컷의 선택'이라 불렀다. 딱정벌레·귀뚜라미·거미에 관한 연구에 따르면, 암컷은 어떤 수컷의 정액을 받아들이고 저장하고 그리고 알을 수정하는 데 사용할지를 실제로 관장한다는 것을 알 수 있다. 그런가 하면 암컷은 또한 돌아서자마자 새로운 수컷과 교미하겠다고 작정할 수도 있다. 반딧불이에서는 아직까지 '은밀한 암컷의 선택' 현상이 일어나지 않았지만 다른 딱정벌레들을 대상으로 한 실험실 연구는 건장하고 건강한 수컷들이 제 자녀의 아비가 되도록 암컷이 영향을 끼칠 수 있음을 보여준다.

따라서 포티누스속 반딧불이 암컷이 성적으로 난잡하다는 우리의 발견은 적잖은 반향을 불러일으켰다. 반딧불이의 성은 점점 더 종잡을 수 없는 현상이 되어가고 있었다. 자웅선택은 교미 후에도 계속되므로, 더는 야생에서 일어나는 현상을 지켜보는 것만으로 반딧불이의 성에 대해 알아낼 수 있으리라고 기대하기가 어려워졌다. 매력적인 반딧불이 수컷은 암컷의 마음을 사로잡아야 할 뿐만 아니라 차질 없이 그 자녀들의 아비가 될 수 있도록 만전을 기해야 한다. 그런데 알고 보니 암컷의 몸속 깊은 곳에서는 수많은 일이 일어나고 있었다.

매혹적인 덩어리

전에 누구도 반딧불이의 내부를 자세히 들여다볼 생각은 해보지 못했던 터라 내가 직접 반딧불이의 은밀한 부분, 즉 아직껏 탐험하지 않은 영역을 자세히 밝혀내야 한다는 사실이 분명해졌다. 나는 머잖아 교미 후 자웅선택에 대해 고민하면서 해부현미경 앞에 앉아 있는 스스로의 모습을 발견하게 된다. 이어지는 몇 주 동안 일부 반딧불이의 내부를 들여다보거나 그들의 성기를 살펴보면서 시간을 보냈다. 나는 수컷 정생사들의 정액을 제거하기 위한 숟가락이나 브러시 같은 기구는 발견하지 못했지만, 반딧불이의 성에 관한 우리의 관점을 영원히 뒤바꿔놓을 중요한 사실을 한 가지 발견했다.

　반딧불이의 생식기 구조를 현미경으로 관찰하는 일은 엄청나게 재미있었다. 이 일에는 오직 열린 마음과 호기심, 미세수술 도구, 떨리지 않는 손만 있으면 됐다. 나는 그제까지 감춰져 있던 반딧불이의 내면세계를 처음으로 얼핏 들여다봤을 때를 생생하게 기억한다. 3층에 자리한 내 실험실의 높은 창문으로 햇살이 내리쬐고, 트랜지스터 카세트에서 가수 앨리슨 크라우스(Alison Krauss)의 노래가 흘러나오고 있었다. 마치 낯설지만 매혹적인 집을 탐험하고 다니는 기분이었다. 당신은 집 앞 계단을 올라가서 문을 빠끔 열고 조심스레 안을 들여다본다. 복도를 지나며 방들을 유심히 살펴보면서 집의 내부세계를 살피기 시작한다. 그리고 가구며 사진, 다양한 방을 채운 물건 따위의 작은 단서들을 조합하여 그 집에서 대체 무슨 일이 벌어지고 있는지 서서히 알아낸다. 바닥에 온통 장난감이 널브러져 있는가? 그렇다면 이 방은 필시 아이의 방이렷다. 그리고 부엌에 피자 굽는 벽돌 오븐이 놓여 있는가? 그렇다면 주인은 분명 요리에 일가견이 있는 사람일 게다…….

내가 발견한 바에 따르면, 수컷 반딧불이의 내부세계에는 물건이 빼곡했고, 거의 모두가 생식이라는 단 하나의 목적에 기여하는 것처럼 보였다. 또한 정액을 생성하는 고환이 있었는데, 무슨 연유에서인지는 모르지만 어쨌거나 빛깔이 연분홍색이라서 잘 보였다. 그러나 이 중요한 수컷 기관이 배배 꼬인 거대한 생식샘 더미 옆에서는 왜소해 보였다. 쌍둥이 로티니(나선형 모양의 파스타—옮긴이)처럼 생긴 두 개의 거대한 생식샘은 눈에 확 띄었다. 이 나선형의 생식샘은 아직까지도 내가 정말이지 좋아하는 것이다. 그리고 스파게티 모양의 관처럼 생긴 다른 샘 두 개가 뒤엉켜 있었다. 간신히 엉켜 있는 것들을 풀어놓으니 샘 한 개가 거의 반딧불이의 몸통 길이만 했다. 더 작고 시원찮은 것 두 개까지 포함하여 세어보니 수컷 생식샘은 모두 네 쌍이었다.

얽히고설킨 샘들을 따라가자 그 모든 것들이 결국 수컷의 사정관(ejaculatory duct)으로 모아져 있었다. 수컷의 샘들은 필시 뭔가 내보내야 하는 것을 생산하는 중이었다. 그렇다면 이 가외의 장비는 대체 무엇을 만들어내고 있었을까?

포티누스속 반딧불이는 대체로 몇 시간 동안 짝짓기를 하는데, 암수는 그 시간 동안 거의 움직이지 않는다. 그러므로 겉으로는 차분하기만 한데 안에서 무슨 일이 벌어지고 있는지 알아내려면 '결합 중인' 반딧불이 암수를 몇 쌍 해부해야 했다. 다행히 교미 중인 반딧불이들은 냉동실에 넣어둘 때까지 교미 상태를 유지하는 식으로 퍽 협조적이었다. 그래서 나는 상이한 교미 시간대에 따라 암수를 얼린 다음 그들을 조심스레 해부하여 각 시간대에 따른 내부 모습을 확보할 수 있었다. 수컷들은 치약통에서 치약을 짜듯 제 몸으로부터 찐득찐득하고 불투명한 어떤 물질인가를 암컷의 몸 안으로 분주히 집어넣고 있었다.(그림 4.2) 기대한 대로 얼마 지나지 않아 정액을 보관하는 암컷의 정액낭(spermatheca)에서 수컷의 정액이 보였다.

그러나 반딧불이 암컷의 내부를 파헤치는 일은 까다롭기 그지없었다. 나는 그제까지 수많은 다른 암컷 곤충들의 내부를 살펴보았다. 그런데 반딧불이 암컷은 내가 전에 한 번도 본 적 없는 희한한 생식기관을 갖추고 있었다. 그 안에는 묘한 탄성을 지닌 커다란 주머니도 들어 있었다. 짝짓기가 시작될 때는 이 주머니가 마치 바람 빠진 풍선처럼 보였다. 그러나 교미가 이루어지고 한 시간쯤 지나자 그 안에서 로티니처럼 생긴 구조가 나타나더니 거대하게 부풀기 시작했다.

나는 며칠 동안 현미경을 뚫어져라 들여다보았다. 등이 뻐근하고 눈이 아릴 지경이었다. 그러던 중 갑자기 모든 것이 수정처럼 분명하게 한 덩어리로 합쳐졌다. 수컷의 샘들은 매혹적인 덩어리를 만드느라 분주했던 것이다. 암수가 짝짓기하는 동안 포티누스속 반딧불이 수컷은 우아한 꾸러미에 단정하게 싸인 정액을 암컷에게 전달한다.(그림 4.3 왼쪽) 정포(spermatophore, 精包)라고 알려져 있는 이 젤리 같은 꾸

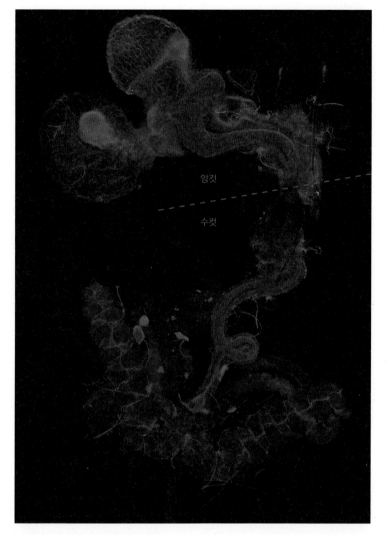

그림 4.2 포티누스속 반딧불이 수컷은 짝짓기하는 동안 배우자에게 결혼 선물을 건넨다. 눈에 잘 띄도록 그것을 빨갛게 채색했다. (Photo by Adam South)

러미는 수컷의 나선형 샘들과 꼭 닮았다. 일단 정포가 암컷에 닿으면, 그 나머지 부분이 암컷의 정액낭으로 파고들어 가면서 수컷의 정액이 그 안에 고인다.(그림 4.3 오른쪽) 수컷의 정포는 암컷의 정액낭에서 이후 며칠 동안 서서히 소화되어 결국에는 흐물흐물한 작은 덩어리만 남는다.

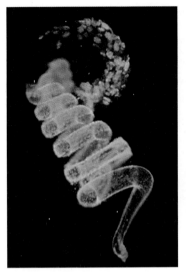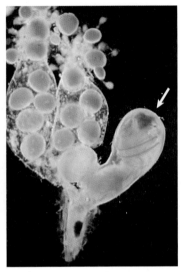

그림 4.3 반딧불이의 패물: 나선형의 정포에는 위에서부터 배출되는 정액 꾸러미가 들어 있다.(왼쪽) 암컷의 내부 모습으로, 수컷에게서 갓 받은 결혼 선물이 암컷의 정액낭(화살표)에 저장되어 있다.

반딧불이의 성은 내가 그제까지 생각했던 것보다 훨씬 더 유혹적인 어떤 것으로 드러나고 있었다. 나는 몇 주일 동안 어두운 내부를 파헤치는 일에 매달린 결과 완전히 새로운 사실을 알아냈다. 바로 반딧불이의 '패물(bling)'이었다. 반딧불이 수컷은 결혼 선물(nuptial gift)이라고 알려진 이 특별한 '정자 꾸러미(정포)'를 자신의 배우자에게 건넨다. 그들의 생화학적 구성성분이 정확하게 어떤지는 아직까지 밝혀지지 않았지만, 그럼에도 우리는 이 매혹적인 꾸러미의 가치와 이익에 관해 많은 것을 알게 되었다. 반딧불이의 성은 비단 정자를 전달하는 단순한 행위에 그치는 게 아니다. 곧 보게 되겠지만 이 결혼 선물이 더없이 가치 있는 상품으로 드러나게 되므로, 복잡한 경제적 거래이기도 한 것이다. 그런데 생식의 성공을 위해 선물을 주고받는 습속은 동물계 전반에서 흔히 볼 수 있다. 따라서 우선 다른 생명체들은 대체 무엇을 제공하는지 살펴보고자 한다.

완벽한 선물 고르기

인간, 조류, 빈대, 그리고 나비, 게, 귀뚜라미, 지렁이, 오징어, 거미, 달팽이 할 것 없이 수백만 가지 생명체는 날마다 연인에게 구애를 하고 짝짓기를 하러 돌아다니면서 선물을 주고받는다. 인간은 완벽한 선물로 장미다발이나 초콜릿을 집어 드는 경향이 있다. 반면 다른 동물들은 죽은 도마뱀, 신체 부위, 피, 스핏볼(spitball), 정포, 치명적인 화학물질, 연시〔love dart, 戀矢: 교미시(交尾矢)라고도 한다. 연체동물 유폐류의 생식공 옆에 있는 소맹낭으로 교미할 때 보조기관으로 쓰인다. 상대에게 기계적 자극을 주는 것으로 여겨진다—옮긴이〕 등을 선호한다. 놀랄 만큼 다채로운 이른바 결혼 선물은 오로지 단 하나의 목적을 위해 쓰인다. 다들 교미가 일어나기 전, 일어나는 중, 심지어 일어난 뒤에 선물 공여자의 생식 성공 가능성을 높이려는 의도를 띠는 것이다.

수많은 종에게서 가장 실용적인 선물은 단연 죽은 먹잇감이다. 특히 큰재개구마리(northern shrike)라고 알려진 명금에게는 이 선물이 암컷의 마음을 단번에 사로잡을 수 있는 확실한 선물이다. 수컷 큰재개구마리는 교미와 맞바꾸기 위해 들쥐, 생쥐, 쥐, 도마뱀, 두꺼비 같은 다양한 먹잇감을 사냥한 다음 정성껏 가시에 찔러 연인에게 바친다.

또 다른 동물의 수컷은 자신이 직접 만든 선물을 더 선호하는 듯하다. 밑들이〔scorpion fly: 꼬리가 전갈 모양인 곤충으로 '꼬리 끝(밑)이 들려 있다'는 의미에서 이런 이름을 얻게 되었다—옮긴이〕 수컷은 거대한 침샘으로 스핏볼을 만든다. 암컷은 수컷이 교미하는 동안 조용히 그것을 들이켠다. 수컷은 침이 다 떨어지면 죽은 곤충을 찾아다니고 스핏볼 대신 그것을 제공한다. 일부 수컷들은 할 수만 있다면 무슨 일이든 마다하지 않는다. 줄무늬 귀뚜라미인 알로네모비우스 파스키아투스(striped ground cricket, *Allonemobius fasciatus*)의 수컷은 제 뒷다리에 튀어나와 있는 돌기(spur)를 씹도록 허용하기도 한다. 암컷이 그 상처에서 흘러나오는 피를 핥아 먹는 동안 수컷은 짝짓기를 한다.

닷거미(nursery web spider) 수컷은 주변에서 구한 어떤 것에 제가 직접 만든 뭔가를 곁들이면 더 잘 먹힌다는 사실을 알아냈다. 그들은 먼저 곤충을 잡은 다음 그 신선한 먹잇감을 자신의 비단실로 포장한다. 수컷은 구애하는 동안 단정하게 포장한 꾸러미를 유망 배우자에게 우아하게 제시한다. 오늘 저녁 나와 데이트할래요? 암컷이 선물을 받아들고 게걸스럽게 먹기 시작하면 수컷은 교미를 한다. 수컷은 때로 꽃이나 먹다 남은 먹잇감 같은 싸구려 선물을 비단으로 그럴싸하게 포장하여 암컷을 속이기도 한다. 그러나 허접한 선물로 자신을 농락했다는 사실을 알아차리면 암컷의 마음은 순식간에 돌아선다.

암컷은 먹을 수 있는 선물의 진가를 알아본다. 맛도 좋고 영양도 풍부하기 때문이다. 수컷의 처지에서 보면 시의적절한 선물은 배우자를 얻을 수 있는 가능성을 한껏 높여준다. 강력한 선물은 수컷이 교미를 더 오랫동안 하고 더 많은 정액을 전달하는 데 도움을 주므로, 결국에 가서 그가 암컷의 알을 수정할 공산이 커진다.

그러나 몇몇 선물은 암컷이 보지도 느끼지도 못하는 상태로 전달되기도 한다. 게, 새우, 요각류, 나비, 그리고 당연히 반딧불이를 비롯한 일부 동물의 수컷은 결국 암컷의 몸 안에 전달해줄 정포를 만드는 생식샘에 집중적으로 투자한다. 음식 선물이나 마찬가지로 내부적으로 전달되는 선물도 암컷의 알 생산을 거드는 영양분을 제공한다. 그러나 그 안에는 더러 암컷의 욕구를 억제하는 물질이 들어 있기도 하다.

이 물질은 그녀가 다른 수컷 경쟁자들과 다시 교미하고픈 마음이 생기지 않도록 막는다. 이 선물은 정액 경쟁을 줄여주어 수컷이 틀림없이 암컷이 낳은 자녀들의 아비가 되도록 보장함으로써 수컷에게 투자한 보람을 안겨준다.

그런가 하면 일부 결혼 선물은 단순히 영양물질에 그치는 게 아니라 암컷과 그녀의 알을 보호하는 화학물질을 제공해주기도 한다. 무늬가 화려한 나방의 일종인 우테테이사 오르나트릭스(ornate moth, *Utetheisa ornatrix*)는 진홍색 날개에 검은 점과 흰 점이 잔뜩 박혀 있다. 유충 반딧불이의 생물발광과 마찬가지로 눈에 확 띄는 색깔도 잠재적 포식자들에게 독이 있다는 신호를 보낸다. 이 신호는 효과가 그만이어서 거미·새·박쥐 등은 그들을 먹지 않는다. 그렇다면 그 나방은 어디서 독소를 취하는가? 우테테이사 오르나트릭스의 유충은 제 먹이 식물에서 방어물질인 알칼로이드(식물염기)를 추출한 다음 성충으로 바뀔 때 그 쓰디쓴 화학물질을 챙겨온다. 그런데 성을 매개로 신비로운 작용이 이루어진다. 수컷 우테테이사 오르나트릭스는 이 화학물질을 농축하는 역할만 담당하는 생식샘을 지니고 있으므로, 그들의 정포 선물은 영양물질뿐 아니라 화학무기까지 제공하는 것이다. 암컷 우테테이사 오르나트릭스는 이 선물에 크게 의존한다. 즉 여남은 마리의 수컷들과 교미하고 그들 각자에게서 선물을 두둑이 챙기는 것이다. 암컷은 수컷이 주는 알칼로이드의 일부는 제 스스로를 보호하기 위해 따로 떼어놓고 나머지는 알을 포식자들로부터 보호하는 데 쓴다.

선물 공여는 더없이 낭만적인 것처럼 보이지만, 모든 경우가 다 그런 것은 아니라는 사실에 유념하라. 생식은 대개 협력 활동이므로 일반적으로는 훈훈하다. 그러나 수컷과 암컷의 이해는 더러 상충하기도 한다. 수컷이 선물을 고를 때 언제나 배우자의 이해를 최우선에 두지는 않는 것이다. 일부 수컷이 건네는 선물은 암컷으로 하여금 건강이 감당할 수 있는 것보다 더 많은 알을 낳도록 조종하는 성격을 띠기도 한다. 누구의 정액으로 알을 수정할지 결정할 권한을 암컷으로부터 가로채는 선물도 있다. 어떤 선물은 암컷에게서 배우자 선택권뿐만 아니라 영양분마저 앗아감으로써 암컷이 다른 누구와도 교미하고픈 마음이 가시게끔 만든다. 한마디로 달갑잖은 선물도 있게 마련이다. 우리도 살면서 한번쯤은 돌려주는 게 차라리 나을 성싶은 선물을 받아본 적이 있지 않은가.

달팽이는 어째서 선물을 주는 것이 받는 것보다 더 나은지를 잘 보여주는 예다. 당신도 나와 크게 다르지 않다면 아마도 달팽이의 성에 관해서 그다지 깊이 생각해보지는 않았을 것이다. 하지만 이제 그 문제를 한번쯤 따져보아야 할 듯싶다. 달팽이는 대단히 변태적이 될 수도 있기 때문이다. 달팽이는 동시발생하는 자웅동체이므로 통상적인 암수 이분법이 통하지 않는다. 개체 달팽이들은 모두 정액과 알을 동시에 만들어내므로 이른바 '호혜적 교미(reciprocal mating)'에 임하곤 한다. 이것은 일반적으로 화살쏘기(dart shooting)라 알려진 희한한 행동으로 시작된다. 달팽이 두 마리가 구애를 할 때, 그중 하나가 상대의 몸 속 깊이 '연시'를 찔러 넣는다. 약물이 가미된 점액이 발린 이 결혼 선물은 수령자가 다음번 짝짓기에서 받게 되는 정액 양을 줄여주어 향후의 수정 가능성을 크게 낮춘다. 동시에 그 선물은 수령자로 하여금 선물 공여자의 정액을 다량 저장할 수 있도록 이끌어서 수령자의 알이 선물 공여자에 의해 수정될 가능성을 극대화한다. 따라서 그들의 선물은 생식을 공여자에게 유리하게끔 이끌기 때문에 대체로 공여자에게 유리하다.

나는 개인적으로 결혼 선물에 한없는 매혹을 느꼈다. 어떻게 이리 어리둥절할 정도로 다양하고 기상천외한 행동, 기괴한 습성, 환상적 신체 구조가 발달할 수 있었을까? 어째서 어떤 생명체들은 선물을 주는 데 반해, 그와 긴밀한 유연관계에 놓인 그 친척뻘은 선물 주기를 삼가는가? 과학자들은 지금도 이들 질문에 답하려 노력하고 있다. 다만 반딧불이 선물의 비용과 이익을 살펴본 우리의 연구가 그 질문을 푸는 데 작은 실마리를 제공해준다.

수컷의 성 경제학

먼저 수컷 반딧불이의 관점에서 선물 주기를 살펴보자. 앞서 보았다시피, 반딧불이도 다른 수많은 곤충들처럼 일단 성충이 되면 먹는 일을 중단한다. 따라서 암컷과 수컷은 유충일 때 먹이를 양껏 섭취하여 비축해놓은 자본을 지금 자신들이 강박적으로 매달리고 있는 생식을 위해 꺼내 써야 한다. 생태학자들은 이러한 생명체를 '자본 번식자〔capital breeder: '수입 번식자(income breeder)'에 상대되는 개념으로 쓰인다. 생식에 필요한 에너지원으로 기존에 비축해놓은 자본을 가져다 쓰는 경우가 '자본 번식자', 그때그때 조달하는 먹이를 사용하는 경우가 '수입 번식자'다—옮긴이〕'라 부른다. 수컷은 자신들이 미리 쌓아둔 자원으로 야간 구애용 비행에 필요한 에너지를 공급할 뿐만 아니라 후한 선물도 마련한다. 수컷 반딧불이는 어떻게 선물 주기라는 과업을 이루어낼까? 그리고 그렇게 해서 얻는 이득은 대체 무엇일까?

우리는 어느 해 여름, 기회를 마련해준다면 과연 수컷 반딧불이가 밤마다 몇 번이나 짝짓기를 할 수 있는지 알아보기로 했다. 또한 정포를 만드는 데 비용이 많이 든다는 게 사실인지도 확인해보고 싶었다. 보스턴 부근의 초원에서 포티누스 이그니투스의 교미철이 막 시작되려 하고 있었다. 우리는 스톱워치와 헤드램프를 챙겨 들고 들판으로 걸어나가서 때 이르게 등장한 반딧불이 수컷을 몇 마리 잡아들였다. 그리고 그들을 들판에 설치한 그물망에 넣어두고 우리가 나중에 '몽정실험'이라 부른 실험을 실시했다. 각 반딧불이 수컷들은 매일 밤 제 그물망에 넣어준 새로운 암컷을 만났다. 만약 수컷이 그 암컷과 짝짓기를 하면 우리는 그의 정포 크기를 측정했다. 그렇게 한 결과 수컷은 계속해서 새로운 암컷들과 짝짓기하려는 열망이 강하다는 사실을 확인했다. 가장 기록적인 수컷은 14일 밤 동안 무려 제각기 다른 암컷 열 마리와 짝짓기를 했다. 정말이지 인상적이었다! 수컷들은 교미할 때마다 씩씩하게 암컷에게 선물을 주었다. 그런데 얼마 지나지 않아 기운이 약해졌다. 대체로 각 수컷의 두 번째 선물은 크기가 첫 번째의 절반에 그쳤다. 교미가 다섯 차례쯤 되풀이되자 선물 크기가 본래의 4분의 1에 그쳤다. 수컷은 계속해서 정포를 만들어낼 수는 있었지만, 교미를 반복함에 따라 그 크기가 점차 줄어들었던 것이다. 우리는 또한 수컷이 교미를 몇 차례 하고 나면 다음번 정포를 만들기까지 기간도 더 오래 걸린다는 사실을 확인했다.

선물 만들기는 분명 수컷 반딧불이들에게 상당한 비용이 드는 일이다.(그림 4.4) 그러나 그 선물은 진화 과정을 거치며 끝끝내 살아남았다. 모종의 이득이 있는 게 분명했다. 우리는 선물이 더 크면 수컷이 다른 수컷 경쟁자들을 물리치고 더 많은 자녀의 아비가 되게 해줌으로써

그림 4.4 포티누스속 반딧불이 수컷이 만들어낸 커다란 정포는 반딧불이의 선물이 상당히 공들인 결과물임을 말해준다.(Photo by Wilson Acuna)

교미 후 자웅선택에서 유리하리라 예측했다.

이 예측이 맞는지 알아보려면 우선 수컷 두 마리의 선물 크기를 서로 달리한 다음 암컷들을 그들과 교미하게 하고 그들이 아비 되는 데 성공하는 정도를 비교해야 했다. 터프츠 대학 바넘홀 실험실에서 근무하던 내 박사과정 지도학생 애덤 사우스(Adam South)는 이 복잡하기 이를 데 없는 실험을 열정적으로 해냈다. 인디애나 주에 있는 가족 농장에서 성장한 애덤은 열심히 일하는 습성이 몸에 배어 있었다. 또한 축산이 얼마나 고된 일인지도 잘 알았다. 우리는 반딧불이 수컷에게서 큰 정포 혹은 작은 정포를 얻어내는 방법을 익히 알고 있었다. 즉 예상대로 각 수컷이 처음 교미하는 동안 만들어지는 정포는 두 번째 교미의 갑절 크기였던 것이다. 그리고 우리는 자녀의 DNA 패턴이 서로 다른 수컷들의 DNA 패턴과 일치하는지 확인함으로써 반딧불이의 친자를 확인하는 방법에 대해서도 이미 이해하고 있었다.

반딧불이 교미철에는 과학이 그저 낮의 작업에만 그치지 않았다.

밤의 작업인 것만도 아니었다. 밤낮이 따로 없었다. 우리는 루이스 랩 플래시룸(Flash Room)에서 대부분의 실험을 실시했다. 기본적으로 창문도 없는 작은 연구실이었는데, 거기에 자연적 주야 주기를 뒤바꾸기 위해 빛 타이머(light timer)를 달았다. 그 방에서는 아침 10시경에 해가 저물고 자정에 해가 뜨게끔 되어 있었다. 우리는 방에 들어 있는 반딧불이들에게 낮이 밤이라고 믿게 만든 다음 낮에 실험을 진행함으로써, 밤에는 진짜 야생에서 살아가는 반딧불이에 대한 현장연구를 이어갈 수 있었다. 매년 여름마다 우리는 밤낮 없는 고투로 그야말로 초주검이 되었다.

그러던 어느 해 여름, 애덤은 포투니스속 반딧불이의 중매쟁이이자 양육을 담당한 대리부 노릇을 했다. 각각의 암컷들이 두 번씩, 즉한 번은 선물이 큰 수컷과 다른 한 번은 선물이 작은 수컷과 교미하도록 실험을 조직했다. 애덤은 두 번째 교미를 마치고 나면 내가 우리집 뒷마당에서 가져온 이끼를 축축한 용기에 깔고 그 안에 암컷을 집어넣었다. 이끼는 반딧불이 암컷이 유독 산란하기 좋아하는 재질이었다. 그는 매일 조심스럽게 각 암컷들이 알을 슬어놓은 이끼를 떼어내가족 ID 숫자를 붙인 다음 따뜻한 인큐베이터에 넣었다.

애덤은 몇 주 뒤, 650마리나 되는 새끼 반딧불이의 대리부가 되었다는 사실을 확인하고 뛸 듯이 기뻐했다. 갓 부화한 유충은 모두 36개의 다른 가족 출신이었는데, 애덤은 각 가족의 어미가 정확히 누구인지 알고 있었다. 그는 DNA 친자 확인 실험을 통해 각 암컷의 두 교미 상대 가운데 누가 새끼의 친아비인지 알아낼 수 있었다.(우리는 이 실험을 위해 야생에서 반딧불이를 수집할 때마다 늘 반딧불이 개체수를 도로 충원하고자 알의 일부와 갓 부화한 유충을 현장의 연구 장소에 되돌려놓았다.)

애덤이 친자 확인 실험과 자료 분석을 모두 마치기까지는 거의 1년이 걸렸다. 결국 그가 확보한 증거는 우리의 당초 예측을 확실하게 뒷받침해주었다. 즉 더 큰 선물을 준 반딧불이 수컷이 더 작은 선물을 준 경우보다 암컷이 낳은 자녀의 아비가 될 확률이 최대 네 배가량 높았던 것이다. 반딧불이의 선물은 생식에 이득을 안겨줌으로써, 즉 선물 공여자가 종내 아비가 될 수 있도록 보장함으로써 그것을 만들어내는 데 드는 만만찮은 고생을 보상해준다.

밝은 불빛과 패물이 암컷에게 주는 의미

2014년 초, 모종의 기이한 성적 기관을 발견한 사실로 인터넷이 떠들썩했다. 브라질의 동굴에 사는 곤충 네오트로글라(Neotrogla), 즉 다듬이벌레(bark louse)의 암컷이 가시 난 음경처럼 생긴 성적 기관을 지니고 있다는 사실이 드러난 것이다. 이들은 재미 삼아 짝짓기를 하는데, 짝짓기하는 동안 암컷이 그 기관을 수컷의 생식실에 깊숙이 찔러 넣는다. 그러면 그 기관이 부풀어 오르면서 거기 달린 가시들이 암수를 최대 73시간 동안이나 서로 물려 있게 만든다. 과학 담당 기자들은 암컷이 음경을 지녔다는 사실에 깊은 관심을 표시했다. 하지만 그들은 그 이야기에서 가장 중요한 대목을 놓치고 있었다.

다듬이벌레가 사는 동굴에는 먹을 것이 넉넉지 않다. 그런데도 다듬이벌레의 수컷은 크고 영양 많은 정포라는 근사한 선물을 만들어내는 것으로 밝혀졌다. 마치 진공청소기 같은 구실을 하는 암컷의 음경은 수컷 안에 들어가서 그의 정포를 빨아들인다. 암컷 다듬이벌레의 기이한 성적 기관은 오로지 정포라는 수컷의 소중한 선물을 거둬들이고자 발달한 것이다.

반딧불이가 동굴 속에서 사는 것은 아니지만, 그들의 성 경제학에서도 수컷의 선물은 암컷에게 대단히 중요하다. 반딧불이 암컷은 일단 성충이 되고 나면 먹기를 중단하므로 알 만드는 일이 힘에 겹다. 각 알의 배에는 자립적 유충이 되어 스스로 먹이를 찾아 먹을 수 있게 될 때까지 발달하는 데 필요한 모든 영양소가 고루 들어 있어야 한다.

그렇다면 수컷 반딧불이의 선물은 암컷에게 진정 가치가 있을까? 7월의 어느 날, 내가 지도하는 대학원생 젠 루니(Jen Rooney)는 그 선물이 암컷의 영양 공급에 기여한다는 말이 과연 옳은지 알아보기 위해 실험을 실시했다. 젠은 밤에 현장에 나가서 일찌감치 나온 반딧불이를 몇 마리 잡아가지고 실험실에 데려왔다. 그녀가 각각의 반딧불이를 무게를 재고, 저마다 라벨 붙인 용기에 넣어두는 일을 모두 마친 것은 새벽 2시가 가까운 시각이었다. 젠은 이튿날 아침 일찍 날이 밝자마자 실험실에 나와서 암컷을 두 집단으로 나누었다. 플래시룸에서 연이은 며칠 '밤' 동안 암컷을 한 집단에서는 오직 한 번만 교미하게 했고, 나머지 집단에서는 서로 다른 세 마리 수컷과 교미하게 했다. 젠은 교미를 마친 각 암컷을 알 낳기 좋은 이끼에 풀어놓았다. 마침내 젠은 모든 알을 세어보고 난 뒤 수컷의 선물이 암컷들로 하여금 더 많은 자녀를 낳도록 하는 데 도움을 주었음을 확인했다. 즉 세 번 교미한 집단의 암컷은 단 한 번만 교미한 집단의 암컷보다 전 생애에 걸쳐 거의 두 배나 많은 알을 낳았다.

우리는 나중에 다른 포투니스속 반딧불이를 상대로 비슷한 실험을 실시했는데, 이번에는 선물의 수가 아니라 크기를 달리해보았다. 그 결과 더 큰 선물을 받은 암컷은 더 오래 사는 경향이 있었다. 따라서 수컷의 선물은 암컷 반딧불이에게 이중의 이득을 안겨주는 것으로 보인다. 더 큰 선물은 더 오래 살게 해주며, 더 많은 선물은 자손을 많이 낳게 해주는 것이다.

우리는 교미를 마친 암컷 반딧불이들이 수컷의 정포를 특별한 주머니에 단정하게 밀어 넣는 모습을 관찰했다. 그런데 선물은 거기서 며칠 만에 사라졌다. 대체 어디로 갔을까? 다른 일부 곤충들이 그렇듯이 정액이 다 떨어지자 수컷의 선물을 내다버린 것일까? 정포가 찢어지고 난 뒤 암컷이 신체 유지보수를 위해 재활용했을까? 그것도 아니라면 정포가 암컷의 알에 영양을 공급하는 데 쓰였을까? 우리는 그 선물에 포함된 단백질에 무슨 일이 일어났는지 알아내는 데 특히 관심이 있었다. 단백질은 암컷이 알 만드는 데 중요하게 쓰이는 요소라고 알려져 있었기 때문이다.

젠은 수컷 정포의 운명을 알아보려고 트리튬(삼중수소)을 활용했다. 약간의 방사성 물질이긴 하나 안전한 수소 동위원소인 트리튬을 통해 수컷의 단백질이 결국 어디로 가게 되는지 추적한 것이다. 그녀는 먼저 일부 포티누스속 반딧불이 수컷에게 트리튬 표지 아미노산(단백질의 구성단위) 혼합물을 조심스럽게 주입했다. 아미노산은 며칠 만에 수컷의 정포로 흡수되었다. 각각의 수컷은 나중에 교미했을 때, 트리튬 표지 단백질이 함유된 정포를 암컷에게 넘겨주었다. 젠은 그 후 이틀 동안 암컷의 여러 신체 부위에서 방사성 물질 트리튬을 측정하기 위해 섬광계수기를 써서 수컷의 단백질이 어디로 이동하는지 살펴보았다.

반딧불이가 교미한 직후 모든 트리튬은 정포와 그 정포를 소화하는 암컷의 주머니에 남아 있었다. 그러나 정포가 분해되자 수컷의 단백질은 이제 암컷의 알에서 발견되기 시작했다. 교미하고 이틀이 지나자 수컷이 제공한 단백질의 60퍼센트 남짓이 암컷의 알에게 흘러들어갔다. 젠의 실험은 포티누스속 반딧불이 암컷이 수컷의 선물에서 얻은 단백질을 알에 영양분을 공급하는 데 쓰고 있음을 보여주었다.

그러므로 수컷 반딧불이의 선물은 암컷에게 가치 있는 물질임이 틀림없다. 그리고 앞 장에서 기술한 대로, 내 대학원 지도학생 크리스토퍼 크랫슬리 등이 실시한 연구를 통해 우리는 반딧불이 암컷이 수컷의 불빛 신호를 토대로 누구와 교미할지 결정한다는 사실을 알았다. 만약 암컷이 수컷의 불빛 신호를 보고 어떤 수컷이 가장 큰 선물을 제공할지 예측할 수 있다면 정말로 편리하지 않겠는가?

중요한 질문이지만 거기에 답하기란 녹록지 않은 것으로 드러났다. 먼저 우리는 수컷들의 불빛 신호를 기록할 필요가 있었다. 이 일은 플래시룸에서 조건을 신중하게 통제한 상태로 이루어져야 했다. 그런 다음 같은 수컷들을 교미하도록 설득해야 했다. 그래야 그들의 선물을 수집하고 거기에 관해 판단을 내릴 수 있기 때문이다.

크리스토퍼는 이 일을 잘 해낼 만큼 용감하면서도 참을성이 있었다. 게다가 우리는 운 좋게도 그해 여름 그 프로젝트를 도와줄 열정적인 터프츠 대학 학부생을 여럿 둘 수 있었다. 크리스토퍼는 그 학생들과 함께 플래시룸에서 숱한 밤을 지새웠다. 그들은 용케도 1회 펄스의 구애 불빛을 내도록 수많은 포티누스 이그니투스 수컷을 꼬드길 수 있었다. 그리고 지극히 민감한 광도계로 불빛을 기록했다. 만만치 않은 일이었다. 대체로 반딧불이 수컷이 협조적일 때는 광도계가 말썽이었고, 광도계가 협조적일 때는 반딧불이가 마냥 뻗댔다.

하지만 여름이 끝나갈 무렵 그 팀의 노력은 비로소 결실을 거두었다. 우리는 결국 암컷이 수컷의 불빛 신호를 보고 그의 선물 크기를 판단할 수 있는지 여부에 관해 답을 얻었다. 포티누스 이그니투스 반딧불이의 경우 그 질문에 대한 답은 '그렇다'였다. 지속시간이 더 긴 점멸 불빛을 보내는 수컷이 아닌 게 아니라 선물도 더 큰 것을 주었던 것이다. 이것은 암컷의 선호가 어떻게 해서 생겨날 수 있었는지 설명해준다. 더 오래 지속되는 신호를 좋아하는 암컷은 더 큰 선물을 얻어낼 테고, 이것은 그들이 더 많은 알을 만들고 더 많은 자손을 남길 수 있도록 도와줄 것이다.

그러나 서두르지 말고 잠깐 기다리시라! 나중에 우리는 수컷이 2회 펄스의 점멸 불빛을 사용하는, 포티누스 이그니투스와 긴밀한 유연관계에 놓인 포티누스 그레니를 대상으로 같은 실험을 되풀이했다. 우리는 이 반딧불이종의 암컷은 두 펄스 간 간격이 더 짧은 수컷을 선호한다는 사실을 진작부터 알고 있었다. 그러나 포티누스 그레니에서는 수컷의 불빛 신호가 선물의 강력함과는 무관하다는 사실이 드러났다. 암컷 반딧불이는 어떤 수컷이 가장 큰 선물을 지녔는지 알아내려 애쓰면서 수컷의 불빛 신호를 유심히 살피는 것으로 보인다. 그러나 그런 노력이 어느 때는 먹히고 어느 때는 먹히지 않는다. 과학에서 흔히 그렇듯이 그때그때 다른 것이다.

· · ·

내가 이끈 터프츠 대학 연구팀은 수년 동안 여름을 통째로 바친 탐험이 헛되지 않게 반딧불이의 가장 은밀한 성적 비밀을 상당수 밝혀낼 수 있었다. 반딧불이에게 교미는 배우자가 되는 편리한 방법 그 이상이었다.

반딧불이 수컷은 암컷이 생식 임무를 다할 수 있도록 거들어준다. 결혼 선물은 반딧불이의 경제에 결정적 기여를 한다. 대부분의 반딧불이는 성충이 되면 먹기를 중단하고 과거에 비축해놓은 자본을 야금야금 소모한다. 그러므로 암컷은 수컷의 선물이 제공하는 영양분에 점점 더 깊이 의존하게 된다. 앞 장에서 이미 살펴보았듯이 교미철이 끝나갈 무렵에는 전통적 반딧불이 구애 활동의 양상이 뒤바뀐다. 즉 교미철 끝물에는 수컷이 선택하고 암컷이 서로 경쟁을 벌인다. 우리는 왜 그런 현상이 벌어지는지 비로소 설명할 수 있게 되었다. 암컷이 교미 상대를 놓고 다투는 까닭은 그들에게 선물이 그만큼 절실하기 때문이다.

우리는 포티누스속과 그 친척들 같은 점멸발광 반딧불이에 관해 많은 것을 알아냈다. 그들은 암수가 상당히 비슷하게 생겼다. 그러나 2장에서 살펴본 백열발광 반딧불이도 잊지 말자. 그들 역시 반딧불잇과의 일원이 아닌가. 그런데 날개 없고 통통한 백열발광 반딧불이 암컷은 수컷과는 영판 다르게 생겼다. 자웅이형(雌雄二形)이 확연한 백열발광 반딧불이는 특이한 구애와 교미 의식을 보여준다. 그들은 또한 왜 처음에 결혼 선물이 발달하게 되었는지 이해할 수 있는 중요한 단초를 제공한다. 우리는 다음 장에서 백열발광 반딧불이를 살펴볼 것이다. 또한 자타가 공인하는 백열발광 반딧불이의 대가이자 음악가이면서 과학자인 인물을 만나볼 것이다.

비행의 꿈

노아의 비둘기처럼 날개가 있다면,
강 건너 사랑하는 이에게 날아갈 텐데⋯⋯.
오래지 않은 어느 날 아침,
그대가 내 이름을 불러도 난 떠나고 없겠지.
잘 지내오, 오 내 사랑, 잘 지내오.
−〈딩크의 노래(Dink's Song)〉, 미국 민요

움벨트 속으로

황혼이 내리고 숲이 안도의 한숨을 내쉬었다. 드넓게 펼쳐진 축축한 숲에
서는 대지와 썩어가는 이파리와 이끼의 감미로운 냄새가 나를 감쌌다. 어
둠이 깔리자 대기가 기대감으로 가볍게 출렁였다. 이제 내가 가진 여덟 개
의 초록색 등(燈)을 모두 켜야 할 때다. 처음에는 희미하던 등이 이내 아름
답고 투명한 나의 피부를 뚫고 밝게 빛났다.

나는 일찌감치 낮 동안의 노곤함을 털어내고 있는 대로 용기를 추슬렀다.
굶주린 무언가가 그곳에 웅크린 채 나를 잡아먹으려 버티고 있을지도 모를
일이니까. 나는 여러 시간 동안 숲속을 터덜터덜 걸어서 이곳 언덕 꼭대기
에 다다랐다. 잘 보이는 고지대에 자리를 잡으니 조각난 초록빛 하늘이 손
에 잡힐 것만 같았다. 나는 오늘 밤 배우자를 찾아내거나 아니면 그저 애쓰
다가 죽어가겠노라고 맹세했다. 온 세상이 나를 볼 수 있도록 빛나는 맨몸

을 활짝 펼쳤다. 나는 밤에 "나한테 오세요, 나한테 오세요!" 하고 외치면서 누군가를 유혹하는 불빛이 되었다.

멀리서 밝은 불빛 하나가 설핏 반짝이는 모습이 내 눈가에 들어왔다. 나에게 접근하는 밤의 사랑! 그는 쌩하고 움직이더니 조심스레 다가왔다. 그런 다음 제 불빛을 내 쪽으로 비추었다. 전류가 흐르는 듯한 전율이 온몸을 훑고 지나갔다! 내 등이 그에 대한 욕망으로 이글거리고 있어서 마치 산불을 일으킬 것만 같았다. 그러나 잠깐만! 그가 내 위에서 잠시 맴돌더니 불빛이 서서히 잦아든다. 떠나려는 것인가? 나는 '기다려요, 날 기다려요, 당신과 함께 날고 싶어요!' 이렇게 속으로 아우성친다. 하지만 땅에 매여 사는 내 신세를 조용히 한탄할 수밖에 없다.

나는 알에서 부화한 순간부터 날기를 꿈꾸어왔다. 내 유충 친구들도 하나같이 같은 꿈을 꾸었다. 우리는 신이 나서 번데기가 되기만을, 그리고 진정한 딱정벌레로서 타고난 권리—즉 어두운 하늘 위로 높이 날아다닐 수 있게 해주는, '보호용 싸개에 덮인 날개(sheathed wings)'—를 드디어 얻게 되기만을 손꼽아 기다렸다. 그러나 마침내 때가 되어 번데기 껍데기에서 빠져나온 순간 나는 경악하지 않을 수 없었다. 첫날 밤 주변을 서성이던 나는 우리들 가운데 오직 절반, 즉 수컷 유충들만이 날개를 달았다는 사실을 깨달았다. 그들은 짙은 색에 잘생기기까지 했다. 그들 옆에서 나의 여자 형제들이나 암컷 친척들은 하나같이 한숨 나오는 몰골이었다. 피부색이 희끄무레하고 날개도 없었다. 이다지 허탈할 수가! 아름다운 보석처럼 우리 몸 전체를 뒤덮고 있는 빛나는 불빛만이 유일한 위안거리라는 것을 나는 인정하지 않을 수 없었다. 세상이 어찌 이리 불공평하단 말인가.

나는 여전히 수컷들이 처음으로 이륙하던 밤을 기억한다. 그들의 날개가 첫 비행에 나선 그들을 하늘 위로 실어갔다. 유충이던 그 며칠 전만 해도,

오직 간절하게 바라기만 하면 나 역시 땅에 묶인 삶에서 벗어날 수 있으리라고, 돋아난 날개로 하늘 위로 날아 올라가서 아래 펼쳐진 땅을 굽어볼 수 있으리라고, 조각난 초록빛 하늘 위로 비상하면 저 멀리 푸른 하늘에 가 닿을 수도 있으리라고 철석같이 믿었다.

하지만 지금 나는 거부당했다고 느껴 실의에 빠져 있다. 저 거만한 수컷은 왜 나를 무시한 것일까? 내가 볼품없이 말랐다고 말할 수는 없었을 게다. 나야말로 꽤나 매력적이고 토실토실하기까지 하다. 실제로 내 복부는 알로 가득 차서 한껏 부풀어 있으며, 점점 몸을 가누기조차 힘들어지고 있다. 사실 나는 오늘 밤 막 교미를 했으며 알을 낳을 예정이다.

마침내 나는 지평선 너머에서 더 많은 불빛들이 깜박거리며 나타나 가까이 다가오는 광경을 바라보고 있다. 와, 더 잘생긴 후보들이다! 안 되겠다, 불빛이 너무 흐리멍덩하네. 그냥 지나치니 외려 다행이야. 와우! 여기 밝은 불빛을 뿜어대는 녀석이 쏜살같이 지나가네. 나는 외친다. "나한테 오세요, 나한테 오세요!"

* * *

내가 이 일을 한 것은 2013년 6월 그레이트스모키산맥 깊은 곳에서였다. 나부끼던 나뭇잎들이 내 머리 위로 삐죽삐죽 내려앉았다. 나는 '파우시스 레티쿨라타'라는 공식 명칭으로 알려져 있는 자그마한 블루 고스트반딧불이를 유심히 살펴보려고 노력해왔다. 이 불가사의한 반딧불이는 주로 애팔래치아산맥 남부의 축축한 숲에서 살아가지만, 그보다 훨씬 서쪽인 아칸소 주에서 더러 발견되기도 한다. 블루고스트 반딧불이 수컷은 숲바닥 바로 위를 천천히 날아다니면서 기묘한 불빛을 깜빡거린다. 그들의 신비로운 모습을 보려고 노스캐롤라이나 주의 듀폰주유림(DuPont State Forest) 같은 장소에 관광객이 몰려든다. 떠다니는 불꽃에 넋을 잃은 사람들 가운데 내가 강박적으로 매달리게 된 생명체, 즉 백열 불빛을 내며 날개가 없는 블루고스트반딧불이의 '암컷'을 단 한 번이라도, 힐끗이라도 본 이는 거의 없을 것이다.

나는 지난 사흘 밤 동안 이 생명체에 대해 곰곰이 생각하고, 오직 날기를 꿈꿀 따름인 암컷 반딧불이의 심정을 헤아리려고 노력하면서 시간을 보냈다. 나뭇잎이 무성한 숲의 작은 공터를 돌아다니다가 바닥에 몸을 뻗고 누워서 어둑어둑해지는 하늘 너머로 흐릿하게 멀어지는 나무 지붕을 올려다보았다. 얼마 지나지 않아 희미하게 일렁이는 블루고스트반딧불이 수컷들의 백열 불빛이 시야를 가득 메웠다. 수컷들이 뿜어대는 욕망으로 대기가 후끈 달아올랐다. 작은 수컷들이 반듯이 누운 내 위에서 노니는 광경을 바라보노라니 이상하게 몸이 마구 달떴다. 나는 마침내 암컷 블루고스트반딧불이의 움벨트 속으로 들어갈 수 있게 되었다.

움벨트란 장소가 아니다. 관점이다. 20세기 초 에스토니아의 생물학자 야코프 폰 윅스퀼은 간단하지만 대단히 놀라운 개념을 제시했다. 그의 주장에 따르면 다른 생명체들은 심지어 같은 서식지에 함께 어우러져 살아간다 하더라도 외부세계의 어떤 경험을 동일하게 공유하지는 않는다. 그렇다기보다 각 동물이 인지하는 세계, 즉 그들의 움벨트는 저만의 고유한 감각기관에 의해 형성된다. 이 감각의 여과장치가 그 세계의 어떤 부분을 받아들일지 결정하는 것이다. 그것은 오랜 진화 과정을 거치면서 매우 유의미한 정보만 받아들이도록 예리하게 벼려졌다. 각 동물은 이러한 고도의 주의력을 키워서 예컨대 먹이·쉼터·포식자·배우자처럼 생존과 생식에 반드시 필요한 요소만을 감지할 수 있게 된 것이다.

우리 인간은 일반적으로 '우리가' 인지한 것, 즉 '우리의' 움벨트가 모종의 객관적 실재라고 생각한다. 따라서 우리 자신의 감각에 의거한 의식구조에서 완전히 빠져나와 다른 관점들을 이해하려면 얼마간 훈련이 필요하다. 윅스쿨은 1934년에 이렇게 주장했다.

우리는 낯선 세계, 즉 우리에게는 생소하지만 다른 생명체들에게는 익히 알려진 세계, 생명체의 수만큼이나 다양한 그 세계에 발을 들여놓음으로써 이득을 볼 수 있다. 이 같은 모험을 감행하기에 가장 좋은 때는 바로 화창한 날이다. 그리고 가장 좋은 장소는 여기저기 다투어 꽃이 피고 곤충이 윙윙거리고 나비가 팔랑대는 초원이다. 우리는 이곳 초원 바닥에서 살아가는 거주민들의 세계를 얼핏 엿볼 수 있을지도 모른다. 그러나 그러려면 우선 각 생명체들만이 지각하는 나름의 세계를 나타내기 위해 그들의 주위에 비누 거품을 만들어야 한다. 우리가 이 거품 속으로 발을 들여놓으면 예의 그 익숙하던 초원이 전혀 다르게 보인다. ……새로운 세계가 눈앞에 펼쳐지는 것이다.

나는 날개 없는 암컷 반딧불이의 세계에 발을 들여놓겠다고 나섰지만, 윅스쿨은 암컷 진드기의 움벨트를 탐험하기로 결정했다. 누구라도 살면서 몇 번쯤은 이 달갑잖은 기생동물과 마주치지 않을 수 없다. 진드기는 제 생애 주기를 완성하기 위해 포유류의 피를 빨아 먹어야 하기 때문이다. 그들의 움벨트로 들어가려면 다소간 수고가 필요하지만, 만약 눈을 가리고 귀를 막는다면 그 움벨트로 들어서는 문턱에 다다를 수 있다. '눈멀고 귀먹은 노상강도'인 암컷 진드기는 짝짓기한 뒤 숲의 가장자리에 있는 나뭇가지를 따라 기어 올라간다. 그녀는 나뭇가지 끝에 자리를 잡고 미동도 않고 매달린 채 지나가는 포유류에 올라탈 기회만 엿보고 있다. 암컷 진드기는 우리가 일반적으로 감지하는 것은 죄다 무시하지만 그렇다고 그녀의 세계가 따분한 것은 아니다. 그녀의 세계는 세 가지 감각 경로를 통해 들어오는 자료들로 가득 차 있다. 첫 번째는 예민한 후각으로, 포유류의 땀에서 발견되는 화학물질인 부티르산(butyric acid)에만 극도로 민감하다. 따라서 그녀는 다가오는 먹잇감의 냄새를 맡으면 제가 머물던 나뭇가지를 떠나 그 먹잇감의 등 위로 떨어진다. 두 번째인 정교하게 조정된 온도 감각이 착지 장소를 판단하는 데 도움을 준다. 그녀는 전형적인 포유류 체온인 섭씨 37도를 가장 좋아한다. 만약 알맞은 기주동물에 내려 앉았다면 그녀는 세 번째로 촉각을 이용하여 따뜻한 상피세포막(warm membrane)을 찾을 때까지 털 속으로 파고든다. 그리고 제 구기를 포유류의 피부에 찔러 넣고 천천히 오래오래 빨아 먹는다. 그녀는 드디어 등 따습고 배부르면 깜빡 잠들었다가 알을 낳은 뒤 숨진다.

윅스쿨은 움벨트 안에서는 시간도 동물에 따라 저마다 다르게 흐른다는 것을 알아차렸다. 그에 의하면 시간은 일련의 순간, 즉 "그 사이에는 세상이 전혀 변하지 않는 가장 짧은 시간 단위"로 인식된다. "따라서 어느 순간이 지속되는 동안에는 세상이 멈춰 있다." 집파리(common housefly)는 우리 인간들보다 훨씬 더 미세한 시간 척도에 의거해 제 시계(視界)에 나타난 변화를 감지한다. 이것이 바로 우리가 잡지를 말아서 내리칠 때 그들이 그토록 잽싸게 피신할 수 있는 까닭이다. 집파리는 초당 훨씬 더 많은 순간을 경험하므로 그들에게는 시간이 더욱 빠르게 흘러간다. 그러나 진드기는 적당한 기주동물이 나타나기까지 몇 년 동안 몸을 숨기고 있을 수도 있다. 그렇게 기다리는 동안에는 자기 세계의 변화를 전혀 느끼지 못한다. 부티르산도 섭씨 37도도 포유류의 털도 느끼지 못하는 것이다. 진드기의 움벨트에서는 순간이 몇 년간 지속된다. 그들에게는 시간이 마치 빙하가 얼었다 녹는 속도처럼 더디기 짝이 없이 흐른다. 반딧불이의 경우 시간이 어떻게 흐르는지는 아직껏 파악되지 않고 있다. 아마도 낮에는 마치 영원과 같을 테고, 대개 흥분으로 미쳐 날뛰는 밤에는 눈 깜짝할 사이에 지나지 않을 것이다.

자웅이형: 그들의 날개에는 무슨 일이 있었을까

북아메리카에서 가장 흔한 반딧불이는 점멸발광 반딧불이다. 이들은 빠르고 밝은 깜빡임을 이용하여 구애한다. 그러나 백열발광 반딧불이는 날개 없는 암컷이 오래 지속되는 불빛으로 수컷을 유인하는데, 북아메리카에서는 거의 찾아보기 어렵다. 블루고스트반딧불이의 암컷이 그토록 강렬하게 나의 상상력을 자극한 까닭이 여기에 있었던 것도 같다. 나는 근 30년 동안 미국의 반딧불이를 연구해왔지만 2008년 태국을 방문하기 전까지는 날개 없는 암컷 반딧불이를 단 한 번도 본 일이 없었다. 당연히 나는 그들에 관한 글이야 더러 읽은 적이 있지만, 마침내 그 일원을 직접 내 손에 넣었을 때 실제로 이렇게 비명을 질렀다. "오, 맙소사! 그녀의 날개에 대체 무슨 일이 있었던 거지?" 내가 기괴한 변종이라 여긴 그 생명체는 실제로 람프리게라 테네브로수스

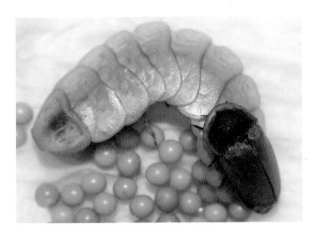

(*Lamprigera tenebrosus*)의 암컷이었다. 모양이며 크기가 내 엄지손가락처럼 보이는 이 곤충은 백열 불빛을 내는 거대한 어미 반딧불이였다!

그런데 이 암컷과 관련하여 가장 특이한 점은 거대하다는 것이 아니었다. 그것은 다름 아니라 신나게 그녀의 등에 올라탄 수컷과 닮은 구석이

그림 5.1 태국에 서식하는 백열발광 반딧불이의 커다랗고 날개 없는 암컷은 그보다 몸집이 훨씬 작은 수컷과 기묘한 대조를 이룬다. 암컷이 지름 약 4밀리미터 정도의 진주 같은 알을 소복이 낳아놓았다.(람프리게라 테네브로수스. Photo by Supakorn Tangsuan)

한 군데도 없다는 점이었다.(그림 5.1) 수컷 크기의 열 배가 넘는 암컷의 희멀건 몸에서는 날개의 흔적을 도무지 찾아볼 수 없다. 반면 수컷은 검고 날렵한 몸의 등 쪽에 지극히 정상적으로 보이는 사랑스러운 한 쌍의 날개와 딱지날개가 달려 있다. 나란히 놓인 이 반딧불이 암수는 자웅이형이라 알려진 현상을 웅변하듯 보여주었다. 자웅이형을 드러내는 암수는 물리적 외관이 판연히 달라서 심지어 인간조차 손쉽게 성을 감별할 수 있다. 세계의 반딧불이들 가운데 자웅이형의 백열발광 반딧불이는 실제로 상당히 흔한 편이다. 즉 모든 반딧불이종의 약 4분의 1에서 암컷은 작동 가능한 날개가 없고 날아다니지 못한다.

이렇듯 어울리지 않는 기묘한 커플은 동물계 어디서나 흔히 볼 수 있다. 자웅선택에 의해 적을 무찌를 가진 뿔 같은 가공할 무기나 암컷을 꼬드기는 데 쓰이는 화려한 깃털 따위로 무장한 결과 몸이 놀라우리만치 크게 변형된 쪽은 대체로 수컷이다. 자웅이형은 더러 크기 차이로만 드러나기도 한다. 이럴 경우 몸집이 큰 쪽은 대개 암컷이다. 아마도 더 큰 암컷이 더 많은 알을 만들어낼 수 있기 때문인 듯하다.

심해아귀(deep-sea anglerfish)는 자웅이형의 훌륭한 예다. 이 이야기에는 생물발광이 포함되어 있으므로 여기서 꼭 짚고 넘어가야겠다. 유유히 심해를 헤엄쳐 다니는 사나워 보이는 커다란 심해아귀 암컷은 백열발광 미끼를 달랑거려 먹잇감을 유인한다. 심해아귀 수컷은 몸집이 암컷의 40분의 1에 불과하고, 암컷이 짝을 유인하기 위해 물속에 방출한 페로몬을 거대한 콧구멍으로 감지한다. 바다에는 수많은 심해아귀종이 살아가고 있으며 각 종은 발광 미끼 패턴이 확연하게 구분되는 불빛을 낸다. 심해아귀 수컷은 눈이 유난스레 튀어나와 있는데, 이는 제가 속한 종의 암컷을 찾아내는 데 도움을 주는 듯하다. 심해아귀는 반딧불이처럼 알맞은 배우자를 찾아내려고 특수한 발광 신호에 의존하는 것 같다.

수컷 심해아귀는 일단 목적지에 이르면 갈고리처럼 생긴 이빨을 암컷의 배에 찔러 넣는다. 그때부터는 암컷의 몸에서 절대 떨어지지 않는다. 수컷의 작은 몸이 영원히 암컷의 일부가 되어버리는 것이다. 수컷은 감각계나 소화계가 퇴화하므로 필요한 영양분을 암컷의 순환계에서 끌어온다. 일개 작은 부속기관으로 전락한 수컷이 남은 생애에서 맡은 역할이라고는 암컷이 알을 내보낼 때마다 정액을 내주는 일뿐이다.

암컷에 더부살이하는 심해아귀 수컷의 전략은 너무 극단적으로 보일는지 모르지만, 자웅이형 반딧불이도 생식을 위해 서로 역할을 분담하기는 마찬가지다. 백열발광 반딧불이의 경우 암수는 신체가 재조직되는 변태 과정이 시작되자마자 각기 다른 길을 걷는다. 수컷은 근육, 날개, 보호용 싸개 같은 정교한 비행기구를 조립하는 데 주력한다. 암컷은 이 모든 것을 생략한다. 어떤 종에서는 암컷이 작고 뭉툭

안타깝게도 일반명 '글로웜(glow-worm)'이라는 이름을 둘러싸고 적잖은 혼란이 일고 있다. 여러 나라에서 사람들이 이 용어를 완전히 다른 생명체의 이름으로 쓰고 있어서다. 심지어 그중 하나는 웜(worm, 벌레)도 아니다! 유럽에서 글로웜은 반딧불이 가운데 백열 불빛을 내는 날개 없는 암컷을 지칭한다. 또한 모든 반딧불이종의 백열 불빛 내는 날개 없는 유생 단계(즉 유충)를 지칭하기도 한다. 그러나 뉴질랜드의 유명한 '글로웜'은 반딧불이가 아니다. 심지어 딱정벌레도 아니다. 동굴에 사는 이 발광 생명체는 실제로 버섯파리(fungus gnat)라고 알려진 일종의 파리다. 미국에서도 사람들은 이 발광 버섯파리를 '글로웜'이라 부른다. 그리고 '글로웜'은 딱정벌레의 한 과인 펜고디드과의 날개 없는 발광 암컷과 발광 유충을 지칭하기도 한다. 훨씬 더 몸집이 작은 진짜 반딧불이와 구분하기 위해 이 펜고디드과 딱정벌레는 더러 '대형 글로웜 딱정벌레(giant glow-worm beetles)'라 부르기도 한다. 두말할 나위 없이 '글로웜'이라는 이름을 뒤죽박죽 사용하면 커다란 혼선이 빚어질 수밖에 없다!

한 날개를 발달시키기도 하지만, 어떤 종에서는 날개를 완전히 포기한다. 대신 백열발광 반딧불이 암컷은 알을 생산하고 수컷을 유인하는 등(燈)을 만드는 데 총력을 기울인다.

성충 암수는 생식에서 담당하는 일을 시종 엄밀하게 구분한다. 수컷은 허공으로 날아가 밤마다 암컷을 사냥하면서 시간을 보낸다. 그들은 멀리까지 여행을 떠나므로 세상을 두루 볼 수 있다. 백열발광 반딧불이종들 가운데 소수 종의 수컷은 비행하는 동안 불빛을 내기도 하지만, 대다수 종의 수컷은 아예 등 자체가 없다.

그에 반해 백열발광 반딧불이 암컷은 일평생 제가 태어난 곳으로부터 불과 몇 미터 반경 내에서 살아가야 할 운명이다. 일부 백열발광 반딧불이 암컷은 직접 파거나 다른 동물이 만들어놓은 굴 안에 들어가서 살기도 한다. 알이 잔뜩 들어 있는 백열발광 반딧불이 암컷은 매일 밤 틀림없이 잘 보이도록 제가 기거하는 낙엽 위쪽으로 씩씩하게 몸을 밀어 올려야 한다. 그녀는 거기서 날아다니는 수컷을 유혹하려고 안간힘 쓰며 몇 시간이고 빛을 낸다. 교미를 성사시킨 암컷은 다시 숲바닥으로 기어 내려가 알을 낳는다.

너무 감상적이라고 여길지도 모르지만 나는 날개 없는 암컷들이 처한 곤경을 접할 때마다 가슴이 무척 아프다. 분명 백열발광 반딧불이의 구애 의식은 좀더 평등한 그들의 사촌, 즉 우리가 앞 장에서 살펴본 점멸발광 반딧불이와는 판이하다. 가령 백열발광 반딧불이의 암컷은 제가 살아가는 곳에 수컷이나 좋은 산란지가 거의 없다 해도 거기서 벗어나겠다는 결정을 내릴 수 없다. 따라서 백열발광 반딧불이 집단은 뜻하지 않게 파괴될 가능성이 훨씬 더 많다.(그렇게 될 소지가 있는 일에 대해서는 8장에서 다룬다.)

나는 태국에서 커다란 람프리게라속 암컷이 조그마한 수컷 옆에 누워 있는 모습을 보고 난 뒤, 이처럼 놀라운 육체적 차이가 그들의 성적 습성을 어떻게 바꿔놓을 수 있는지 궁금해졌다. 그때까지만 해도 나는 내 지도학생들과 북아메리카 반딧불이의 결혼 선물이 어떤 역할을 하는지 이해하는 데 관심을 집중하고 있었다. 우리는 점멸발광 반딧불이의 수컷이 교미 도중에 선물을 제공하며, 그것은 암컷이 더 많은 알을 낳도록 도와준다는 사실을 확인했다. 또한 우리가 연구한 전형적인 점멸발광 반딧불이의 암컷은 정상적인 날개를 지니고 있으며, 따라서 원하기만 하면 아무 문제 없이 날 수 있다는 것도 알았다. 성충 반딧불이는 먹지 않으므로 어떤 활동을 하든 몇 달에 걸친 유충기 때 먹이를 실컷 먹고 비축해놓은 에너지를 연료로 쓰지 않으면 안 된다. 그런데 점멸발광 반딧불이의 암컷은 그 에너지를 비행과 생식에 나눠 써야 한다. 비행을 원한다면 생식에 쓸 자원은 그만큼 줄어들 수밖에 없다.

그렇다면 백열발광 반딧불이의 암컷은 어떨까? 그들은 그저 제 자신이 뒤뚱뒤뚱 걷는 알의 저장고가 되기로 작정하고 날개를 그만 포기해버렸다. 그들은 제가 가진 모든 것을 통째로 생식에 바친 것이다. 생식에 모든 것을 투자했는데도 그들에게 수컷의 선물은 여전히 긴요할까? 나는 암컷의 비행 능력이 수컷의 선물 주기에 어떤 영향을 미치는지 궁금해졌다. 백열발광 반딧불이 암컷이 그 답을 찾는 데 실마리가 되어줄 것 같았다.

우리는 국제 공조를 통해 함께 작업하면서 세계적으로 분포하는 수많은 백열발광종을 포함하여 100여 개의 반딧불이종에 관한 데이터를 수집했다. 그리고 그 모든 종에서 암컷이 날개가 있는지 없는지, 그리고 수컷이 짝짓기하는 동안 정포 선물을 제공하는지 여부를 확인하는 데 주의를 기울였다. 또한 그 모든 반딧불이의 진화사를 추적하기 위해 그들의 유전자 서열상의 차이를 이용하여 계통수(phylogenetic tree)를 그려보았다.

마침내 암컷의 비행 능력과 수컷의 선물 주기를 이 계통수로 나타내고 보니 둘 간에 놀랍도록 밀접한 진화적 연관성이 드러났다. 정포를 결혼 선물로 제공하는 현상은 암컷이 날 수 있는 반딧불이종에서는 흔히 나타났지만, 대부분의 백열발광종에서는 보이지 않았다. 이것은 암컷의 생식에 대한 투자 차이를 기반으로 우리가 예측한 것과 정확하게 맞아떨어지는 결과였다. 즉 반딧불이의 선물 주기 전통은 오직 암컷이 날 수 있는 능력을 지닌 종들에게서만 제한적으로 드러나는 현상인 것이다. 백열발광 반딧불이종에서 보듯 암컷이 제가 가진 모든 것을 온통 생식에 쏟아부으면, 성적 균형이 달라지고 수컷은 정포라는 선물을 만드는 능력을 잃어버린다. 수컷은 암컷이 이렇듯 모든 것을 다 바치는 모습을 보고서 더는 결혼 선물을 줄 가치가 없다고 판단한 듯하다.

이러한 결과는 다른 동물들에서 어떻게 결혼 선물이 진화해왔는지 설명하는 데도 도움을 준다. 우리는 2011년 진행한 연구의 결과를 과학저널 〈진화(Evolution)〉에 발표했다. 나는 그것을 계기로 백열발광 반딧불이종에 깊이 빠져들었다. 그리고 이내 토종 북아메리카산 백열발광 반딧불이 블루고스트의 성생활에 마음을 빼앗겼다.

백열발광 반딧불이의 대가

수많은 유럽 국가에서는 묘하게도 하짓날 밤에 성충 백열발광 반딧불이의 활동이 최고조에 이른다. 사람들은 '세인트 존의 이브(Saint John's Eve)'로 알려진 이 휴일날 모닥불을 피워놓고 춤을 추면서 밤의 여흥을 즐긴다. 이 축제를 다룬 전통 문학작품들에는 셰익스피어의 《한여름 밤의 꿈(A Midsummer Night's Dream)》에 영원히 살아 있는 것 같은 마술적 분위기, 요정의 모임이나 신비한 힘을 지닌 식물에 관한 이야기가 나온다.

아마도 하짓날 자유분방하게 밤의 즐거움을 만끽하던 참가자들 가운데 일부가 초목이 우거진 깜깜한 장소에서 우연히 땅 위에 수백 개의 작은 불빛이 일렁이는 모습을 보고 눈이 휘둥그레졌을 것이다. 그런데 이 마법의 불빛은 요정이 아니라 유럽에서 흔히 볼 수 있는 백열발광 반딧불이, 람피리스 녹틸루카의 암컷이었을 것이다. 북위도상에 위치한 유럽 국가에서는 이 반딧불이 암컷이 황혼 녘에 반짝이기 시작한다. 그런데 낮이 가장 긴 하지 무렵에는 자정을 불과 몇 시간 앞둔 때에야 비로소 황혼이 내린다. 암컷은 비가 오나 달빛이 비치나 가리지 않고 두 시간 넘게 불빛을 내고 있어야 한다. 그녀의 불빛은 50미터나 떨어진 곳에서도 잘 보인다. 그녀는 자신이 기거하는 낙엽 더미 위쪽에서 느릿느릿 요염한 춤을 추면서 제 등을 이리저리 살랑 거린다. 그들의 리듬감 있는 춤은 어두운 숲에서 불을 끄고 날면서 암 컷을 찾아다니는 같은 종의 수컷들 눈에 제 존재를 분명하게 알린다.

나는 2008년 처음으로 백열발광 반딧불이의 대가를 만났다. 2008년은 내가 처음으로 날개 없는 암컷 반딧불이를 보게 된 해이기도 하다. 라파엘 드 코크는 수줍고 잘생긴 벨기에인으로 이중생활을 하고 있었다. 그는 이제 확실히 자리 잡은 포크 뮤지션으로서 돈벌이를 하지만, 다른 한편 유럽 백열발광 반딧불이의 전문가로서 세계적으로 인정받는 인물이기도 하다. 라파엘은 도중에 몇 가지 어려움에 직면한 적이 없지는 않았지만 이 같은 이중 커리어 생활을 무리 없이 꾸려가고 있다.

라파엘의 두 가지 열정은 일찌감치 모습을 드러냈다. 1974년 앤트 워프(Antwerp: 벨기에의 항구도시—옮긴이)에서 태어난 그는 주말마다 시골에 있는 조부모 집에서 시간을 보내며 자랐다. 그는 그곳에서 불빛을 내는 모든 것에 거부할 수 없는 매력을 느꼈다. 라파엘이 아련한 눈길로 회고했다. "우리 할아버지는 육지와 바다에 사는 발광 생명체들의 사진이 가득 실린 책을 한 권 가지고 계셨어요. 그 책을 펼칠 때마다 신비로운 동화의 나라 속으로 빠져들었죠." 라파엘은 어렸을 적에 형광 물질을 닥치는 대로 수집했고, 어둠 속에서 무지갯빛으로 반짝이는 그들의 모습에 감탄하곤 했다. 소년 시절에는 인광을 뿜는 야광 장난감에 매료되기도 했다. 일단 충전되면 제가 흡수한 빛을 천천히 되쏘는 장난감이었다.(달이 오로지 햇빛을 반사하는 식으로만 빛을 내듯이, 인광 물질이나 형광 물질도 제 스스로의 빛으로 반짝이는 게 아니다. 반드시 우선 다른 곳에서 빛을 받아야 한다.) 그는 심지어 성인이 된 지금도 야광 장난감을 수집하는 기벽이 있다는 사실을 솔직히 인정한다. 그리고 자신이 어릴 적에 가지고 놀던 야광 '플레이모빌 유령(Playmobil ghost)'을 즐거운 마음으로 떠올린다. "그 장난감은 그때나 지금이나 제가 가장 좋아하는 거예요! 실은 아직도 가지고 있죠." 그는 바우어새(bowerbird: 오스트레일리아산 새로, 수컷이 암컷을 유인하기 위해 형형색색의 온갖 물질로 둥지를 멋지게 꾸민다―옮긴이)처럼 가능한 온갖 색깔과 모양의 야광 장난감들, 즉 돌·도마뱀·퍼티(젤리처럼 생긴 공작용 형광빛 장난감―옮긴이)·별 따위로 자기 주위를 에워쌌다.

할아버지의 책도 어렸을 적부터 벨기에의 시골마을에서 반딧불이 탐험에 나설 수 있도록 라파엘을 자극했다. 그는 아홉 살 때 처음으로 바위 아래 숨어 있는 백열발광 반딧불이 유충을 한 마리 발견했다. 의기양양해진 그는 그것을 조심스럽게 나뭇잎 위에 올려놓은 채 할머니 할아버지께 보여드리려고 부리나케 집으로 달려왔다. 집에 도착해보니 그 유충이 도중에 떨어졌는지 보이지 않았다. 라파엘은 적잖이 실망했다. 그러나 이내 책에서 접한 생물발광에 매료되었고, 그 감춰진 세계를 탐험하기 시작했다. 그가 할머니와 함께 밖에 나가서 탐험하던 어느 날 밤의 이야기를 들려주었다. "우리는 칠흑 같은 어둠 속을 천천히 걷고 있었어요. 우리 눈이 어둠에 적응하도록 기다리면서 말이죠. 그런데 그때 불현듯 너무나 많은 빛나는 점들이 숲바닥에서 꾸물거리는 모습이 눈에 들어왔어요." 그는 흥분을 감추지 못한 채 이렇게 말을 이어갔다. "그게 다 백열발광 반딧불이 유충이었던 거 있죠!" 라파엘은 할아버지의 책에 실린 사진을 보고 그것이 람피리스 녹틸루카종이라는 것을 확인했다. 그는 그 유충들 가운데 몇 마리를 집으로 가져와 방에 놔두었다. 그리고 달팽이를 잡아다 자신의 발광 애완동물에게 먹인 다음 그들이 빛나는 번데기로 달라지는 과정을 놀라움 속에서 지켜보았다. 그때부터 그는 가족 여행을 떠날 때마다 늘 백열발광 반딧불이 상자를 챙겨 갔다. 그러나 그때까지만 해도 아직 백열발광 반딧불이의 대가는 아니었다.

라파엘은 앤트워프 대학에 입학했다. 그는 백열발광 반딧불이에 대한 호기심에 이끌려 과학적 연구에 관심을 보였고, 그 관심은 줄곧 이어져 결국 박사학위 취득으로 결실을 맺었다. 그는 어린 시절의 관찰을 통해 반딧불이 유충들은 들어 올릴 때, 혹은 그들이 있는 땅 주변에서 쿵쿵 뛸 때 빛을 낸다는 사실, 또한 기어 다니면서 빛을 낸다는 사실을 알고 있었다. 그러나 그가 정말로 알고 싶었던 문제는 따로 있었다. 반딧불이 유충이 왜 불빛을 내느냐, 즉 그토록 확실하게 눈에 띄는 불빛을 내는 연유가 정확히 무엇이냐 하는 것이었다. 그에게는 그것이 마치 사서 하는 고생처럼 보였던 것이다. "여기 내가 있어요, 나를 잡아먹어요!"라니. 불빛은 유충이 길을 찾는 데 도움을 주는 것일까? 그러나 반딧불이 유충은 시력이 형편없으므로 이것은 그럴듯한 설명이 못 된다. 그렇다면 먹잇감을 유인하려고? 이 역시 그다지 설득력이 없게 들린다. 백열발광 반딧불이 유충은 악착같이 달팽이를 쫓아가는 식으로 먹잇감을 얻기 때문이다.

라파엘은 전에 어디선가 반딧불이가 지독하게 맛이 없어서 두꺼비·새·도마뱀 등 수많은 포식자들이 한사코 먹기를 거부한다고 밝힌 연구결과를 읽은 적이 있었다. 그래서 백열발광 반딧불이 유충의 불빛은 야행성 포식자를 물리치기 위한 신호 같은 구실을 하리라고 생각했다. 결국 라파엘이 박사학위를 취득하기 위해 진행한 실험들은 반딧불이의 발광은 당초 잠재적 포식자를 물리치기 위한 경고신호로 발달했다는 주장을 뒷받침하는 중요한 증거가 되어주었다. 이제 고전이 된 이 실험들은 두꺼비 같은 야간 포식자들이 불빛 신호를 유독한 먹잇감과 연관시킬 수 있음을 실증적으로 보여주었다. 포식자들이 이전의 불쾌한 경험을 떠올린 결과 그와 비슷하게 생긴 먹잇감은 아예 거들떠보지도 않는다는 것이다.

라파엘은 드디어 백열발광 반딧불이의 대가 반열에 올랐다. 그는 박사학위를 받았고, 반딧불이의 경고신호에 관한 우리의 지식을 풍성하게 해주었으며, 수많은 과학 논문을 썼다. 그는 그중 한 논문에서, 소형 유럽 백열발광 반딧불이종, 포스파에누스 헤밉테루스의 암컷은 페로몬이라고 알려진 화학신호, 즉 매혹적인 향을 풍김으로써 짝을 유인한다고 밝혔다. 우리는 그로부터 10년 뒤 그의 발견을 토대로 블루고스트반딧불이 암컷이 수컷을 끌어들이기 위해 그 비슷한 향을 사용하는지 여부를 확인하고자 테네시 주 그레이트스모키산맥으로 합동 현장탐사를 떠나게 된다.

2005년 라파엘은 걸출한 학문적 커리어를 선택할 것처럼 보였다. 그러나 과학자에게 벨기에의 취업시장은 암울하기 그지없었다. 그는 곧바로 대학에서 적당한 자리를 찾으려는 시도를 단념했다. 그리고 어떻게든 밥벌이를 하려고 자신의 또 다른 소질, 즉 음악 만드는 재주 쪽으로 재빠르게 방향을 틀었다.

백열발광 반딧불이 노래

부정하기 힘든 백열발광 반딧불이의 낭만적 매력은 〈반딧불이(Das Glühwürmchen)〉라는 노래에 잘 표현되어 있다. 나중에 미국에서도 유행하게 된 노래다. 본디 1902년 파울 링케(Paul Lincke)의 오페레타('작은 오페라'라는 뜻으로, 보통 희극적인 주제의 짧은 오페라—옮긴이), 〈여자의 평화(Lysistrata)〉(기원전 410년에 아리스토파네스가 쓴 희극—옮긴이)를 위해 쓰인 곡으로, 하인즈 볼텐 바커스(Heinz Bolten-Backers)가 지은 독일어 가사를 릴라 케일리 로빈슨(Lilla Cayley Robinson)이 아래와 같이 영역했다. 이 노래는 1907년 브로드웨이 뮤지컬, 〈카운터 뒤의 소녀(The Girl Behind the Counter)〉에서 불렸다. 나중에 합창 부분만 남기는 식으로 새로 쓴 〈반딧불이(Glow Little Glow-Worm)〉를 1952년 밀스 브라더스(Mills Brothers)가 녹음했다. 우리 어머니는 이 노래를 잠자리에서 불러주는 것을 좋아하셨다. (과학적으로 부정확하기는 하지만) 너무나 흥겨운 노래로, 1950년대 내내 큰 인기를 누렸다.

조용히 어둠이 내리면
꿈꾸는 숲에 조용히 어둠이 내리면
연인들이 거니네
밝은 별들이 반짝이는 모습을 보려고 거니네
그리고 길을 잃지 않도록
길을 잃지 않도록, 밤에 반딧불이들이
그들의 작은 등을 환하게 비춰주네

그들의 작은 등이 밝게 빛나네
여기저기 온천지에,
이끼 낀 골짜기에서 구멍 속에서
하늘에 떠 있다가 미끄러지듯 날아가면서
그들이 따라오라고 우리에게 손짓하네

깜빡깜빡 빛나라 작은 반딧불이여
깜빡깜빡 빛나라 작은 반딧불이여
너무 멀리 방황하지 않도록 우리를 이끌어다오
저 멀리서 달콤한 사랑의 속삭임이 들려오네

깜빡깜빡 빛나라 작은 반딧불이여

깜빡깜빡 빛나라 작은 반딧불이여

위로 아래로 길을 밝혀다오

그리고 우리를 사랑으로 안내해다오!

라파엘은 어린 소년이었을 적에 리코더와 주석피리를 연주했다. 그가 열여섯 번째 생일을 맞은 직후, 어렸을 적부터 적성에 맞았던 음악에 불현듯 강박적으로 관심이 쏠렸다. 어느 날 라디오를 켠 그는 누군가가 아일랜드의 백파이프인 유리언 파이프를 연주하는 소리를 들었다. 바이올린과 오보에가 합쳐진 것 같은 유리언 파이프의 소리가 라파엘의 마음에 파고들었다.

유리언 파이프는 연주하기가 까다롭기로 소문났지만, 라파엘은 결국 다른 어떤 백파이프보다 감미롭고 잔잔하고 유려한 그 악기로 자신의 소리를 만들어낼 수 있었다. 그는 수년 동안 연마한 끝에 '몽골 흐미 창법(Mongolian throat singing)'을 능란하게 구사하기에 이르렀으며, 자신의 레퍼토리에 놀랄 만큼 다채로운 소수민족의 악기를 곁들였다.

이제 라파엘은 전문 음악가이자 교사, 세계 음악의 연주자로서 캐나다·시베리아·볼리비아·사르디니아·아일랜드·스칸디나비아 등 세계 전역을 돌아다닌다. 그는 학계의 상아탑 영역 밖에서 살아가기로 결정하기는 했지만, 여전히 여행 다니는 곳마다 거기 살아가는 반딧불이에 관한 과학적 연구를 이어가고 있다. 그가 애석해하며 말했다. "옛날에 태어났더라면 참 좋았을 거예요. 그때는 사람들이 과학, 음악, 미술 같은 수많은 다른 관심사를 동시에 추구하는 게 하등 이상하지 않았으니까요. 오늘날에는 우리 삶이 너무 분절되어버렸죠. 안타까운 일이에요." 어렵잖게 짐작할 수 있겠듯이, 라파엘은 반딧불이가 깜빡거리는 광경을 볼 때마다 늘 음악을 떠올린다. 모든 반딧불이종이 저마다 다른 음색을 지닌 것이다. 백열발광 반딧불이의 대가에게 그들의 불꽃은 하나도 고요하지가 않다.

<u>으스스</u>한 백열 불빛과 오묘한 향

나는 2013년에도 여전히 백열발광 반딧불이에 빠져서 헤어나지 못하고 있었다. 날개 없는 암컷의 척박한 생활방식이 자꾸만 내 마음을 끌었다. 나는 세계를 여행할 때마다 이 생명체를 적잖이 보아왔지만, 여태껏 미국의 백열발광 반딧불이 암컷을 본래 서식지에서 기어 다니는 모습으로 마주한 적은 단 한 번도 없는 상태였다.

나는 테네시 주 녹스빌의 에어컨을 과하게 튼 공항에서 자연주의자린 파우스트와 잡담을 나누고 있었다. 우리 연구팀의 마지막 일원이 도착하기를 기다리는 중이었다. 마침내 라파엘 드 코크가 비행기에서 내렸다. 한쪽 어깨에는 포충망을, 다른 한쪽 어깨에는 악기를 둘러멘 모습이었다. 우리 셋은 그레이트스모키산맥으로 현장탐험을 떠나려는 참이었다. 그곳에서 신비로운 블루고스트반딧불이 파우시스 레티쿨라타에 과학적 관심을 기울일 예정이었다. 우리가 블루고스트반딧불이를 연구하기로 작정한 것은 무엇보다 이 백열발광 반딧불이가 비교적 가까운 곳에, 게다가 풍부하게 존재하고 있었기 때문이다. 그러나 우리는 얼마 지나지 않아 우리 스스로가 그들의 마법에 푹 빠져들고 말았다는 사실을 깨달았다.

우리는 녹스빌에서 강도 높은 연구를 시작하기에 앞서 블루고스트 반딧불이를 다룬 과학문헌을 빠짐없이 검토했다. 그들은 아닌 게 아니라 '신비로운' 녀석들이었다. 관련 문헌이 많지 않았으니 말이다. 파우시스 레티쿨라타종은 1825년 박물관에 소장된 죽은 표본을 근거로 공식적으로 이름이 붙고 특징이 기술되었다. 그러나 놀랍게도 그들의 구애 습성이나 교미 의식에 관해서는 알려진 것이 거의 없었다. 블루고스트반딧불이의 수컷은 몸이 검으며, 짧고 둥근 벼 알갱이만 하다. 그리고 불빛을 만들어내는 기관이 복부 끝부분의 분절 두 마디를 차지하고 있다. 그들은 교미철에 매일 밤 약 두 시간 동안 사람들 발목 높이로 숲속을 날아다니면서 암컷을 찾는다. 연푸른색 불빛은 약 1분 동안 지속된다. 많은 사람들은 일반명(블루고스트반딧불이) 때문인지 그들의 불빛이 유령 같다고 표현한다. 처음으로 블루고스트반딧불이를 본 어느 관람객은 "요정들이 작고 푸른 등을 들고 다니는 것 같다"고 했다.

한편 날개 없는 블루고스트반딧불이 암컷은 과학문헌에 아주 드물게만 등장한다. 크기가 수컷과 얼추 비슷한 암컷은 색깔이 흐리멍덩해서 낙엽더미 속에 있으면 도통 눈에 띄지가 않는다. 그들은 황혼 녘이 되면 숲바닥에서 백열 불빛을 내기 시작한다. 투명하다시피 한 피부를 뚫고 몇 개의 야광 부위에서 빛이 나는 것이다.

블루고스트반딧불이를 연구하기 위해 야생에서 벌이는 탐험은 기껏해야 몇 주 동안 이어질 뿐이지만, 우리는 그래도 다음의 몇 가지 질문에 답을 얻고 싶었다. 블루고스트반딧불이 암컷은 오직 불빛에 의해서만 수컷을 유인하는가, 아니면 다른 비장의 무기가 있는가? 암컷은 단 한 번만 짝짓기하는가? 그들의 불빛은 보이는 것처럼 진짜 파란색인가?

이 연구를 수행하기 위해 완벽한 과학자 3인방이 모였다. 첫째, 라파엘은 유럽의 백열발광 반딧불이에 깊이 천착해왔고, 그중 한 종의 날개 없는 암컷은 화학신호로 수컷을 유인한다는 사실을 밝혀낸 인물이다. 둘째, 린 파우스트는 테네시 주의 반딧불이에 관한 한 모르는 게 없었다. 그녀는 그레이트스모키산맥을 말 타고 돌아다니던 어느 날 밤, 우연히 밑에서 수많은 블루고스트반딧불이를 보게 되었다. 그들이 잔뜩 몰려 있어서 어리둥절해진 그녀의 말 에코가 불빛이 만발한 곳 위로 자꾸만 발을 디디려 했을 정도다. 그녀는 녹스빌 부근의 가족 농장에서 15년 넘게 블루고스트반딧불이를 관찰해왔다. 마지막으로 나는 반딧불이의 자웅선택과 교미 행위, 결혼 선물과 관련한 전문지식을 가지고 연구팀에 합류했다. 우리는 서로 잘 지낼 것임을 알고 있었다. 다행스러운 일이었다. 이 탐험은 밤낮없이 강도 높게 작업하고, 좁은 숙소에서 함께 부대끼고, 잠도 거의 못 자는 생활을 요구할 터이기 때문이었다.

공항에서부터 헤드램프, 현장노트, 카메라를 챙겨 들고 곧장 연구 장소로 향한 우리는 밤 10시경 목적지에 당도했다. 숲에 들어서자 숨막히는 장관이 우리 앞에 펼쳐졌다.(그림 5.2) 온 천지에 블루고스트반딧불이 수컷들이 숲바닥 바로 위에서 빛을 내며 천천히 날아다녔다. 그들은 모두 함께 모여들었다가 흘러넘쳤다가 언덕사면을 따라 조용히 쏟아지면서 살아 움직이는 불빛 웅덩이를 만들어냈다. 우리는 굽이굽이 돌아다니는 수컷의 움직임에서 시선을 거두어 날개도 없고 잘 보이지도 않는 암컷을 찾아 나섰다. 쌓여 있는 낙엽더미 위를 기면서

감춰진 보물들, 즉 작은 점들을 반짝이는 그들의 투명한 몸이 어디 숨어 있는지 뒤적거리고 다녔다.

첫날 밤 깜빡 잠이 들었을 때, 유령 같은 으스스한 불빛이 계속 눈앞에 어른거렸다. 그들은 이튿날 아침이 될 때까지 우리의 연구 프로젝트를 크게 바꿔놓은 요술을 부렸다. 이 수수께끼 같은 생명체들에 대해 알게 된다는 것은 대단한 특권이 아닐 수 없었다. 만약 그들이 우리의 접근을 허락해주기만 한다면 그들의 불가사의한 구애 습성에 관해 더없이 경이롭고 새로운 뭔가를 발견할 수 있을 것이다.

이튿날 아침 일찍 나는 라파엘, 린과 함께 다가올 며칠 밤 동안 함께 수행하게 될 현장실험을 준비했다. 우리는 블루고스트반딧불이 암컷이 보석 같은 불빛을 냄으로써 수컷을 유인하는지, 페로몬을 방출함으로써 수컷을 유인하는지, 아니면 둘 다인지 알아보기 위해 실험

그림 5.2 블루고스트반딧불이 수컷이 날개 없는 제 종의 암컷을 찾아다니면서 숲바닥 위로 불빛 길을 수놓고 있다.(파우시스 레티쿨라타. Photo by Spencer Black)

을 진행할 참이었다. 먼저, 우리는 전날 밤 잡은 블루고스트반딧불이 암컷이 머물 임시 거처를 마련했다. 마분지 컵이었는데, 후딱 몇 개를 만들 수 있었다. 원래는 아이스크림선디(한 컵 정도의 아이스크림 위에 시럽, 체리 등을 곁들여 먹는 빙과의 한 종류—옮긴이)를 담는 용도로 쓰려던 것이었지만. 그리고 컵 안에 물 적신 종이타월과 블루고스트반딧불이가 살아가는 숲의 낙엽더미를 깔았다. 우리는 연약한 암컷들을 붓으로 조심조심 들어 올린 다음 각자의 집에 집어넣었다.

정확히 암컷의 어떤 신호가 그 용기에서 새어나올지 통제하기 위해 뚜껑을 세 가지로 다르게 만들었다. 암컷의 불빛만으로 수컷을 유인하는 데 충분할까? 암컷의 불빛은 가리고 냄새만 빠져나올 수 있게 할 경우 수컷이 여전히 다가올까? 이 질문들에 답하기 위해 우리는 아이스크림 컵으로 간단한 실험을 실시했다. 첫 번째 컵들은 단순한 그물 뚜껑으로 덮었다. 이 경우는 암컷의 불빛과 그녀의 냄새 둘 다가 새어나올 수 있지만, 수컷은 그녀에게 다가갈 수 없다. 두 번째 컵들은 공기가 새나가지 않는 투명한 플라스틱 뚜껑으로 덮었다. 수컷이 암컷의 불빛은 볼 수 있되 냄새는 맡을 수 없는 상황이다. 세 번째 컵들에는 그물 망 위에 빛을 가로막는 차폐 장치를 달았다. 이렇게 되면 암컷의 불빛은 보이지 않지만 냄새는 계속 퍼져나갈 수 있다.

우리는 이어지는 며칠 밤 동안 어두워지기 전에 현장으로 나갔다. 블루고스트반딧불이 수컷은 해가 지고 약 40분쯤 지났을 무렵 날기 시작했지만, 우리는 그보다 앞서 현장에 도착했다. 우리는 암컷이 편안하게 들어 앉아 있는 아이스크림 컵들을 내려놓고 뒤로 물러나서 어둠이 완전히 깔릴 때까지 가만히 기다렸다. 몇 분이 지나자 작은 블루고스트반딧불이 암컷들은 제 컵 속에 들어 있는 낙엽더미의 꼭대기로 기어 나와 백열성 불빛을 내기 시작했다. 이제 준비가 다 된 것이다! 이윽고 수컷들이 조용히 언덕사면을 따라 미끄러지듯이 이쪽으로 날아왔다.

우리는 그로부터 두 시간가량 거의 이야기를 나누지 않았다. 세 사람은 각기 세 가지 다른 암컷들을 주의 깊게 관찰하기로 업무를 분장했다. 10분마다 관찰을 멈추고 데이터 기록지에 정확히 몇 마리의 수컷이 각 암컷의 영공을 스쳐 지나갔는지, 그리고 정확히 몇 마리의 수컷이 실제로 내려앉았는지 기록했다. 수컷들이 모두 날기를 그친 것은 자정 무렵이었다. 우리는 블루고스트반딧불이들이 미친 듯이 구애에 매달리는 몽환적 분위기 속에 빠져들었다. 데이터 기록지가 쌓여갔고, 현장노트는 휘갈겨 쓴 글자들로 앞뒤가 빽빽하게 채워졌다.

우리는 기존의 암컷들은 풀어주고 새로운 암컷들을 참여시키면서 같은 실험을 밤마다 끈질기게 되풀이했다. 대량의 수치 계산을 하고 그동안 모은 자료를 그래프로 나타내자 어떤 패턴인가가 서서히 윤곽을 드러내기 시작했다. 수치상으로는 각각의 실험에 참가한 암컷들이 모두 동일하게 매력적인 것 같았다. 지나가는 수컷들 가운데 거의 같은 비율(10~40퍼센트)의 개체들이 암컷을 살펴보기 위해 내려앉은 것이다. 그런데 우리는 블루고스트반딧불이의 교미 장면을 찬찬히 들여다본 결과, 암컷이 모종의 매혹적 향을 내뿜는다는 명확한 징후를 포착했다. 멀찌감치 떨어진 수컷들이 마분지로 암컷의 불빛을 가렸을 때도 그녀에게 다가가기 위해 '바람을 거슬러' 날아가는 모습을 볼 수 있었던 것이다. 어떤 수컷들은 자석처럼 곧바로 끌려갔지만, 어떤 수컷들은 바람을 거슬러가는 돛단배처럼 에둘러서 암컷 쪽으로 다가갔다.

블루고스트반딧불이에게 불빛보다 더 중요한 것이 있을지도 모른 다고 확신하게 만든 것은 바로 암컷 3번이었다. 내가 그녀를 관찰하던 처음 한 시간 동안 사방은 꽤나 고요했다. 블루고스트반딧불이 수컷 몇 마리가 재빨리 그녀 곁을 스쳐 지나갔지만, 그녀에게 관심을 기울 이고 그녀가 들어 있는 용기에 내려앉은 것은 딱 한 마리뿐이었다. 그 런데 그는 주변을 얼쩡거리다가 그물망을 통과하지 못한다는 것을 깨 닫고 미련 없이 떠나버렸다. 10시 30분경에는 수컷 몇 마리만이 계속 날아다니고 있었는데 그들은 몸놀림이 현저히 느려졌다. 그러던 중 갑자기 어딘가에서 수컷 네 마리가 날아들어 그녀의 용기 위에 내려 앉았다! 바로 그때 암컷 3번이 은밀한 향을 살짝 풍긴 것 같다. 그래 서 우리는 이 암컷들이 대안─우리는 이것을 '왕따녀 전략(wallflower stratagem: '월플라워'는 본디 파티에서 파트너가 없어 춤을 추지 못하는 인기 없는 여 성을 뜻한다─옮긴이)'이라 불렀다─을 가지고 있을지도 모른다고 판단 했다. 그들은 만약 불빛 디스플레이로 수컷을 끌어들이지 못한다면 끝까지 날아다니는 수컷을 한 마리라도 낚아채기 위한 마지막 몸부림 으로 페로몬을 방출하는 것이다.

우리는 일단 실험을 마무리 지어야 했다. 이 실험은 불빛과 향이 어 우러진 매혹적인 세계를 탐험하기 위해 내디딘 첫발이었다. 우리의 발견은 그저 시작에 불과하지만 이 흥미로운 결과를 보고 백열발광 반딧불이의 구애 행위를 새로운 시각(그리고 후각)으로 조명하려는 이 들이 속속 나타났으면 한다. 언젠가 당신 역시 가게에 가서 블루고스 트반딧불이 향수를 한 병 집어 들지도 모를 일이다.

우리는 페로몬 실험을 산의 응달쪽에서 실시했으며, 블루고스트반 딧불이의 행동에 관한 자료를 모으기 위해 고도의 집중력을 발휘했다. 실험을 마친 마지막 날 밤 차로 걸어 돌아올 때는 더 넓은 세계가 우리를 맞아주었다. 쏟아지는 달빛이 우리 뒤쪽의 구릉을 환하게 비추고 우리가 가는 길에 나무 그늘을 드리웠다. 고요히 잠든 그레이트스모키산맥이 우리 뒤로 희미하게 멀어져갔다. 그런데도 깜빡깜빡 춤추는 블루고스트반딧불이가 불빛 담요를 깔아놓은 듯한 그곳 풍광이 자꾸만 눈앞에 아른거렸다.

우리는 낮에도 해야 할 일이 산더미 같았다. 그래서 하지 무렵에 낮길이가 길다는 사실이 여간 다행스러운 게 아니었다. 우리는 일일이 기술해놓은 각 블루고스트반딧불이 암컷들에 관한 내용을 살펴보다가 발광 부위의 수가 저마다 크게 다르다는 사실을 알고 적이 놀랐다. 발광 부위가 어떤 암컷은 세 개에 불과하지만 어떤 암컷은 아홉 개나 되었던 것이다. 그렇다면 덩치가 더 큰 암컷은 발광 부위가 더 많을 가능성이 있는가? 어느 날 나는 여러 시간을 들여 그들의 몸길이를 재고, 현미경을 노트북 컴퓨터에 연결하여 그들의 사진을 찍었다. 어떤 암컷은 다른 암컷들보다 덩치가 세 배가량 컸다.(그림 5.3) 그런데 아닌 게 아니라 더 덩치 큰 암컷은 대체로 발광 부위가 더 많았다. 자연스럽게 한 가지 질문이 떠올랐다. 그렇다면 블루고스트반딧불이 수컷은 발광 부위가 더 많은 암컷에게 이끌리는가?

현장생물학자들은 주변에서 쉽게 구할 수 있는 재료로 필요한 장비를 엉성하게나마 뚝딱뚝딱 만들어내는 능력이 있다는 데 자부심을 느낀다. 라파엘이 베타라이트(betalight)라는 작은 발광관 몇 개를 우리에게 보여주었다. 여행하면서 수집한 야광 물질 가운데 골라온 것이다. 그는 우리가 진짜 블루고스트반딧불이 암컷에게서 본 저마다 다른 백열발광 패턴들을 모사하는 방법을 알아냈다. 검은 음료용 빨대 속에

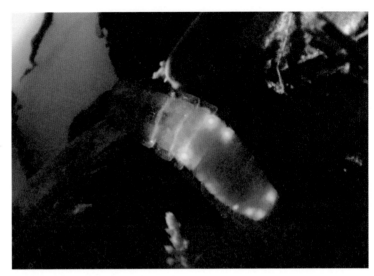

그림 5.3 투명한 피부를 통해 발광 부위가 모두 들여다보이는 가냘픈 블루고스트반딧불이 암컷이 낙엽더미 속에서 작은 보석처럼 빛나고 있다.(파우시스 레티쿨라타. Photo by Lynn Faust)

그림 5.4 길이가 약 8밀리미터쯤 되는 블루고스트반딧불이 수컷(중앙)이 날개가 없고 색깔이 희고 무례한 암컷 두 마리를 즐겁게 해주고 있다.(파우시스 레티쿨라타. Photo by Raphaël De Cock)

빛나는 베타라이트를 집어넣은 다음 바늘로 빨대에 작은 구멍들을 뚫어서 빛이 새어나오도록 하는 것이다. 그는 머리를 처박은 채 한나절을 씨름하더니 마침내 발광 부위가 4개인 미끼들과 8개인 미끼들을 각각 몇 개씩 만들어냈다. 불을 끈 방에서 보자 이 미끼들은 감쪽같이 속아 넘어갈 정도로 실제 암컷들과 흡사했다. 이튿날 오후 쓰레기통을 뒤져서 2리터들이 플라스틱 탄산수 병을 스무 개 남짓 구해왔다. 우리는 가위, 페인트, 실을 이용하여 그 병들을 깔때기덫(funnel trap)으로 개조한 다음 각각의 덫 안에 불빛 미끼를 하나씩 매달았다. 그리고 수컷들이 그 미끼에 이끌려서 깔때기 안으로 들어와 꼼짝없이 갇히되 다치지는 않고 온전한 상태를 유지하기를 바랐다. 우리는 블루고스트반딧불이들 속에 설치한 이 기구들이 꽤나 잘 작동하는 모습을 흐뭇하게 바라보았다.

어떤 미끼가 블루고스트반딧불이를 더 많이 끌어들일까? 우리는 라파엘이 만든 미끼들을 매일 밤 황혼 녘에 설치하고 수컷의 비행이 끝나는 자정 무렵에 거둬들였다. 우리는 깔때기덫을 열고 안에 들어 있는 수컷의 수를 센 다음 도로 놔주었다. 합계를 낸 결과, 블루고스트반딧불이 수컷은 발광 부위가 8개인 미끼를 달아놓은 덫 속에 두 배나 더 많이 들어 있다는 사실이 드러났다. 수컷들은 발광 부위의 수를 일일이 세어보지야 않겠지만, 그 수가 많은 암컷에게 더 강하게 이끌리는 게 확실했다. 이것은 생물학적으로 충분히 사리에 닿는 현상이다. 즉 발광 부위가 더 많은 암컷을 선택하는 수컷은 결국 가장 덩치가 크고 따라서 당연히 알도 더 많은 암컷과 짝짓기하는 셈인 것이다.

또한 우리는 개인적으로 블루고스트반딧불이의 생활방식에서 각자 흥미를 보이는 부분을 탐구하면서 며칠 밤을 보냈다. 백열발광 반딧불이의 대가 라파엘은 '블루'고스트반딧불이라고 되어 있기는 하지만 그들이 내는 불빛이 정말로 파란색인지 확인해볼 요량이었다. 그는 그러기 위해 불빛의 파장을 정확하게 측정하고 기록하는 장비인 휴대용 분광광도계를 챙겨왔다. 라파엘의 측정 결과에 따르면 놀랍게도 암수의 불빛은 실제로 최대파장이 554나노미터인 연두색에 가까웠다. 다른 백열발광 반딧불이에서 발견된 것과도 거의 일치하는 결과다. 다만 블루고스트반딧불이 수컷의 불빛은 위에서 보면 영락없는 파란색인데 무슨 연유인지는 알 길이 없다. 색깔이 달라 보이는 혼선은 아마도 수컷의 불빛이 아래쪽에 있는 진초록색 이파리에 반사된 결과가 아닌가 싶다.

또 한 가지 놀라운 사실이 드러났다. 우리가 밝혀낸 바에 따르면, 블루고스트반딧불이 암컷은 부모로서의 돌봄에 충실한 어미들이었다. 린은 실험실에서 짝짓기시킨 암컷들이 우리가 제공해준 낙엽더미에 수십 개의 알로 이루어진 찐득찐득한 덩어리를 낳는 모습을 지켜보면서 줄곧 그들을 예의주시했다. 널리 알려져 있다시피 곤충은 대개 자식을 보살피는 데 헌신하지 않는다. 대부분의 곤충 암컷은 알을 낳고는 곧바로 그 곁을 떠난다. 그래서 린은 블루고스트반딧불이 암컷이 제 알들을 희끄무레한 몸으로 조심스레 감싸고 다리로 끌어안는 모습을 보고 깜짝 놀랐다. 린은 붓으로 알들을 살살 괴롭혔다. 그러자 어미 반딧불이들은 밝은 빛을 내면서 저만치 물러났다. 그러나 몇 분 뒤도로 제자리로 돌아와서 알들을 방어적으로 와락 끌어안았다. 블루고스트반딧불이 암컷은 산란하고 일주일 뒤 마침내 숨을 거두기까지 밤낮없이 알들을 지켰다. 어미 없이 홀로 남겨진 알들은 한 달 뒤 작은 유충으로 부화하여 기어 다니기 시작한다. 자녀들은 결코 어미를 만나보지 못하지만, 어미의 헌신은 그들이 생존에서 유리한 출발을 하도록 거든다. 또 다른 백열발광 반딧불이종인 태국산 대형 람프리게라속의 암컷도 부모로서 자녀들을 보살핀다. 람프리게라속 암컷들은 제 몸을 둥글게 말아서 알들을 감싸 안고 유충으로 부화할 때까지 세 달가량 매일 정성껏 닦아준다. 집에 머무는 어미들은 불빛뿐 아니라, 아직 그 성분이 명확하게 밝혀지지는 않았지만 어쨌거나 알을 잡아먹는 포식자와 병원균을 퇴치하는 화학무기도 지니고 있다. 블루고스트 반딧불이를 알면 알수록 그들의 신비로움을 향한 우리의 감탄은 날로 커져만 갔다.

한편 나는 이 장 첫머리에서 밝힌 대로 블루고스트반딧불이 암컷의 움벨트를 탐색하게 되었다. 며칠 밤 동안 숲으로 걸어 들어가 낙엽더미 옆에 쪼그리고 앉아 수컷들이 내 코 바로 위에서 날아다니는 광경을 지켜보았다. 우리의 페로몬 실험은 그들의 구애 시나리오에 또 하나의 새로운 감각 차원을 더해주었다. 나는 이제 내가 블루고스트반딧불이 움벨트 안에 있으면서 숲에 떠다니는 암컷의 매혹적인 향을 맡을 수 있다고 상상했다. 상큼한 꽃 내음이었다. 내 주위에서 다른 암컷들도 거부하기 힘든 저만의 향을 풍겼다. 그 향은 고사리 내음 가득한 대기 속으로 회오리치듯 피어오르면서 멀리 퍼져나갔고 서서히 희미해졌다.

노벨상 수상자인 동물학자 카를 폰 프리슈(Karl von Frisch)는 자신이 가장 좋아하는 유기체인 꿀벌을 퍼내면 퍼낼수록 더 많은 물이 솟아나는 요술 우물에 비유했다. 우리는 처음 반딧불이의 신비에 이끌려서 시작한 현장탐험을 통해 이들 백열발광 반딧불이의 가장 내밀한 비밀을 몇 가지 밝혀낼 수 있었다. 그 비밀들은 블루고스트반딧불이에 관한 기왕의 생각을 송두리째 바꿔놓았지만, 그럼에도 여전히 풀리지 않은 수수께끼들이 허다하다. 나는 더없이 매력적인 생명체를 연구하고 그들의 경이를 맛볼 수 있는 기회를 얻은 데 그저 감사하면서 집으로 돌아갈 짐을 꾸렸다.

* * *

우리는 왜 반딧불이가 점멸 불빛을 내는지에 대해 상당히 많은 것을 알아냈다. 이제 드디어 또 한 가지 중요한 질문을 다루어야 할 때다. 반딧불이의 점멸발광은 대체 어떻게 이루어지는가, 하는 질문이다. 다음 장에서는 반딧불이가 실제로 어떻게 불빛을 만들어내는지와 관련하여 뚜껑을 열고 그 기본 기작을 살펴보려 한다. 또한 불빛을 내는 능력이 애당초 어떻게 해서 생겨날 수 있었는지 따져보겠다. 그러노라면 우리는 반딧불이가 그저 아름답기만 한 존재에 그치는 게 아님을 깨닫게 된다. 불빛을 만들어내는 그들의 화학물질은 공중보건, 의료, 과학 연구의 발전을 가능케 함으로써 인간의 생명을 구하는 데도 이바지하고 있는 것이다.

발광기관의 생성

에너지는 영원한 기쁨이다.
－윌리엄 블레이크(William Blake)

불빛을 만드는 화학작용

남편 토머스와 네트 없이 배드민턴을 치고 있었다. 우리는 뉴햄프셔 주에서 희뿌옇게 안개 낀 어느 여름날 저녁, 슝슝 소리를 내면서 공을 주고받았다. 그러던 중 갑자기 주위의 키 큰 풀들 속에서 불꽃들이 솟아오르며 우리를 에워쌌다. 뉴잉글랜드에서 성장한 나는 이런 장면이 낯익었는데, 토머스는 놀라워하면서 하던 동작을 멈추었다. 그는 안타깝게도 반딧불이를 구경하기 힘든 오리건 주에서 자랐고, 대학에 다니기 위해 보스턴으로 이주해온 것이다. 그의 눈이 경외감으로 휘둥그레지는 것을 보고 나도 새삼스레 경이의 눈길로 반딧불이를 바라보았다. 그런 토머스도 반딧불이도 난생처음 보는 것 같은 묘한 느낌이 들었다. 그로부터 몇 십 년 뒤, 그 장관에 이끌려서 과학에 관심을 기울이게 된 우리 부부는 어느새 반딧불이의 점멸과 관련한 수수께끼들 가운데 하나를 풀기 위해 나란히 연구에 매달려 있는 스스로의 모습을 발견하게 된다.

조용한 불꽃은 너무나 신비로워 보이지만, 실은 반딧불이의 등(燈) 안에서 일어나는 신중하게 조직된 화학반응의 결과물이다. 불빛을 내는 딱정벌레들, 그중 특히 반딧불이는 화학에너지를 빛으로 바꾸는 기술을 지닌 육지 생명체들 가운데 가장 앞선 주자다.(이러한 생명체에는 그 외에도 일부 균류, 지렁이, 버섯파리 따위가 포함된다.) 육지에는 저마다 독자적으로 진화해온 발광동물이 서른 가지 이상 존재하지만, 바다에는 그보다 훨씬 더 많은 발광동물이 살아간다. 모든 발광 생명체는 빛을 만들어내기 위해 저마다 상이한 수많은 화학적 기제를 갖추어왔다. 하지만 과학자들이 발광효소를 뭉뚱그려서 루시페라아제(luciferase: '빛을 지닌 자'라는 의미의 라틴어 루시페(lucifer)에 모든 효소에 붙이는 접미사 '아제(-ase)'를 결합한 용어)라는 일반명으로 부르는 탓에 이러한 생화학적 다양함이 묻히고 말았다. 사실 상이한 생명체들이 사용하는 루시페라아제들은 비슷한 화학반응을 촉진하기는 하나 그 구조가 저마다 다르다.

특정한 3차원 구조의 거대 단백질로 이루어진 루시페라아제들은 늘 그보다 훨씬 작은 파트너 분자로 하여금 빛을 내게 만든다. 통칭하여 루시페린(luciferin)이라 불리는 루시페라아제의 파트너가 실제로 우리 눈에 보이는 불빛을 생성하는 물질이다. 모든 루시페린은 같은 화합물에서 비롯된 것으로, 탄소, 질소, 그리고(혹은) 황이 다양하게 조합된 여러 개의 고리를 갖는다. 루시페린의 특별한 능력이란 이 고리들 간의 결합 부위에 화학에너지를 저장할 수 있다는 것이다. 루시페린은 파트너인 루시페라아제의 부드러운 조작에 힘입어 이 화학에너지로부터 불빛을 만들어낸다.

동물이 빛을 발하는 비결은 대체로 미국의 동부반딧불이 포티누스 피랄리스를 연구한 결과 밝혀졌다. 이 반딧불이종에서는 정확히 550개의 아미노산이 단단히 결합한 사슬 모양의 루시페라아제 효소에 의해 광반응이 촉진된다. 반딧불이 루시페라아제는 빛을 내려면 루시페린과 더불어 다른 몇 가지 요소가 필요하다. 그중 하나는 아데노신삼인산(adenosine triphosphate)으로, 흔히 ATP라고 줄여 쓴다. ATP는 '매우 중요한 분자[very important molecule, VIM: VIP(very important person)에 빗댄 언어 유희적 표현이다—옮긴이]'로서, 모든 살아 있는 생물은 체내에 필요한 화학에너지를 ATP의 형태로 전달한다. 우리가 숨 쉴 때 들이마시는 산소 분자도 필요하다. 그 외의 다른 분자들도 루시페라아제에 비하면 작지만 여전히 중요한 요소들이다.

이 요소들이 모여서 빛을 만든다. 불빛은 루시페라아제 분자 안의 우묵한 부분, 즉 그 효소의 활성 부위라고 알려진 곳에서 만들어진다.(그림 6.1) 이곳에서 모든 요소들이 저마다 적절한 자리를 차지한 채 정교한 분자운동에 동참하는 것이다.

반딧불이는 여러 단계를 거쳐 빛을 만든다. 첫 번째, 루시페라아제는 ATP가 자기 에너지의 일부를 루시페린으로 전달해주는 상호작용을 중재한다. 루시페린은 꽤나 안정적이라 반딧불이에서는 이 중간산물이 풍부하다. 두 번째, 산소가 개입하여 루시페린을 화학적으로 극히 활성화된 상태로 바꿔놓는다. 이렇게 활성화된 산화루시페린은 1억 분의 몇 초라는 극히 짧은 순간만 존재

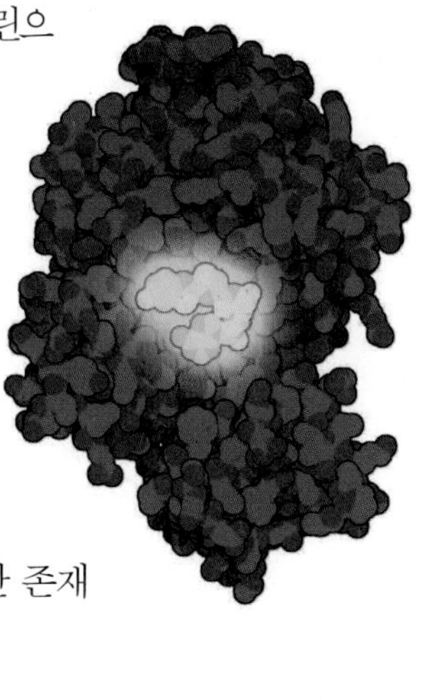

그림 6.1 효소 루시페라아제의 활성 부위에 자리한 루시페린 분자가 조작을 일으켜 화학에너지를 불빛으로 바꿔주고 있다.(Image by David Goodsell)

하다 이내 사라진다. 산화루시페린이 바로 이 고에너지 상태에서 벗어나면서 작은 램프처럼 가시광 영역의 광자를 내쏜다. 마지막으로, 루시페린 재생 효소가 루시페린이 반복적으로 루시페라아제에 의해 광반응을 일으킬 수 있도록 준비시킨다.

반딧불이는 다른 발광생물들보다 효율적으로 빛을 생산한다. 그들의 양자수율(quantum yield)은 40퍼센트 정도나 된다. 이것은 화학적 변화를 겪은 10개의 루시페린 분자마다 4광자를 배출한다는 뜻이다.

● 딱정벌레 발광의 진화

약 2500종의 딱정벌레는 저만의 고유한 불빛을 만들어낼 수 있는데, 그들 모두는 176개 딱정벌렛과 가운데 오직 4개 과에 속해 있는 종들이다. 발광 딱정벌레의 대다수는 진짜 반딧불이, 즉 반딧불잇과 소속이며, 앞서 살펴본 대로 모든 반딧불이는 유년 단계에서 빛을 낸다. 그러나 발광종 목록에는 펜고디드과에 속한 약 250개의 '대형 글로웜 딱정벌레'종, 라고프탈리미드과(Rhagophthalimidae)로 알려진 30종의 딱정벌레, 그리고 약 200종의 방아벌렛과도 포함되어 있다.

오늘날의 계통발생학 증거에 따르면, 생물발광은 결국에 가서 반딧불이를 포함하여 최초의 세 가지 딱정벌렛과를 낳게 되는 고대 선조들에서 비롯되었다. 불빛 생산은 방아벌레들에서 저마다 개별적으로 발달해왔지만, 생물발광을 나타내는 방아벌레종은 그 2퍼센트 미만에 그치는 소수다.

과학자들은 지금까지 약 40년 동안 수많은 발광 생명체들에서 발견되는 '루시페라아제 부호화 유전자'(루크(luc)라 불린다)의 DNA 서열을 분리하고 읽어냈다. 우리는 이제 약 30종의 반딧불이를 비롯한 수많은 발광 딱정벌레에서 보이는 루크 유전자의 DNA 서열을 알고 있다. 과학자들은 이 정보를 이용하여 루시페라아제 효소의 정확한 아미노산 서열을 추론해냈다. 이 서열은 모든 발광 딱정벌레에서 46퍼센트 정도 동일한 것으로 드러났다.

발광 딱정벌레는 빨강·주황·노랑·초록 등 무지갯빛을 내는 쪽으로 진화해왔다. 이러한 색깔 변화는 루시페라아제 효소의 작은 차이에서 비롯된 것으로 보인다. 만약 루시페라아제 효소의 활성 부위 근처에 있는 아미노산이 단 하나라도 변하면 그 파트너인 루시페린이 약간 다른 형태로 달라진다. 이렇게 해서 다른 파장을 지닌 불꽃들이 만들어져 다채로운 색깔로 눈부시게 빛나는 것이다.

흔히 볼 수 있는 백열전구의 효율이 10퍼센트 내외에 그치는 것에 견주면 꽤나 높은 수치다.

그렇다면 성충이 빛을 내지 못하는 검은반딧불이종은 어떤가? 낮에 활발하게 움직이는 아시아산 반딧불이 루키디나 비플라기아타(Lucidina biplagiata)의 성충도 여전히 루시페린과 루시페라아제를 함유하고 있기는 하다. 그러나 그 양이 불빛을 만드는 그 사촌뻘 반딧불이들에게서 발견되는 것의 0.1퍼센트에 불과하다. 이처럼 낮에 활약하는 반딧불이들은 더 이상 발광 화학물질이 필요치 않으므로 그 생산량을 최소화함으로써 에너지를 절감하는 것으로 보인다.

반딧불이 불빛의 진화

반딧불이는 어떻게 이처럼 조용한 불꽃을 만들어낼 수 있었을까? 그러니까 생물발광 불꽃쇼를 책임지는 효소 루시페라아제는 어떻게 만들어졌는가, 이 말이다.

초기의 반딧불이 조상은 지방대사 효소를 시재료(starting material)로 이 중요한 발광 효소를 즉흥적으로 생산했을 것이다. 반딧불이 루시페라아제와 지방산 합성 효소(fatty acid synthase)라 알려진 또 하나의 효소 집단은 매우 흡사하다. 다세포생물은 지방산 합성 효소를 이용하여 지방산을 만들어내며, 따라서 이 지방산 합성 효소는 기초대사에서 결정적 구실을 한다. 이 효소들은 대단히 중요하므로 동물 세포 안에서 다양한 버전으로 발견된다. 루시페라아제가 ATP를 이용하여 루시페린 기질을 화학적으로 변화시켜 불빛을 만들어내는 것처럼 이

기초대사 효소들도 ATP를 써서 다른 기질들을 화학적으로 달라지게 만든다. 그러나 오늘날 반딧불이 루시페라아제는 알맞은 기질이 제공되기만 하면 지방산 합성 효소처럼 작용할 수 있다는 사실이 드러났다. 이 같은 이원적 능력은 루시페라아제가 지질대사를 돕는 효소에서 비롯되었음을 시사한다.

거저리(mealworm beetle), 즉 테네브리오 몰리토르(*Tenebrio molitor*)에 관한 연구에서 이러한 생각을 뒷받침해주는 더 많은 실험적 증거들이 나왔다.(우리는 다음 장에서 거저리 유충을 만나게 될 것이다. 물론 미각이라는 관점에서 다루고 있기는 하지만.) 테네브리오속은 반딧불이나 마찬가지로 딱정벌레이기는 해도 반딧불이와는 그저 먼 친척일 따름이다. 그런데 연구자들이 반딧불이에서 루시페린을 추출하여 살아 있는 거저리에게 주입하자 평상시 같으면 빛을 내지 않는 이 딱정벌레가 붉은색 감도는 희미한 빛을 발산했다. 이것은 테네브리오속 딱정벌레조차 루시페린처럼 발광에 적절한 기질만 있다면 불빛을 생성하는 효소를 얼마간 지닐 수 있음을 보여준다.

과학자들은 반딧불이 루시페라아제도 다른 많은 진귀한 효소들과 마찬가지로 본디 유전자 복제라는 진화 과정을 거쳐서 생성되었다고 생각한다. 유전자 복제는 아마도 이렇게 이루어졌을 것이다. 먼 과거에 지방산 합성 효소에 부호화한 DNA 서열이 DNA가 복제되는 과정에서 우연찮게 복제되었다. 원래의 유전자는 여전히 매끄럽게 제 임무를 수행하고 있었으므로, 이 가외의 복제품은 할 일 없이 빈둥거리면서 자유로이 변이를 축적해갈 수 있었다. 이들 변이는 대부분 사라졌지만 그중 일부가 뚜렷하게 구분되는 속성을 지닌 효소를 새로 만들어냈다. 어느 변이 효소는 심지어 불빛을 만들어내기까지 했다. 처음에 이것은 그저 어떤 새로운 반응의 부산물이었을 것이다. 그러나 이 최초의 루시페라아제가 만들어낸 불빛은 얼마간 이득을 누렸고, 따라서 이 유전자 복제의 특수 변이체는 자연선택에 의해 널리 퍼져 나갔을 것이다. 억겁의 세월에 걸쳐 좀더 효율적인 불빛 생산이 선택되면서 이 루시페라아제가 농축되어 특수한 조직으로 달라졌다. 그것이 바로 오늘날 우리가 반딧불이에서 보게 되는 등(燈)이다.

유전자 복제는 여분을 만들어내고 그 여분은 진화적 혁신을 일으키는 자양분이 된다. 복제품은 자유로운 행위자이므로 세월이 가면서 분기하고 결국에 완전히 새로운 모종의 기능을 수행하는 것으로 특화하기도 한다. 진화가 목표 지향적 과정이라는 생각은 그럴법하지만, 실제로 진화의 도정에는 어떠한 의도도 미리 정해진 궤도도 없다. 진화가 창의적으로 만들어낸 결과물은 실패작일 때도 성공작일 때도 있다. 이 유전자 복제 과정은 지구상에서 전개된 오랜 생명의 역사 속에서 루시페라아제뿐 아니라 다른 수많은 진기한 대사효소들도 만들어냈다. 예를 들어 뱀의 독에 들어 있는 효소는 먹잇감을 대번에 꼼짝 못 하도록 만드는데, 이 효소는 췌장 효소가 유전자 복제를 거치면서 만들어진 결과물이다.

유전자가 발견되기 한참 전인 1859년 찰스 다윈은 희한하게도 다음과 같은 적절한 주장을 했다. "처음에 어떤 하나의 목적에서 만들어진 기관이 전혀 다른 목적에 기여하는 기관으로 달라질 수 있다는 사실은 매우 중요하다." 오늘날의 진화생물학자들은 이처럼 기능이 극적으로 달라진 형질에 대하여 '굴절적응(exaptation)'이라는 새로운 이름을 붙여주었다. 그에 반해 원래 발달시켜온 기능을 동일하게 유지하는 형질은 '적응(adaptation)'이라 부른다. 과학자들은 '굴절적응'이라 여겨지는 사례들, 즉 당초 목적과는 완전히 다르게 사용되는 동물의 형질들을 대거 확인했다. 물론 동물의 어떤 형질인가가 수백만 년 전에 본래 어떤 목적을 띠었는지 알아내기란 쉽지 않다. 다만 앞에서 살펴본 대로 적잖은 증거들에 따르건대 반딧불이의 발광은 애초 잠재적 포식자를 물리치기 위한 경고신호로 생겨났다. 이 발광 능력은 오직 한참이 지난 뒤에야만, 그리고 오직 특정한 반딧불이 혈통 내에서만 성충의 구애 신호로 '굴절적응'한 것이다.

'굴절적응'의 비근한 예로는 새의 깃털을 들 수 있다. 깃털은 오늘날에는 새들을 날 수 있게 만들어주지만, 과거에도 늘 그랬던 것은 아니다. 우리는 모든 새들이 수각아목의 공룡(육식성이며 두 발로 보행한다—옮긴이)에서 갈라져 나왔으며, 중국 북동부의 암석에서 깃털을 뽐내는 수많은 다양한 새 선조의 화석이 나왔다는 사실을 알고 있다. 이 깃털 달린 수각아목 공룡은 날 수 없었으므로, 그들의 깃털은 틀림없이 처음에는 다른 이익을 제공했을 것이다. 구애를 위한 멋진 장식 구실을 했거나 아니면 단열 역할을 했거나. 깃털은 '오늘날의 공룡', 즉 새들을 날 수 있도록 만들어준 공기역학적 구조물로 진화해옴에 따라, 자연선택을 거치면서 완전히 새로운 목적에 봉사하게 되었다. 따라서 진화 용어를 빌리자면 깃털이나 루시페라아제나 모두 '굴절적응'의 일례라 볼 수 있다.

그리고 불꽃쇼의 조연들도 잊지 말자. 상이한 생명체는 저마다 루시페린이 다르다. 그러나 각각의 반딧불이종 내에서는 동일한 루시페린이 루시페라아제의 분자 파트너로 활약한다. 그렇지만 반딧불이가 이 중요한 빛 배출자를 어떻게 획득했는지와 관련해서는 수많은 질문이 남아 있다. 루시페린은 비범한 재능을 지닌 분자지만, 우리는 그것이 언제 어디서 어떻게 합성되는지와 관련하여 아직도 모르는 것이 많다. 반딧불이 발광의 화학적 특성을 완전하게 규명하기까지는 아직도 갈 길이 먼 것이다.

반딧불이의 쓰임새

반딧불이 불빛은 비단 반딧불이에게만 유용한 게 아니다. 전기가 들어오기 전에는 응당 반딧불이 불빛의 쓰임새가 다양했다. 나는 세계 각지의 노인들에게서 반딧불이를 모아 밤에 책을 읽거나 자전거를 타거나 숲길을 걸을 때 도움을 받았다는 이야기를 수도 없이 들었다. 그러나 반딧불이의 발광을 가능케 하는 화학작용에 관한 과학적 발견은 반딧불이를 한층 더 실용적으로 응용할 수 있게끔 길을 터주었다. 반딧불이의 발광 능력은 혁신적 연구를 거들고 의학적 지식을 키우고 공중보건을 개선하는 소중한 도구를 제공했다.

식품업계는 음식이 상했는지, 즉 유독한 세균에 오염되어 인간이 소비하기에 부적절하지는 않은지 따져보기 위해 오랫동안 반딧불이의 불빛 반응을 이용해왔다. 반딧불이 루시페라아제와 루시페린이 들어 있는 실험 세트를 써서 모든 살아 있는 세포에서 발견되는 화합물인 ATP의 존재 유무를 따져보는 것이다. 음식이나 음료에 들어 있을 수 있는 살모넬라균, 대장균 같은 살아 있는 미생물을 찾아내는 일이 여기에 해당한다. 반딧불이 루시페라아제와 루시페린을 첨가하면 이러한 미생물 오염원의 ATP가 눈에 보이는 불빛을 만들어낸다. ATP가 많을수록 더 밝은 빛을 내므로, 심지어 발광 강도는 얼마나 세균이 많은지를 말해주기까지 한다. 1960년대에 시작된 발광 실험은 불빛 생산을 측정하는 매우 민감한 도구를 사용하여 극히 미미한 미생물 오염까지도 감지해낼 수 있게 되었다. 반딧불이에게서 영감을 얻은 이 실험은 기존의 방법들보다 한층 더 빠르게 결과를 내놓는다. 즉 배양균을 키워서 오염된 식품을 탐지하는 데 며칠은커녕 단 몇 분밖에 걸리지 않는 것이다. 요즈음에는 이처럼 간편한 발광 ATP 검사에 '합성' 루시페라아제를 사용한다. 합성 루시페라아제는 여전히 우유나 음료수, 육류 및 기타 식품들 속의 미생물 오염을 탐지함으로써 식품 안전을 보장하는 데 널리 쓰인다.

오늘날에는 비슷한 방법이 제약업계의 약물 발견에도 도움을 주고 있다. 제약업계는 암을 치료하는 새로운 잠재적 화학요법을 신속하게 시험하기 위해 고속대량스크리닝(high-throughput screening)에 의존한다. 암세포를 배양해 키운 다음 여러 가지 약물로 치료해보는 것이다. 발광을 기반으로 한 시험으로 세포의 생존 가능성을 측정하면 암세포를 가장 효과적으로 죽이는 약물이 무엇인지를 빠르게 추려낼 수 있다.

1990년대에 루시페라아제 유전자의 청사진을 분리·해독해낸 이래 반딧불이 발광을 실용적으로 활용한 사례는 부쩍 늘어났다. 반딧불이 루시페라아제 유전자 루크를 다른 유전자 활동의 '리포터(reporter)'로 활용함으로써 의학과 생명공학 분야에서 새로운 발견이 속속 이어졌다. 이 응용 과정에서 연구자들은 자신이 연구하고자 하는 특정 유전자를 '루크' 유전자와 함께 꼬아 이은 다음 그 DNA를 살아 있는 세포에 집어넣는다. 살아 있는 세포는 그 DNA를 넣을 때마다 루시페라아제를 만들어내고, 루시페린을 첨가하면 불빛을 내는 반응을 보이는 것이다. 이러한 기법은 가령 특정 식물 유전자가 정확히 언제 어디서 공격받는지 알아내는 데 쓰였다. 생물학자들은 식물의 성장을 규제하는 특정 유전자에 관해 알아내려고 '루크' 유전자를 다른 일부 식물의 DNA와 이어 붙였다. 식물에 루시페린이 들어 있는 물을 뿌리면 '루크'가 공격받을 때마다 이파리들이 백열 불빛을 낸다. 이것은 연구자들이 다른 시간과 장소에서 식물의 성장을 규제하는 특정 유전자를 찾아내도록 돕는다. 또한 이 리포터 유전자는 질병을 연구하고, 새로운 항생제를 개발하고, 수많은 인간의 대사이상을 새롭게 통찰할 수 있는 강력한 도구가 되어주었다.

반딧불이는 살아 있는 유기체 안에서 무슨 일이 벌어지는지 보여주는 실시간의 비외과적 이미징 기법을 개발하는 데도 기여했다. 특정 세포나 조직 유형에 꼬리표를 붙이기 위해 '루크' 유전자를 쓸 때는 대단히 민감한 카메라를 가지고 살아 있는 동물 내부의 빛을 감지한다. 과학자들은 생쥐의 암세포에 꼬리표를 붙임으로써 암의 성장을 중단하고 암의 전이 가능성을 줄여주는 새로운 항암제를 개발했다. 그와 유관한 방법들은 결핵을 퇴치하는 데 쓰이는 신약을 개발하는 데 도움을 주었다. 결핵의 원인인 세균성 병원균은 인간이 개발한 가장 강력한 항생제에 대해서조차 내성을 키웠으며, 따라서 결핵은 완전히 퇴치하기가 어려웠다. 과학자들은 항생제에 내성을 지닌 결핵을 치료하는 새로운 약품을 개발하기 위해 루시페라아제 표지 결핵균으로 생쥐를 감염시켰다. 그런 다음 그 생쥐를 다양한 항결핵약물로 치료하고, 생쥐에 들어 있는 세균을 모니터하기 위해 발광 이미징 기법을 사용했다.

공중보건, 의학, 과학연구에서의 이러한 진척은 모두 반딧불이 발광의 생화학 작용에 관한 과학적 연구 덕택에 가능했다. 이 같은 분야에서의 개발 사례들은 지금도 속속 보고되고 있다. 그리고 그 목록은 우리 인간이 진화라는 자연의 독창성으로부터 얻어낼 수 있는 이익이 무궁무진하다는 사실을 잘 보여준다.

점멸발광의 통제

화학에너지가 빛으로 전화하는 과정을 밝히는 것은 결국 반딧불이의 불빛 신호를 이해하는 데서 첫걸음을 내디딘 것에 불과하다. 반딧불이는 대관절 어떻게 이 화학작용을 다른 개체들과 의사소통하는 도구로 바꿀 수 있었을까? 이 화학작용은 반딧불이의 뇌에서 시작된 흥미로운 신경자극, 반딧불이의 등이라고 알려진 우아한 구조물, 그리고 세포 안에 깊숙이 자리한 작은 발광 세포소기관들을 포함하는, 생물학이라는 무대에서 공연되는 연극이다. 반딧불이가 어떻게 점멸 불빛을 내는가와 관련한 우리의 지식 상당수는 곤충생리학자 고(故) 존 보너 버크가 수행한 거의 60년에 걸친 과학연구에 빚지고 있다. 그는 자신의 지도학생들과 1930년대부터 실험실에서 세심하게 설계된 실험을 실시했다. 그 실험으로 밝혀진 결과들이 지금껏 반딧불이가 불빛을 만들어내는 방법, 장소 등에 관한 우리 지식의 기초를 이루고 있다.

1913년생인 버크는 존스홉킨스 대학에서 학부과정과 박사과정을 밟았다. 그가 동부반딧불이 포티누스 피랄리스의 마법에 빠지게 된 것도 바로 거기서였다. 동부반딧불이는 볼티모어에 있는 그의 집 뒷마당에서 흔히 볼 수 있는 종이기도 했다. 1933년 그는 여름방학 동안 반딧불이가 밤에 점멸발광 활동을 개시하기 위해 어떤 신호에 의존하는지 알아보기로 결심했다. 과거의 연구자들은 반딧불이가 흐린 날에는 훨씬 일찍부터 불빛을 깜빡거리기 시작한다고 주장했다. 이것은 반딧불이가 황혼 녘에 빛이 줄어드는 것 같은 나날의 신호에 의존할 가능성이 있음을 시사했다. 그게 아니라면 그들은 그저 제 안에 내재된 하루 24시간 주기를 충실히 따르는 것인가?

버크는 이 두 가지 상이한 가설을 시험해보기 위해 대학 암실을 개조하여 자기 집 뒷마당에서 잡아온 곤충 친구들의 여름 캠프장으로 활용했다. 그는 수컷 포티누스 피랄리스 수백 마리를 투명한 우유병에 잡아서 암실로 데려온 다음 빛 세기가 저마다 다른 그물 우리에 풀어놓았다. 그리고 그 반딧불이들의 점멸발광 횟수를 셌다. 어느 실험에서는 하루 중 어느 때이냐와 상관없이 불을 밝은 쪽에서 어두운 쪽으로 낮출 때마다 반딧불이가 불빛을 점멸하기 시작했음을 확인했다. 또 다른 실험에서는 반딧불이를 계속 깜깜한 유리병에 넣어서 우리에 풀어놓았다. 버크는 그 암실에서 침낭을 잠자리 삼아 내리 나흘을 지내며 매 시간(정각에) 5분 동안 반딧불이의 점멸발광 횟수를 셌다. 반딧불이는 내내 어둠 속에 있을 때에도 자신의 내적인 24시간 주기에 따라 불빛 깜빡이는 행위를 이어갔다. 버크는 어둠 속에서 점멸발광 횟수를 세어본 결과 불빛 생성은 24시간 주기로 이루어지며, 빛 강도의 약화는 반딧불이가 확실한 점멸 행동을 개시하게 만드는 신호임을 밝혀냈다.

1936년, 버크는 마침내 자신의 박사논문을 완성한 다음 '반딧불이 연구'라는 간단한 제목을 달았다. 그렇게 자기 집 뒷마당의 거주민 포티누스 피랄리스를 지상에서 가장 잘 조사된 반딧불이로 승격시킨 것이다. 그는 1939년 존스홉킨스에서 자신을 지도해준 교수의 딸 엘리자베스 마스트(Elisabeth Mast)와 결혼했다. 엘리자베스는 그로부터 60년 동안 그의 아내이자 그가 가장 신뢰하는 과학 동료였다. 버크는 베데스다의 국립보건원(National Institutes of Health, NIH)에서 직장생활을 했고, 그곳의 물리생물학실험실(Laboratory of Physical Biology)을 이끌었다. 버크는 그 후 몇 십 년 동안 반딧불이의 세포생물학·구조학·신경생리학을 깊이 파고들면서 반딧불이의 점멸발광이 이루어지는 기작을 세포·조직·유기체 차원에서 규명하는 연구에 매진했다. 단일 연구자로서 이렇듯 놀라운 연구 규모에 필적할 자는 지금까지도 나타나지 않고 있다.

'백열' 불빛을 내는 생명체는 많다. 그러나 다른 것들과 확연하게 구분되는 '점멸' 불빛을 만들어내기 위해 자신의 불빛 방출을 통제할 수 있는 동물은 극히 드물며, 그 가운데 하나가 바로 반딧불이다. 반딧불이가 어떻게 자신의 불빛을 통제함으로써 정확한 시간에 정확한 장소에서 빛을 낼 수 있는지 이해하려면 반딧불이 등(燈)의 세밀한 내부 구조를 살펴보아야 한다.

반딧불이 등의 내부

버크가 기여한 수많은 것들 가운데 하나는 반딧불이 등의 구조를 소상하게 밝힌 일이다. 그는 반딧불이 등이 그 생리적 복잡성에 걸맞게 끔 복잡다단한 구조로 이루어져 있음을 보여주었다. 어떤 반딧불이는 몇 초, 혹은 몇 분 동안 계속 이어지는 '백열' 불빛을 낼 따름이지만, 어떤 반딧불이는 불빛을 빠르게 깜빡이는 '점멸' 불빛을 내보낸다. 이

러한 발광 방식의 차이는 그들 각각이 지니고 있는 등의 구조적 복잡
성에 반영되어 있다. 내가 그제까지 본 것들 가운데 가장 우아한 내
부 구조는 포투리스속과 포티누스속 성충 같은 '점멸'발광 반딧불이
의 등이었다. 반딧불이의 아래쪽을 싸고 있는 투명한 큐티클 층의 안
쪽에 위치한 반딧불이 등은 복부 분절 한두 마디에 걸쳐 있다. 간단
한 조직 조각처럼 보이는 등의 안쪽에는 빛을 만드는 세포, 즉 발광포
(photocyte)가 1만 5000개가량 들어 있다. 쐐기 모양의 발광포들은 오
렌지를 가로로 잘랐을 때와 같은 동심원의 로제트(rosette: 도식화된 장미
형 문양을 의미하며, 원형의 중심에서 꽃잎 모양의 문양이 방사상으로 열린 둥근 꽃 장
식을 가리킨다―옮긴이) 구조 안에 정렬되어 있다.(그림 6.2) 이렇듯 정교한

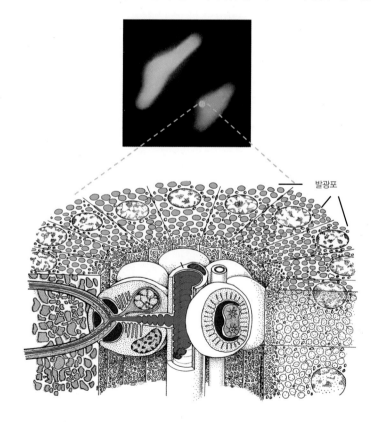

발광포

그림 6.2 반딧불이 등 안에는 발
광포라 불리는 불빛을 만들어내는
15,000개의 세포가 동심원의 로제
트 구조 속에 정렬되어 있다. 로제
트들이 중앙의 공기관(파란색)과
주변의 세포들에서 끝나는 신경세
포(빨간색)를 에워싸고 있다. 발광
포 속에는 루시페린과 루시페라아
제가 들어 있는 페록시좀(초록색)
이 가득하다.(Ghiradella(1998)에
서 가져와 고쳐 그림)

구조 덕택에 반딧불이는 정확히 언제 어디서 빛을 낼지를 엄밀하게 통제할 수 있다.

발광 작용은 모두 발광포 안에서 이뤄진다. 각 발광포 안에는 페록시좀(peroxisome)이라는 수백 개의 세포소기관이 있는데 거기에 빛을 만드는 화학물질이 들어 있다. 무수히 많은 페록시좀은 총 세포 무게의 3분의 1가량을 차지한다. 바로 루시페린과 루시페라아제 복합체가 들어 있는 장소로, 점멸 불빛을 만들어내는 데 필요한 여기(exciting, 勵氣) 산소가 들어오기를 기다리고 있다.

반딧불이도 다른 모든 곤충들처럼 체내를 흐르는 작은 공기관들의 네트워크를 통해 필요한 산소를 전달받는다. 등 안에서 공기관들은 각 원통의 중앙으로 내려가면서 각각의 로제트 쪽으로 갈라진다. 이 작은 가지들이 발광포들 사이를 누비고 다니면서 빛 만드는 작업에 최종적으로 필요한 산소를 공급해준다. 대부분의 아이들은 반딧불이 등을 이마에 문지르면 몇 시간 동안 빛이 난다는 사실을 알고 있다. 따라서 연구자들은 오랫동안 반딧불이가 발광포에 어느 정도의 산소를 제공할 것인지 조절하는 식으로 점멸발광을 통제하리라고 여겨왔다. 그러나 반딧불이 등의 구조에 관한 연구들은 하나같이 깜빡거림을 통제할 정도로 빠르게 열렸다 닫혔다 할 수 있는 기계적 밸브를 찾아내지 못했다. 다만 대부분의 공기관은 열려 있는 쪽으로 확실하게 강화된 데 반해, 등의 공기관은 갑자기 가지 끝부분께의 짧은 구간이 엉성해지고 접히게끔 되어 있다. 지금까지 연구자들은 만약 그 부분이 낮 동안 접힌다면 공기관은 발광포로 흘러드는 산소량을 줄여줌으로써 등을 어둡게 유지하는 데 도움을 주리라고 주장해왔다.

하지만 어둠이 내리면 점멸발광이 시작된다. 각 점멸발광은 반딧불이의 뇌에서 비롯된 신경자극에 의해 촉발된다. 여기서 속도조절기는 각 반딧불이들이 저마다의 속도에 맞춰 불빛을 깜빡거리는 리듬 패턴을 만들어낸다. 뇌의 신경자극은 신경색(nerve cord)을 가로질러 복부의 끝 꽁지까지 전달되고, 거기서 신경섬유가 등에 전기신호를 보낸다. 등 안에서 신경말단은 인간의 신경전달물질인 아드레날린의 곤충 버전 옥토파민(octopamine)을 분비한다. 마침내 발광포 안에서 점멸발광이 이루어진다.

등의 몇 가지 세세한 구조는 타이밍이 정확한 '점멸' 불빛을 만들어낼 수 있는 반딧불이와 단지 '백열' 불빛만 내는 반딧불이 간에 차이가 있다. 점멸발광 반딧불이를 먼저 살펴보자. 첫째, 그들은 뇌에서 시작된 신호를 나르는 신경세포가 빛을 생산하는 발광포에 직접 연결되어 있지 '않고' 부근의 세포들에서 끝난다. 둘째, 그들은 발광포 내부가 눈에 띌 정도로 잘 정돈되어 있다. 공기관과 가까운 로제트의 가장자리에는 세포의 동력실인 수천 개의 미토콘드리아가 촘촘하게 들어서 있고, 루시페라아제와 루시페린이 자리한 페록시좀은 세포 안쪽에 별도로 정렬되어 있다.

그렇다면 단지 백열 불빛만 내보내는 반딧불이는 어떤가? 여기에는 반딧불이의 유생 단계도 포함된다. 반딧불이 유충은 하나같이 서서히 밝아졌다가 잦아드는 느린 백열 불빛만 만들 수 있다. 그리고 백열 불빛은 수많은 반딧불이 암컷에게 나타나는 생물발광형의 최고봉이다. 북방반딧불이 람피리스 녹틸루카는 몇 시간이고 계속 백열 불빛을 내지만 점멸하지는 못한다. 이 반딧불이 등의 구조는 점멸 불빛을 내는 그 사촌들의 등보다 한결 단순하다. 포투리스속 반딧불이 유충의 등은 지름이 0.5밀리미터 정도에 불과한 작은 원반 두 개로 이루어져 있으며, 복부의 마지막 분절에 위치한다. 각각의 등에는 약 2000개의 발광포가 들어 있지만, 저마다 마구잡이식으로 흩어져 있다. 발광포 안에는 미토콘드리아와 페록시좀이 온통 뒤죽박죽 섞여 있어서 세포소기관들이 깔끔하게 정리되어 있는 점멸발광 반딧불이 종과 확연한 대조를 이룬다. 또한 백열발광 반딧불이종에서는 불빛을 자극하는 신경세포가 각 발광포와 직접 연결되어 있다.

형태는 기능을 반영한다. 따라서 등에 나타난 작은 구조적 차이는 점멸발광 반딧불이가 빠르게 불빛을 켰다 껐다 하게 만드는 비밀을 드러내준다.

반딧불이의 전등 스위치

성충 반딧불이는 자신의 발광을 절묘하게 조절할 수 있는 몇 안 되는 생명체들 가운데 하나다. 점멸발광 반딧불이의 전등 스위치는 그들이 모스부호 같은 정교한 구애 신호를 발달시킬 수 있도록 해주었다. 우리는 2001년까지만 해도 반딧불이가 어떤 화학작용을 거쳐서 성적 의사소통에 쓰이는 정확한 점멸 불빛을 만들어내는지 거의 알지 못했다.

터프츠 대학에서 함께 일하던 동료들과 점심을 먹으면서 우연찮게 나눈 대화를 계기로 흥미로우면서도 생산적인 과학적 공조가 이루어졌다. 봄이었고 그러니만큼 잠시 보스턴 레드삭스 야구팀 이야기를 나누다가 자연스럽게 화제가 반딧불이와 그들의 등 안에서 무슨 일이 벌어지고 있는지에 관한 이야기로 옮아갔다. 신경 신호는 어떻게 신경 시냅스(신경세포의 접합부로, 신경세포 간에 신경 전달이 일어나는 곳으로 뇌 활동의 가장 기본적인 단위다-옮긴이)에서 불빛 만드는 발광포로 전달될까, 우리는 이 수수께끼를 앞에 두고 머리를 싸맸다. 어쩌다 보니 점심식사를 함께한 팀이 곤충신경생물학자, 생화학자, 진화생태학자 이렇게 절묘하게 조화를 이룬 여러 전문가들로 꾸려졌고, 그래서 우리는 이 질문에 한번 답을 찾아보자고 의기투합했다. 연구팀에는 산화질소(nitric oxide)의 생물학적 역할을 연구하고 있던 내 남편, 하버드 의대 교수 토머스 미셸(Thomas Michel)도 참가했다. 질소 원자 하나와 산소 원자 하나가 결합한 단순하지만 중요한 산화질소 분자는 흔히 'NO'로 줄여 부른다. 수명이 짧고 빠르게 분산하는 이 가스는 효소들에 의해 생성되는데, 세포들 간에 메시지를 전달하는 데 도움을 준다. 산화질소는 인체 내에서는 혈압에서 성기의 발기, 학습과 기억에 이르는 모든 것을 제어하는 일에 관여한다. 참견하지 않는 데가 없는 다재다능한 분자 산화질소는 다른 동물들에서도 다양한 생물학적 작용을 일으킨다.

우리는 특히 산화질소가 미토콘드리아에 미치는 강력한 효과에 흥미를 느꼈다. 산화질소는 본래는 활발한 세포소기관들의 호흡작용을 일시적으로 멈추게 한다고 알려져 있다. 미토콘드리아가 세포소기관들의 호흡을 멈추게 하면 그들은 산소 사용을 그친다. 그렇다면 무슨 연유에서인지는 모르지만 산화질소가 좌우간 반딧불이의 발광포에 들어 있는 불빛 생성 물질에 산소를 공급하는 과정을 규제한단 말인가?

나와 남편은 함께 연구할 수 있다는 사실에 짜릿한 기쁨을 느꼈다. 하버드 대학에서 학부과정을 같이한 이래 처음으로 공동연구 프로젝트를 진행하게 된 것이다. 이 낭만적인 프로젝트에는 당시 각각 열한 살, 여덟 살이던 두 아들도 동참했다. 반딧불이 수집을 거들어주는 현장조수가 되겠노라 자처하고 나선 것이다.(그림 6.3) 우리는 반딧불이를 잡아서 실험실로 옮겨온 다음 주문 설계 제작한 작은 칸막이에 넣었다. 보통 공기와 산화질소 가스를 추가한 공기가 번갈아 나오도록 되어 있었다. 그런데 놀랍게도 우리가 산화질소를 켤 때마다 실험 대상 반딧불이는 거의 계속해서 점멸 불빛 혹은 백열 불빛을 냈다. 그러다가 산화질소의 공급을 중단하면 마치 전등 스위치를 딸깍 끈 것처럼 불빛을 껐다. 우리는 따로 떼어 생리식염수에 담가놓은 반딧불이 등에 모종의 약품을 첨가하는 실험도 몇 가지 해보았다. 보통은 반딧불이 등에 신경전달물질인 옥토파민을 더해주면 바로 불빛이 난다. 즉 '반딧불이 등+옥토파민=불빛'이라는 공식이 성립하는 것이다. 그런데 반딧불이 등이 옥토파민에 보이는 이러한 정상적 반응은 산화질소를 비활성화하는 화학물질을 추가하면 완전히 가로막힌다는 사실이 드러났다. 따라서 '반딧불이 등+옥토파민+산화질소 비활성화 물질=어둠'이라는 새로운 공식이 등장한 것이다.

그림 6.3 반딧불이의 점멸발광 통제 기제를 더욱 잘 이해하고자 가족 모두가 발 벗고 나섰다. 왼쪽부터 시계방향으로 남편 토머스 미셸, 나, 그리고 아들 벤과 잭이다.(사진: 하버드 뉴스 오피스(Harvard News Office)의 허락하에 게재)

이 실험들은 산화질소가 점멸발광의 통제에 관여하고, 반딧불이 등의 세포에서 산화질소가 만들어진다는 것을 보여줌으로써 반딧불이의 전등 스위치에 관한 새로운 통찰을 제공했다. 그렇다면 이 과정은 정확히 어떻게 이루어지는가? 우리는 이 과정이 다음과 같은 단계를 밟으리라고 추정했다. 신경신호가 등에 도착하면 옥토파민이 배출되어 부근 세포를 자극하여 산화질소가 만들어지기 시작한다. 재빨리 퍼져나가는 산화질소 가스는 이내 근처의 발광포에 이르고, 발광포 가장자리를 빽빽하게 메운 수백만 개의 미토콘드리아와 만난다. 여기서 산화질소는 일시적으로 미토콘드리아의 호흡을 중단시킨다. 미토콘드리아가 호흡을 중단하면 본래 그들이 사용하던 산소가 발광포 내부로 자유로이 흘러 들어갈 수 있다. 한편 페록시좀의 내부에서는 활성화한 루시페라아제-루시페린 팀이 함께 화학작용을 완성하기 위해 신선한 산소가 들어오기를 기다리고 있다. 결국 불빛이 한 번 깜빡인다! 신경신호가 멈추면 산화질소 생산이 중단되고, 발광포 안의 모든 미토콘드리아가 재가동한다. 호흡을 재개한 발전소들은 발광포로 들어가는 산소를 몽땅 흡수한다. 이처럼 산소 공급이 중단되면 페록시좀에서 이루어지던 발광 작용이 멈추고 등은 도로 꺼진다.

이렇듯 산화질소는 반딧불이의 전등 스위치를 작동시키는 비밀스러운 요소인 것처럼 보였다. 뇌에서 오는 신경자극에 반응하기 위해 반딧불이 등에서 만들어지는 산화질소는 미토콘드리아의 호흡을 중단하거나 재개하는 스위치 노릇을 함으로써 유입 산소가 발광포 깊은 곳에 자리한 불빛 생산 물질에 가 닿을 수 있도록 문을 열었다 닿았다 한다. 우리는 도처에 존재하는 신호분자인 산화질소의 완전히 새로운 생물학적 기능을 한 가지 발견한 것이다. 산화질소는 성기의 발기를 통제함으로써 인간의 성에서 중요한 역할을 하지만, 점멸발광을 통해 의사소통할 수 있게 해줌으로써 반딧불이의 성에도 크게 기여한다. 2001년 우리는 이러한 발견 결과를 과학저널 〈사이언스(Science)〉에 발표했다.

우리는 나중에 '반딧불이@50'이라는 심포지엄에서 우리의 연구결과를 발표할 수 있는 기회를 가졌다. 그 심포지엄은 반세기에 걸쳐 반딧불이가 어떻게 점멸 불빛을 만들어내는지에 관한 지식을 구축한 생리학자 존 버크의 기여를 기념하고자 마련한 자리였다. 아흔 줄에 접어든 존 버크에게 산화질소는 생소한 것이었지만, 그는 반딧불이의 점멸 불빛 통제와 관련하여 우리가 새롭게 밝혀낸 기작을 접하고서 흥분을 감추지 못했다.

동기화를 일으키는 기작

존 버크가 반딧불이의 점멸발광 통제에 기울인 관심은 비단 단일 개체 반딧불이 차원에 그치지 않고, 수백 마리의 개체 반딧불이들이 점멸 불빛을 내면서 서로 협력하는 현상을 규명하는 데까지 나아갔다. 1960년대 초, 존은 동남아시아의 감조하천가에서 살아가는 몇몇 프테롭틱스속 반딧불이에 매료되었다. 그가 발표한 바에 따르면 거기서는 수천 마리의 수컷 반딧불이가 나무에 모여 동시에 리듬감 있게 점멸 불빛을 내보낸다. 그들은 매일 밤 몇 시간씩 정확하게 동기화를 유지한다. 의혹의 눈길을 보내는 이들도 없지는 않았지만, 태국에 사는 한 자연주의자는 1935년 그들의 눈부신 디스플레이에 대해 다음과 같이 묘사했다.

10여 미터 높이의 나무에 잔뜩 매달린 달걀 모양의 이파리를 하나씩 차지한 반딧불이들이 2초에 3회 속도로 한 치의 오차도 없이 일제히 불빛을 켰다가 다시 완벽하게 끄는 광경을 상상해보라. 강가에 도열한 여남은 그루의 나무에서 이파리마다 반딧불이가 동시에 점멸 불빛을 내보내는 모습을 떠올려보라. 100여 미터에 걸친 강가에 길게 늘어선 소네라티아속(Sonneratia) 맹그로브 나무들이 동기화하면서 불빛을 깜빡이는 반딧불이를 이파리마다 하나씩 매달고 있는 장면을 그려보라. 대열의 양쪽 가장자리 나무들에 내려앉은 반딧불이도 가운데와 정확하게 같은 리듬을 타면서 한꺼번에 약동하는 장관을 말이다.

그는 이렇게 글을 마무리 지었다. "생생하게 떠올릴 수 있다면 당신은 이 놀라운 장관에 대해 모종의 개념을 갖게 될 것이다." 들리는 말에 따르면, 이 반딧불이들이 몇 달 동안 매일 밤 같은 나무에 모여들기 때문에 그 지역 뱃사람들은 밤에 뱃길을 노 저어 다닐 때 반딧불이가 디스플레이하는 나무들을 보고 방향을 가늠하기도 한단다.

존은 프테롭틱스속 반딧불이에 푹 빠져들었다. 그는 1965년 아내 엘리자베스와 함께 내셔널지오그래픽협회(National Geographic Society)로부터 자금을 지원받아 태국 여행에 나섰다. 방콕 남쪽 매끌롱강을 찾은 그들은 황혼 녘에 그 지역에서 운행하는 수상택시를 한 대 빌렸다. 그리고 소네라티아속 맹그로브 나무의 얽히고설킨 뿌리 사이를 누비고 다니면서 수컷 반딧불이들이 미동도 않은 채 마치 크리스마스트리에서 깜빡이는 불빛처럼 일제히 불빛을 켰다 껐다 하는 광경을 지켜보았다. 가볍게 출렁이는 배에 몸을 실은 부부는 불빛을 기록하는 광도계와 16밀리미터 필름 카메라를 써서 반딧불이의 점멸발광 동기화에 관한 과학적 자료를 최초로 확보했다. 그들은 또한 이 프테롭틱스 말라카에종(Pteroptyx malaccae)을 몇 마리 잡아오기도 했다. 엘리자베스는 나중에 "그저 손을 뻗어서 가지를 흔들기만 하면 반딧불이들이 비처럼 우수수 아래로 쏟아졌다"고 회고했다. 버크 부부가 잡아온 포로들을 방콕의 호텔 방에 풀어놓자 그들은 사뿐히 날아가 벽이며 가구에 내려앉았다. 부부는 그 수컷들이 방 안에서 불빛을 깜빡이기 시작하는 광경을 바라보았다. 처음에는 몇 마리씩만 동기화하더니 금세 모든 반딧불이들이 한꺼번에 행동을 통일하면서 깜박이는 불꽃의 향연을 펼쳤다.

그 광경을 지켜본다면 누구나 그렇겠지만, 버크 부부는 한꺼번에 약동하는 반딧불이의 동기화 디스플레이에 얼이 나갔고, 그 경험은 그들의 인생을 송두리째 바꿔놓았다. 개구리, 귀뚜라미, 매미 같은 다른 동물들도 떼로 모여 개골개골, 귀뚤귀뚤, 맴맴 한목소리로 인상적인 합창을 펼칠 수 있다. 그러나 완전한 침묵 속에서 힘차게 고동치는 수천 개의 불꽃, 동시에 불빛을 깜빡이는 반딧불이를 바라본 시각 체험은 결코 잊히지 않는 것이었다.

버크 부부는 결국 그들의 연구결과를 과학저널 〈사이언스〉에 발표했다. 그들은 8쪽에 걸쳐 전문적인 분석결과를 실은 다음 이렇게 건조하게 덧붙였다. "우리의 기록은 태국 반딧불이의 동기화 점멸발광이 결코 환상이 아님을 말해준다." 존 버크와 그의 지도학생들은 그 후 50년 동안 이 종을 비롯한 여러 반딧불이종이 대규모로 점멸발광 동기화를 유지할 수 있게 해주는 생리적 기작을 밝혀내기 위해 기록하고 측정하고 실험하는 일을 계속했다.

동기화하는 반딧불이는 인간의 심장박동을 통제하는 수많은 속도조절세포들처럼 '펄스 결합 진동자(pulse-coupled oscillator)'라고 알려진 수학적 개념을 구현하고 있다. 스티븐 스트로가츠가 자신의 책

《동기화》에서 명쾌하게 밝힌 대로, 이러한 구조는 뚜렷하게 구분되는 다양한 존재('진동자')들로 이루어져 있으며 그 각각은 저마다의 내적 메트로놈의 통제를 받는다. 각 반딧불이종의 메트로놈은 고유의 리듬을 타며, 그 타이밍은 이어지는 점멸에 반응하면서 자동적으로 조정된다.〔그래서 '결합(coupled)'이라는 표현이 가능하다.〕 반딧불이 수컷이 구애 디스플레이를 펼치는 밤이면 그들의 점멸 불빛이 처음에는 산발적인 데다 중구난방이기 일쑤다. 그러나 그들이 각자 점멸 불빛의 리듬을 주변에 보이는 것들에 맞추어 조정하다 보면 저절로 동기화가 이루어진다.

버크는 반딧불이가 자신의 내적인 메트로놈을 재설정하는 방법을 알아내는 데 연구를 집중했다. 그는 일부 종에서는 '위상지연(phase delay)' 기제를 통해 이러한 조정이 일어난다는 사실을 확인했다. 그에 따르면 개체 수컷 반딧불이는 제 주변에 보이는 것에 의거해 딱 한 번 점멸발광의 주기를 줄이거나 늘린다. 이렇게 일회 조정한 다음 이내 그 수컷의 본래 점멸 리듬으로 돌아간다. 몇 시간 동안 엄밀한 동기화를 유지하는 프테롭틱스 말라카에 같은 다른 동기화 종에서는 집단적 동기화를 일으키는 기제가 그보다 한층 복잡하다. 이 종에서는 수컷이 주변에 보이는 리듬에 따라 더 빠르거나 더 느리게 점멸하면서 자신의 내적 리듬을 부단히 재조정한다.

이제 우리는 존 버크와 그의 학생들의 연구 덕택에 일부 반딧불이 종이 어떻게 점멸 불빛을 동기화하는지 꽤나 잘 이해하게 되었다. 그러나 일부 반딧불이종의 수컷이 왜 동기화 능력을 발달시켰는지는 여전히 수수께끼로 남아 있다. 실제로 지난 수십 년 동안 반딧불이 동기화를 일으키는 진화적 힘을 설명하려는 시도가 이루어지면서부터 반딧불이 생물학자들 간에 심한 반목이 시작되었다.

과학계의 음습한 비밀

1985년 여름, 뉴잉글랜드에서였다. 산들바람 부는 아름다운 어느 날, 나는 어쩌다 보니 존 버크와 그의 아내 엘리자베스와 함께 5미터 남짓한 그들 소유의 소형 코드곶 범선을 타고 우즈홀 항구를 지나고 있었다. 위풍당당하고 눈매가 날카로운 존은 보수적이고 신사적인 태도에 차분한 결단력이 더해진 인상이었다. 무슨 일인지 당시 배의 키를 잡고 있었던 나는 이 복잡한 항구에서 만약 충돌이라도 일어나면 큰일이지 싶어 그런 사태만은 막아보겠노라며 전전긍긍하고 있었다. 그렇지만 그리 걱정할 필요는 없었다. 여러 해 동안 우즈홀에서 여름을 보낸 바 있는 버크 부부는 매주 요트 클럽에서 벌이는 범선 경주에 참가하는 회원들이었으며, 존은 주마다 열리는 경주에 대해 '선원(old salt)'이라는 필명으로 지역신문에 연재까지 하고 있는 터였다. 우리는 항해에서 돌아와 우즈홀에 있는 그들 여름별장의 따뜻한 환대 속에서 반딧불이에 관해 몇 시간 동안 이야기를 주고받았다.

내가 그날 우즈홀을 찾아간 것은 주로는 반딧불이의 생명현상과 관련한 지식에 크게 기여한 빼어난 인물을 만나보기 위해서였다. 거기에 한 가지 더 퀘이커교도이자 반전평화주의자인 그가 어째서 그렇듯 오랫동안 제임스 로이드(3장에서 다룬 현장생물학자)와 극심한 반목을 겪었는지 대충이나마 이해하고 싶었다. 나는 1980년대 초 반딧불이를 연구하기 시작했을 무렵 미국의 반딧불이 학계가 서로 으르렁거리는 두 분파로 완전히 갈라져 있다는 사실을 알아차렸다. 한편에는 제임스 로이드와 그의 학생들이, 다른 한편에는 존 버크와 그의 학생들이 버티고 있었다. 양편은 서로 말도 건네지 않을 정도로 견원지간이었다. 나는 젊었던 데다 공식적으로 그 어느 편에도 속하지 않았고, 그저 반딧불이의 자웅선택이라는 흥미로운 문제를 규명하느라 머리를 싸매고 있었다. 그래서 다행스럽게도 양쪽과 두루 좋은 관계를 유지했다. 그러나 이 과학계의 불화는 수십 년 동안 내내 악화일로였고 나는 그것이 상대의 커리어를 어떻게 망쳐놓았는지에 관한 끔찍한 이야기를 수도 없이 들었다.

대관절 무엇 때문이었을까? 양쪽 이야기를 다 들어본 결과 나는 1970년대 중반 두 집단이 출판하려고 제출한 원고에 대해 불쾌한 동료평가를 내놓은 일과 관련하여 언쟁이 있었다는 사실을 알아냈다. 그러나 그런 일은 과학계에서 비일비재하다. 그처럼 일상적인 논쟁이 학계에서 그토록 오랫동안 이어져온 불화와 반목을 설명해주는 이유가 되기란 어려웠다. 그게 아니라면 그들은 혹시 자신들이 가장 잘 수행할 수 있는 반딧불이 연구 분야를 놓고 의견이 엇갈렸던 것일까? 버크가 수십 년에 걸친 활발한 연구를 통해 취했던 방식은 실험실에서만 가능한 신중하게 규제된 조건에서 실험하는 것이었다. 과학계의 정설에 따르면 이렇듯 엄밀하게 통제된 실험을 실시할 경우 동물이 그들 본래의 자연환경에서 어떻게 행동하는지에 관한 지식은 간과하기 십상이다. 한편 제임스 로이드는 야생에서 반딧불이 행동을 관찰하고 기록함으로써 그들을 이해하는 데 일생을 바쳤다. 그렇지만 버크도 분명 현장연구에서 나름의 역할을 다했다. 볼티모어에 있는 자신의 집 뒷마당과 우즈홀 부근에서 포티누스속 반딧불이를 연구했으며, 반딧불이의 동기화에 대해 알아보려고 동남아시아로 여러 차례 탐험여행을 다녀오기도 했다. 따라서 단순히 실험을 기반으로 한 생물학과 현장을 기반으로 한 생물학 간의 분열이라고 보기도 어려웠다.

두 집단으로 갈린 반딧불이 연구자들은 훨씬 더 근원적인 과학적 관점을 놓고 대립했다. 한 사람은 '어떻게'라는 질문에 집중하면서 연구에 매진했고, 다른 한 사람은 '왜'라는 질문에 매달렸다. 니코 틴베르헌(Niko Tinbergen)은 1963년에 발표한 저명 논문을 통해 동물행동 연구에서 좀더 통합적 접근법을 취할 수 있는 기반을 마련했다. 즉 그는 호기심 많은 과학자라면 동물의 행동·형태·생리와 관련한 모종의 특성을 설명할 때 응당 다음의 네 가지 질문을 던져야 한다고 했다. 이 특성은 어디에 쓰이는가? 어떻게 발달해왔는가? 어떻게 작동하는가? 동물의 생애 내내 어떻게 발달하는가? 처음의 두 가지는 '왜' 그런 구체적 특성을 보이는가를 묻는 것이므로 '궁극(ultimate)' 질문이라 불렸다. 이들 질문에 답하는 주요 목적은 이 특성이 어떻게 발달해왔으며, 현재 그 유기체가 살아남고 생식하는 능력에 어떻게 영향을 미치는지 이해하려는 것이다. 이것이 바로 행동생태학의 목표다. 뒤의 두 가지는 흔히 어느 동물의 특성이 '어떻게' 작동하는지에 주력하므로 '근접(proximate)' 질문이라 불리며, 이들 질문의 핵심 목적은 그 특성의 기제를 이해하려는 것이다. 동물생리학의 영역이다.

1960년대 중반부터 1980년대 말까지 이어진 궁극 질문과 근접 질문 간의 팽팽한 긴장으로 반딧불이의 생명현상과 관련한 여러 질문을 둘러싸고 언쟁이 끊이지 않았다. 그러나 양 진영은 반딧불이의 점멸 발광 동기화에 관한 설명방식을 둘러싼 논쟁에서 가장 격렬하게 부딪쳤다. 궁극 질문에 답하려면 진화론을 면밀하게 이해해야 하므로, 근접 기제에 주력하는 생물학자들은 더러 궁극 인과관계와 관련하여 질문하기를 꺼리기도 했다. 과학자도 사람이고 사람들은 저마다 성향이 다르게 마련이다. 존 버크는 생리학자로서 훈련받았으며, 앞에서 살펴본 바와 같이 동기화를 가능하게 하는 근접 기제에 관한 선도적 전문가다. 그러나 나는 버크와 대화를 나누고 서신을 교환하면서 그에게는 궁극 질문에 답하는 데 필요한 진화론적 사고가 다소 부족하다는 느낌을 받았다. 한편 로이드는 행동생태학자로서 훈련받았고, 따라서 '왜' 반딧불이가 점멸발광을 동기화하는가 하는 궁극 질문에 관심을 기울였다.

나는 2장에서 과학자들이 반딧불이 동기화를 설명하기 위해 제시한 몇 가지 가설을 다루었다. 아직도 명확한 답이 나와 있지는 않지만, 존 버크와 제임스 로이드는 이 가설들에 관한 논쟁에 심혈을 기울였다. 그들은 동기화하는 수컷이 누릴 수 있는 진화적 이득에 관한 상대의 설명방식을 맹렬하게 공격했다. 버크는 동기화가 발달할 수 있으려면 그것이 수컷 '집단 전체'에게 모종의 이득이 되어야 한다고 주장했다. 반면 제임스 로이드는 선택이란 개체들에게 가장 강력하게 작용하므로, 동기화 역시 얼마간 거기에 동참하는 수컷 '개체'의 생식 가능성을 높여주어야 한다고 맞섰다. 몇몇 수컷 반딧불이들로 하여금 '펄스 결합 진동자'로 활동하게 해주는 신경조직이나 기타 다른 특성들은 모두 동기화가 제공해줄 법한 집단 차원의 이익에 더해 개체 차원에서 생식에 이득이 될 때에만 유지될 것이다.

우리는 아직도 동기화의 이득이 정확히 무엇인지 알지 못한다. 그리고 그 이득이란 것도 포티누스 카롤리누스 같은 '움직이는' 동기화 반딧불이와 프테롭틱스 테네르 같은 '고착성'의 동기화 반딧불이 간에 서로 다를 것이다. 안타깝게도 버크와 로이드는 자신들의 차이를 끝내 좁히지 못했다. 두 사람은 반딧불이 생물학에 관한 지식을 넓고 깊게 하는 데 자신의 직업 이력을 통째로 바쳤다. 하지만 그들이 타고 있는 배는 과학이라는 바다에서 충돌했다. 밤안개에 휩싸인 그들은 생물학적 질문을 던지는 이질적 방법들에 사로잡힌 나머지 눈이 먼 것이다.

그러나 우리는 모순되게도 협동적인 수컷 행동인 동기화란 반딧불이의 구애의식에서 그저 첫 단계에 지나지 않는다는 사실을, 일단 암컷이 그 상황에 개입하면 수컷들의 협동은 삽시간에 끝나버린다는 사실을 알아냈다. 수컷들은 경쟁 모드에 들어설 채비를 마치면 이제 각자도생해야 한다. 저마다 다른 경쟁자들을 물리치고 자신을 돋보이게 하기 위해 안간힘을 써야 하는 것이다. 린 파우스트는 포티누스 카롤리누스 수컷이 마침내 암컷의 응답을 포착하게 되면 무슨 일이 벌어지는지 기술한 바 있다. 그들은 동기화에서 빠져나와 6회 펄스 점멸을 1회 펄스 점멸로 바꾼다. 수컷은 암컷에게 접근할 때 린 파우스트가 '중구난방(chaotic)'의 점멸이라고 표현한 대로 두서없이 깜빡거리기 시작한다. 경쟁자 수컷들이 속사포처럼 다투듯 빛을 쏘아대는 바람에 밤하늘이 폭죽으로 수를 놓은 듯하다. 경쟁적으로 돌변한 수컷들은 암컷 주위를 에워싼 채 격렬한 사투를 벌이고 제 머리 방패로 서로를 떠민다. 이 경쟁에서 끝내 승리를 거둔 수컷 한 마리가 암컷과 성공적으로 교미하게 된 뒤에도 희망의 끈을 놓지 못하는 경쟁자들은 교미 중인 암수 위에 겹겹이 몸을 포갠 채 몇 시간이고 버틴다.

우리는 프테롭틱스속 반딧불이 암컷이 동기화 수컷들로 가득한 디스플레이 나무에 날아가면 무슨 일이 생기는지에 대해서는 아는 것이 그보다 훨씬 적다. 프테롭틱스 테네르에 매달려온 연구자에 따르면, 수컷은 암컷이 근처에 내려앉으면 제 복부를 거의 180도 가까이 돌려서 그녀의 얼굴에 바싹 들이밀고 불빛을 깜빡인다. 이것은 아마도 암컷으로 하여금 수컷의 밝기를 가늠하도록 하기 위한 것이거나 아니면 접근하는 다른 수컷들을 보지 못하도록 막는 것이리라. 프테롭틱스속에 포함된 다른 반딧불이종들의 수컷은 아직까지 정체가 확인되지 않은 화학신호를 써서 암컷에게 강한 인상을 풍기는 것 같다. 우리는 지금도 수컷의 경쟁과 암컷의 선택이 동기화 반딧불이에서 어떻게 나타나는지 거의 알지 못한다. 반딧불이 동기화와 관련해서는 앞으로 규명해야 할 문제가 숱하게 남아 있다.

* * *

내 사무실의 짙은 회색 서류 캐비닛에는 커다란 마닐라 폴더가 두 개 들어 있다. 하나에는 버크, 다른 하나에는 로이드라는 라벨이 붙어 있다. 두 폴더는 각각 그 주인공 남성이 대단히 생산적이고 오랜 직업 이력을 거치면서 출간한 과학 논문들로 미어터진다. 윤나는 용지에 인쇄하여 저자에게 직접 서명을 받은 이 복사본들은 이제 pdf 파일의 도래와 온라인 과학 출판의 물결에 서서히 밀려나고 있는 유서 깊은 학문적 전통이다. 하지만 나는 두 폴더를 버리지 않고 소중하게 간직하고 있다. 폴더의 묵직한 무게가 두 사람이 반딧불이의 생명현상을 규명하는 데 얼마나 크게 공헌했는지를 너무나도 분명하게 보여주기 때문이다. 그리고 나는 개인적으로 두 과학자가 자신들이 고집한 궁극 혹은 근접이라는 과학적 접근법이 기실 적대적이라기보다 보완

적이라는 것을 인식했더라면 지금보다 더 많은 성과를 거둘 수 있지 않았을까 하는 아쉬움을 느낀다. 그들의 불화와 반목은 생물학 연구에서 흔히 볼 수 있는 이분법에서 비롯되었지만, 반딧불이 과학에 오랫동안 짙은 그늘을 드리웠다. 그것이 빚어낸 가장 나쁜 폐해는 아마도 두 거장이 벌이는 전쟁의 틈바구니에서 유탄에 맞고 쓰러진 유망한 젊은 학도들이 반딧불이 연구를 단념해야 했던 일일 것이다. 다행히 전 세계적으로 젊은 과학자 세대가 등장하여 반딧불이의 생명현상에 관한 지식을 확장하기 위해 공조하면서 그 같은 실망스러운 분위기는 서서히 걷혀가고 있다.

이 장에서 우리는 반딧불이가 어떻게 저마다의 신비로운 불빛을 만들어내는지 밝히고, 그 놀라운 발광 능력이 어떻게 발달해왔는지 탐구하기 위해 반딧불이 등의 내부를 면밀히 살펴보았다. 이제 불빛은 그쯤 해두고, 반딧불이의 어두운 측면을 파헤쳐볼 차례다.

독을 숨긴 매혹

그토록 달콤한 곳에서 독이 나온 적은 없었다.
— 윌리엄 셰익스피어(William Shakespeare)

곤충을 향한 사랑

50여 년 동안 코넬 대학 교수로 재직한 곤충학자 고(故) 토머스 아이스너(Thomas Eisner)보다 더 많은 곤충을 냄새 맡고 맛 본 사람은 단언컨대 아직껏 없을 것이다. 세계에서 가장 빼어난 화학생태학자로서 아이스너의 명성은 여러 대륙과 수많은 나라에 퍼져나갔다. 아이스너는 일찌감치 곤충에 매료되었다. 곤충은 어렸을 적에 쏘다니기 좋아했던 그의 성정에 맞게끔 휴대하기 편한 매력적인 존재들이었다. 아이스너의 가족은 그가 세 살 때 히틀러를 피해 독일을 떠났다. 에스파냐 바르셀로나에 도착한 가족은 에스파냐 내전의 혼돈과 마주했다. 그의 가족은 마침내 우루과이에 정착했고, 거기서 십 대를 맞은 아이스너는 야외를 싸돌아다니고 자신이 사랑해 마지않는 벌레를 찾으러 바위며 통나무 밑을 뒤지면서 행복한 나날을 보낼 수 있었다. 그는 생물 다양성이 풍부한 남아메리카 생활에 더없이 만족했다. 어린 아이스너가 동물에 빠지게 된 데는 아버지의 영향도 있었다. 아버지는 향수 만들기를 취미로 즐기던 제약화학자였다. 향수의 미묘한 향기를 가까이 접하면서 그만의 독특한 재능, 즉 예리한 후각이 길러진 것인지도 모른다. 어쨌든 간에 토머스 아이스너는 결국 곤충들이 주목할 만한 진화적 성공을 거둘 수 있었던 숨은 비결을 파헤치면서 곤충학·화학·행동학을 접목하여 걸출한 이력을 일구었다.

1957년, 아이스너는 코넬 대학에 자리를 잡았고, 거기서 곧바로 화학자 제럴드 메인월드(Jerrold Meinwald)와 공동연구를 시작했다. 곤충이 수많은 적에 맞서 스스로를 보호하기 위해 화학물질을 사용하는 방법을 알아낼 요량이었다. 아이스너와 메인월드는 함께 손잡고 화학생태학이라는 새로운 분야를 개척했다. 오늘날 나날이 번창하는 분야다. 자칭 생물학자이자 탐험가인 아이스너는 자연사에 관한 깊은 관심을 시종일관 유지했다. 그는 기나긴 세월 동안 곤충과 그 친척들로 이루어진 소인국에 푹 빠져 살면서 그들이 포식자와 대면하는 광경을 관찰하고 그들의 흥미로운 습성들을 기록했다. 아이스너는 특히 일부 곤충들이 건드리면 자극적 냄새를 풍기는 현상에 매료되었는데, 조심스럽게 곤충의 냄새를 맡는 것이 가장 좋은 접근법이라는 사실을 알게 되었다. 현장 관찰에 영향을 받은 그는 메인월드와 함께 정교한 실험실 실험과 화학적 분석에 착수했다. 15년 넘게 손발이 척척 맞는 생산적 공동작업을 진행한 두 과학자는 곤충이 적을 무찌르기 위해 산성 분출물, 끈적끈적한 분비물, 밀랍 은신처, 마비성 액체, 퇴치용 분무제, 타는 듯한 가성(苛性: 양잿물처럼 동물의 피부나 그 밖의 조직을 침식시키거나 썩게 만드는 성질을 말한다—옮긴이) 스프레이 등 놀랄 만큼 다양한 책략을 구사한다는 사실을 밝혀냈다. 살벌한 세상에서 틀림없이 살아남기 위해 마련된 다채로운 무기류는 곤충이 빼어난 화학적 재능과 창의적 진화의 힘을 지녔음을 잘 보여준다.

과학을 이야기로 풀어 쓸 수 있는 재능을 지닌 아이스너는 자신의 발견 결과를 500편이 넘는 과학 논문뿐 아니라 대중서적, 영화, 인터뷰를 통해 다른 이들과 공유했다. 말할 때 보면 그의 눈은 언제나 기쁨으로 반짝였고, 그의 글에도 기쁨이 일렁였다. 유능한 사진가이기도 한 아이스너는 자신의 과학 논문과 책에 스스로를 방어하는 곤충들의 멋진 액션 장면을 가득 실었다. 오랜 경력을 거치는 동안 초지일관 당당하게 곤충을 찬미해온 그는 그 연유를 이렇게 잘라 말했다. "한번 곤충을 사랑하게 되면 결코 그 사랑을 멈출 수 없어요."

역겨운 먹이, 반딧불이

반딧불이의 점멸발광 부호를 해독한 생물학자 제임스 로이드는 1960년대 중반 토머스 아이스너의 지도를 받아 연구한 결과 박사학위를 취득했다. 그러니만큼 아이스너가 결국 반딧불이에 깊은 과학적 관심을 기울이게 된 것은 어쩌면 당연한 일이었다. 앞에서 살펴본 대로 반딧불이는 구애를 하기 위해 모여들고, 분명하게 눈에 띄는 밝은 점멸 불빛을 이용하여 잠재적 배우자와 대화를 나눈다. 그런데 반딧불이는 박쥐·두꺼비를 비롯한 굶주린 식충동물들에게 둘러싸여 있으면서도 어찌 그리 겁 없이 성적 매력을 맘껏 뽐내고 다닐 수 있을까?

아이스너는 1970년대 중반 반딧불이의 화학무기를 탐구하기 시작했다. 어느 해 여름, 그는 가족과 함께 공동 프로젝트에 착수했다. 거기에는 깃털 달린 연구자도 도움을 주겠다고 나섰다. 바로 이름이 포겔(Phogel)인 그의 애완새 스와인슨개똥지빠귀(Swainson's thrush)였다. 포겔도 곤충을 무척이나 좋아했지만 아이스너와는 다르게 먹잇감으로서 그러했다. 아이스너는 매일 아침 일찍 집을 나서서 아무 곤충이나 닥치는 대로 잡아왔다. 그의 가족은 아침 식사를 마치면 편안히 자리를 잡고 앉았다. 곤충들을 하나하나 병에서 꺼내 포겔의 먹이접시에 올려놓고 어떻게 하나 지켜보기 위해서였다. 포겔은 꽤나 까다로운 미식가로 드러났다. 그는 어떤 곤충들은 냉큼 먹어치웠다. 아이스너의 가족은 그것을 '맛있는 먹이'로 분류했다. 그렇지만 또 어떤 곤충들은 한 번 부리로 쪼아보더니 두 번 다시 거들떠보지도 않았다. '딱 질색인 먹이'로 분류된 곤충이다. 포겔은 어찌나 혐오감이 컸던지 그로부터 2주가 지났을 때까지도 아이스너가 같은 곤충들을 제공하자 그들을 기억해냈다. 나머지 곤충들은 '좋지도 나쁘지도 않은 먹이' 범주에 들었다. 포겔은 부리로 그들을 쪼아본 다음, 배가 고프면 먹고 배가 고프지 않으면 밀어냈다. 그해 여름, 포겔은 100여 개에 달하는 여러 종의 대표주자 격인 약 500마리의 곤충 맛을 충실하게 평가했다. 나중에 드러난 바에 따르면, 반딧불이는 포겔이 시종일관 분명하게 '딱 질색인 먹이'로 분류한 극소수의 곤충 범주에 속했다.

비단 포겔만 반딧불이에 대해 치를 떤 것은 아니다. 보통 곤충을 잡아먹고 사는 상당수의 생명체들도 반딧불이라면 질색을 했다. 제임스 로이드는 이와 관련한 수많은 일화를 수집했으며, 원숭이, 두꺼비, 도마뱀, 도마뱀붙이, 병아리, 몇몇 새들도 반딧불이를 역겨워한다고 보고했다. 로이드가 포티누스속 반딧불이를 아놀리스속 도마뱀에게 제공하자 도마뱀은 그 먹잇감을 재빨리 낚아채더니 그만큼이나 재빨리 도로 뱉어냈다. 이 일을 겪은 도마뱀은 몇 분 동안 세차게 주둥이를 닦았다. 보아하니 도마뱀도 포젤처럼 반딧불이와의 만남을 불쾌하게 여기는 듯했고, 몇 주 동안 반딧불이를 거부할 만큼 오랫동안 그때의 경험을 기억했다.

다른 일부 도마뱀은 아놀리스속 도마뱀만큼 똑똑하지가 못했다. 1990년대 말, 수의학계에는 흔히 턱수염도마뱀(bearded dragon)이라는 일반명으로 알려진 이국적인 파충류, 포고나속(Pogona) 도마뱀의 영문 모를 죽음을 둘러싼 소문이 나돌기 시작했다. 이 도마뱀은 오늘날이야 미국에서 애완동물로 인기를 누리지만 본디 오스트레일리아에서 들어온 것이다. 그들의 사망 원인을 밝혀낸 것은 한 수의사였다. 그는 맘씨 고운 몇몇 주인들이 인근에서 잡아온 반딧불이를 애완 도마뱀에게 먹였다는 사실을 알아냈다. 반딧불이를 냉큼 집어삼킨 턱수염도마뱀은 이내 격렬하게 머리를 흔들기 시작했고 자꾸만 입을 벌렸다. 그들은 평상시 같으면 황갈색인 피부가 검게 변하더니 픽 쓰러져서 이내 숨을 거두었다. 나는 턱수염도마뱀을 한 마리도 직접 본 일이 없지만, 그들은 필시 반딧불이를 거부할 만큼 분별력이 없는 듯하다. 그들이 본래 살던 서식지에는 반딧불이처럼 유독한 곤충이 드물었던 탓으로 보인다.

낮에 먹이를 찾아다니는 식충 새와 도마뱀은 식물에 앉아 쉬고 있는 반딧불이를 더러 만나기도 하지만 그때마다 여지없이 외면한다. 그렇다면 박쥐, 두꺼비, 생쥐 같은 야행성 곤충식자들은 어떨까? 뉴잉글랜드에서 연구자들은 네 가지 다른 박쥐종의 분립(fecal pellet, 糞粒)을 수집했다. 그 결과 박쥐 260마리는 모두 반딧불이가 왕성하게 활동하는 지역에 그물을 치고 그 안에 넣어두었는데도 먹이에 반딧불이가 나타나지 않은 것으로 드러났다. 포획 상태의 실험 대상 박쥐는 거저리〔애완용 새, 파충류 등 곤충식자들의 먹이로 흔히 팔리는 테네브리오속(Tenebrio)의 딱정벌레〕를 선뜻 먹었다. 하지만 연구자들이 포티누스속 반딧불이를 갈아서 그 즙을 거저리에 발라 제공하자 입맛 떨어지는 그 음식을 단호히 거부했다. 박쥐들은 심지어 그 거저리를 살짝 한 번 핥기만 하고도 기침을 하거나 머리를 흔들거나 세차게 주둥이를 닦아댔다. 두꺼비와 생쥐를 대상으로 한 비슷한 실험에서도 그들 역시 반딧불이 즙을 바른 거저리를 철저히 외면했다.

식사에 반딧불이를 곁들일 경우, 만약 그렇지 않았다면 게걸스럽게 먹어치웠을 수많은 곤충식자들이 그 식사에 입도 대지 않음을 보여주는 증거는 수없이 많다. 심지어 곤충 미각 테스트로 명성이 자자한 토머스 아이스너조차 반딧불이는 맛이 형편없는지라 수집하기를 포기했다. 교훈은 분명하다. 즉 원껏 반딧불이를 찬양해도 좋다, 먹지만 말아다오!

화학무기

다시 이타카(Ithaca: 미국 뉴욕 주 남부 코넬 대학이 위치한 공업 도시—옮긴이)로 돌아가 보자. 처음에 아이스너와 그의 코넬 대학 동료들에게 반딧불이의 방어용 무기를 분석해보도록 영감을 준 것은 바로 포겔의 안목 있는 미각이었다. 그들은 반딧불이가 이 애완용 새에게 그토록 역겹게 다가가는 까닭이 정확히 무엇인지 궁금했다. 그들은 수십 년에 걸친 탐색 끝에 급기야 흥미진진한 스파이 스릴러물에 버금가는 독(毒), 열정, 꼼수, 죽음 따위로 가득한 이야기의 전모를 드러낼 수 있었다.

그들은 우선 야생에서 포획한 갈색지빠귀 (hermit thrush) 다섯 마리를 미각 테스트 참가 자로서 실험에 추가하였다. 그들도 과연 포겔 처럼 반딧불이에 대해 낮은 평가를 내리는지 알 아볼 심산이었다. 실험에서는 각 갈색지빠귀에 게 16가지 먹이를 순차적으로 제공했다. 순서를 무작위로 하여 제공한 먹이의 3분의 1은 포티누스속 반딧불이였고 나 머지는 맛있는 거저리였다. 새들은 부리로 의사를 표시했고 대번에 판정을 내렸다. 갈색지빠귀들은 거저리 274마리를 눈 깜짝할 사이에 100퍼센트 먹어치웠다. 그러나 제공된 135마리의 반딧불이 가운데에 는 딱 한 마리만 먹었다. 그런데 유일한 반딧불이를 먹은 그 재수 없 는 새도 금세 그것을 도로 뱉어냈다. 반딧불이가 본래 곤충식자인 갈 색지빠귀들에게 역겨운 맛인 것만은 틀림없었다. 또한 연구자들은 수 많은 반딧불이가 포식성 새들의 부리에 쪼이고서도 아무 탈 없이 날 아갔다는 사실을 확인했다.

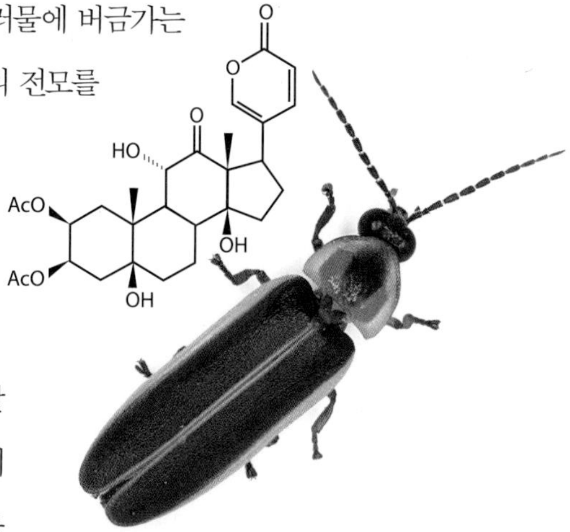

아이스너 연구팀은 반딧불이를 그토록 역겹게 느끼도록 만드는 것 이 정확히 무엇인지 알아내기 위해 반딧불이를 얼마간 수집하고 그들 의 화학물질을 추출했다. 그 결과 그들은 반딧불이의 피가 쓴맛이 나 고 독성이 있는 강력한 스테로이드 화학물질을 실어 나른다는 것을 밝혀냈다.(그림 7.1) 그들은 이 유독한 스테로이드에 '빛을 지닌 자'라는 뜻의 라틴어 루시페(lucifer)와 그 비슷한 화학물질을 만들어내는 두꺼

그림 7.1 반딧불이의 화학무기: 포티누스속 반딧불이는 수많은 포 식자에 맞서 스스로를 보호하려고 루시부파긴이라 알려진 독성 스 테로이드를 사용한다.(Photo by Patrick Coin)

비(*Bufo gargarizans*)에서 따온 부포(Bufo)를 더해 루시부파긴(lucibufagin)이라는 이름을 붙여주었다.

반딧불이 속에는 화학물질이 가득한데, 루시부파긴은 특별히 공격을 저지하는 책임을 맡고 있는가? 갈색지빠귀가 다시 한번 이 질문에 답하기 위해 설계된 생물검정에 동원되었다. 거저리도 다시금 메뉴에 올랐지만, 이번에는 이 맛있는 먹잇감의 절반에 반딧불이로부터 추출한 루시부파긴을 가미했다. 새들은 루시부파긴으로 처리하지 않은 거저리는 93퍼센트를 먹어치웠지만 루시부파긴을 입힌 거저리는 48퍼센트밖에 소비하지 않았다. 거저리에 반딧불이의 루시부파긴을 곁들이면 포식자 처지에서는 맛이 확 떨어지는 게 분명했다.

자연은 놀랄 만큼 창의적인 화학자인 것으로 드러났다. 아이스너와 그의 동료들은 하나의 반딧불이종이 화학적으로 서로 유관하지만 뚜렷하게 구분되는 수많은 루시부파긴들을 만들어낼 수 있음을 발견했다. 그들은 동일한 얼개를 가진 화학물질을 다양한 분자군으로 장식하는 식으로 그 일을 해낸다. 모든 반딧불이 루시부파긴은 그보다 더 큰 범주인 독성 스테로이드 부파디에놀리드(bufadienolide: 이번에도 역시 '부포' 두꺼비의 피부에서 발견되는 독성의 이름을 땄다)에 속해 있다. 이 화합물은 거의 모든 동물을 퇴치하는 데 효과적인 강력한 독성을 생성한다. 고용량의 부파디에놀리드는 모든 동물세포에 반드시 필요한 효소를 망가뜨린다. 나트륨-칼륨 펌프(sodium-potassium pump)라고 알려진 이 효소는 전기를 띤 요소들—즉 나트륨 이온과 칼륨 이온—이 세포막 사이를 활발하게 움직이도록 해준다. 이것은 동물이 생각하거나 근육을 움직이는 것 같은 매우 중요한 일을 수행하도록 해주는 전위(electrical potential, 電位)를 발생시킨다. 결국 수많은 식물과 일부 동물은 방어를 위한 화학무기의 일종으로 유독한 부파디에놀리드를 만드는 능력을 발달시켜왔다.

역설적으로 들릴지도 모르지만 수많은 '독성' 스테로이드는 인간 질병을 치료하는 소중한 치료제로 드러나고 있다. 부파디에놀리드는 심장약으로 쓰이는 디기탈리스(digitalis)처럼 강심제 스테로이드와 깊이 관련되어 있다. 디기탈리스 식물에서 만들어지는 디기탈리스 역시 자연이 만든 화학무기의 일종이다. 심장병을 치료하고자 디기탈리스를 섭취한 수백만 명의 환자들이 증명하듯이 독성 스테로이드 디기탈리스는 소량 섭취하면 이로운 효과를 볼 수 있다. 디기탈리스나 그와 유관한 화합물들은 심근 수축력을 강화하고 심박동수를 느리게 함으로써 심부전증의 증상을 효과적으로 완화해준다. 부파디에놀리드는 인도, 남아프리카공화국, 중국 등에서 전통의학에 흔히 사용된다. 감염, 염증, 류머티즘, 심장 질환이나 신경계 질환 따위를 위시한 수많은 병증을 치료하는 데 쓰이는 것이다. 가령 중국의 전통 치료제 찬수(蟾蜍)는 흔히 인후통에 처방되고 심부전증 치료제로도 쓰인다. 그 약제의 가장 주된 성분이 두꺼비에서 추출한 부파디에놀리드다. 이 화합물은 최근 진귀한 암 치료제로도 주목받기 시작했다. 이것을 사용하면 그렇지 않을 경우 나타날 수도 있는 암 화학요법에 대한 내성이 생기지 않는 까닭이다. 반딧불이 루시부파긴은 아직 실험을 거치지 않았지만 다른 몇 가지 부파디에놀리드는 암세포를 죽이고, 인간에게서 떼어낸 간이나 자궁의 종양이 생쥐에서 성장하지 못하도록 막아주는 것으로 밝혀졌다. 지금까지 우리가 살펴본 것은 분명 수많은 반딧불이 화학물질의 극히 일부에 불과하다. 이러한 화학물질이 반딧불이와 우리 인간의 생존에 어떻게 기여하는지와 관련해서는 앞으로도 밝혀내야 할 것이 무수히 많다.

다면적 방어전략

모든 훌륭한 방어전략가들과 마찬가지로 반딧불이도 적을 퇴치하기 위해 다양한 전략을 발달시켜왔다. 그들은 독성을 지니고 있을뿐더러 냄새도 역겹고 맛도 고약하다. 이러한 특징은 건강을 의식하는 포식자들로 하여금 먹잇감에 심각한 해를 끼치기도 전에 지레 초반 공격을 멈추도록 만들기에 그 소지자에게 이롭다.

　일부 반딧불이는 공격을 받으면 체내의 특정 부분에서 피를 몇 방울 흘리는 식으로 즉각 반응한다. 이른바 반사출혈(reflex bleeding)이라 부르는 행동이다.(혈액이 동맥과 정맥을 타고 몸 전체를 순환하는 척추동물과 달리 곤충의 혈액은 체강 내를 더 자유롭게 돌아다닌다.) 압력을 받으면 파열되도록 설계된 미세 구조에서 새어나온 혈액은 끈끈한 풀처럼 응고된다. 멋모르고 반딧불이에게 달려든 개미는 삽시간에 피바다에 잠긴다. 몸에서 흘러나와 걸쭉해진 피가 개미의 턱을 뒤덮고 다리를 엉겨 붙게 만든 결과, 침략자인 개미는 반딧불이가 도망가기에 충분한 시간 동안 꼼짝을 못 하게 된다. 반사출혈은 몸집이 작은 적을 물리치기에 더없이 효과적인 전략인 듯하다. 그렇다면 반딧불이는 어떻게 몸집이 큰 포식자에게 공격받고도 아무런 해를 입지 않고 유유히 사라질 수 있을까? 여기에서도 반사출혈이 일정한 역할을 하는 것 같다. 육중한 적은 피의 끈적임이 아니라 피가 실어 나르는 루시부파긴에 의해 퇴치된다. 즉 반딧불이의 쓴맛은 삼키는 것을 막아주고, 공격자들에게 이 특정 먹이를 섭취하면 독의 피해를 입을지도 모른다고 경고한다.

수많은 반딧불이들은 포식자가 건드리면 독특한 냄새를 풍겨서 그를 내쫓기도 한다. 당신이 반딧불이를 못살게 군 경험이 있다면 반딧불이의 고약한 냄새를 맡아보았을지도 모르겠다. 사람들은 그것을 뼈 태우는 냄새와 새 차 냄새가 뒤섞인 것 같은 냄새라고 표현하곤 한다. 그 냄새는 반딧불이 성충에서는 반사출혈로부터 생기고, 유충에서는 특수한 방어샘으로부터 비롯된다. 일부 유충은 그들 몸의 양쪽을 흐르는 작은 팝업 샘을 몇 쌍 지니고 있다. 이 샘은 평상시에는 함몰되어 있지만 포식자의 공격을 받으면 지체 없이 뒤집어진다. 이 샘은 종에 따라 송근유(松根油) 혹은 민트 같은 냄새가 나는 휘발성 화학 물질을 배출한다. 중국 본토에 서식하는 반딧불이종 아쿠아티카 레이(*Aquatica leii*)의 경우, 유충의 방어샘은 물고기·개미를 비롯한 여러 포식자의 공격을 효과적으로 퇴치하는 것으로 드러났다.

반딧불이가 이처럼 광범위한 전략을 구사함에도 불구하고 몇몇 무척추동물 포식자는 어떻게든 이 방어기제를 뚫고 만다. 2011년 나는 동료들과 함께 그레이트스모키산맥을 찾아갔다. 연례 불꽃쇼에서 생동감 넘치는 교미 디스플레이를 선보이고자 모여든 수많은 포티누스 카롤리누스를 훼방 놓는 포식자에는 어떤 것들이 있는지 알아보기 위해서였다. 우리는 밤에 수색해본 결과 수많은 곤충식자들이 불빛 만찬을 즐기면서 반딧불이의 잔치를 망쳐놓고 있음을 확인했다. 그러한 달갑잖은 손님에는 침노린재과의 흡혈충(assassin bug), 장님거미(harvestman, daddy longleg)를 비롯한 여러 거미들이 포함되어 있었다.(그림 7.2) 이 포식자들은 모두 반딧불이의 화학적 방어기제를 피해갈 수 있는 게 분명하다. 그들이 어떻게 그렇게 하는지는 아직까지 밝혀지지 않았지만 말이다.

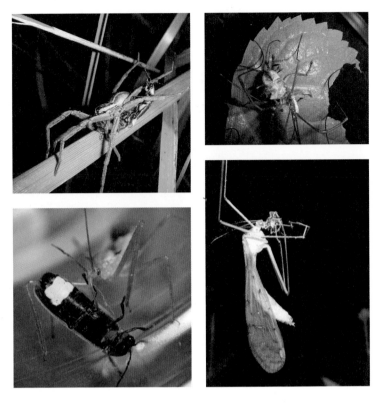

그림 7.2 몇몇 무척추동물은 반딧불이의 방어전략을 눈치채지 못하는 듯하다. 이런 포식자에는 왼쪽 위부터 시계방향으로 늑대거미, 장님거미, 밑들이(hanging fly, scorpion fly), 침노린재과의 흡혈충 따위가 있다.(Photos by Raphaël De Cock)

좀더 깊이 파고들어 가면 그 외에도 몇 가지 포식자를 더 만나게 된다. 바로 반딧불이라면 사족을 못 쓰는 골육상쟁의 암컷 포식자들이다.

경계 표시(warning display)의 진화

반딧불이는 포식자에 맞서는 다양한 전략을 확실히 하고자 몇 가지 기술을 더 갖추었다. 그들은 첫 번째 방어노선으로 조기경보신호를 발달시켜왔다. 조기경보신호는 공격이 일어나기 '전'에 그것을 막는 데 도움을 주는 것이다.

찰스 다윈과 함께 자연선택을 발견한 앨프리드 러셀 윌리스는 자연주의자로서 12년 동안 아시아 열대지방과 남아메리카를 돌아다니면서 동물을 수집했다. 윌리스는 열대지방에서 현장연구를 진행하면서 놀라운 곤충을 수도 없이 만났다. 그 가운데에는 성충 단계와 애벌레 단계에서 화려한 색채를 자랑하는 나비들도 섞여 있었다. 윌리스는 이 나비들이 너무나 눈에 잘 띄었으므로 어떻게 잡아먹히는 사태를 피할 수 있는지 의아했다. 그는 그 나비들을 연구한 끝에 그들에 대해 이렇게 묘사하기에 이른다.

이 나비들은 더없이 아름답고 색깔도 다채롭기 짝이 없다. 검은색, 푸른색, 갈색 바탕에 황적색 혹은 하얀색 점이나 무늬가 선명하게 도드라져 있는 것이다. ……이들은 하나같이 천천히 힘없이 날아다닌다. 그러나 눈에 확 띄어서 다른 어느 곤충들보다 식충 새들에게 잘 잡히는데도 불구하고 어찌된 영문인지 그다지 심각한 피해를 입지는 않는다. ……이 아름다운 곤충은 톡 쏘는 강한 향이나 고약한 냄새를 풍긴다. 그 냄새는 그들의 체액 전반에 고루 배어 있는 듯하다. ……새들이 일부 곤충을 너무 역겨워해서 어떤 경우에도 건드리지 않는다는 것을 보여주는 증거는 허다하다. 그런 까닭에 우리는 냄새가 나비들을 공격에서 벗어나도록 막아주는 요인이 아닌가 생각한다.

윌리스가 경계색에 관한 자신의 의견을 들려주자 다윈은 "지금껏 들어본 적 없는 기발한 생각"이라고 답장을 써 보냈다. 윌리스는 곤충이 포식자에게 잡아먹히거나 치명적인 상처를 입지 않기 위해서는 단지 독이 있다거나 맛이 좋지 않다는 것만으로는 부족함을 분명하게 간파했다. 그에 따르면, 생존 가능성을 높이려면 잠재적 포식자들로 하여금 미처 공격하기도 '전'에 지레 멈추게 만드는 경고신호를 추가해야 했던 것이다. 눈에 확 띄는 색깔 패턴, 혹은 독특한 냄새, 혹은 깜짝 놀랄 만한 소리 따위가 아마도 월리스가 지칭한 이른바 '위험신호기(danger-flag)'로 꼽힐 수 있을 것이다. 독침개구리(poison dart frog), 제주왕나비, 반딧불이를 비롯한 온갖 형태와 크기의 유해동물은 선홍색, 짙은 검정색, 밝은 노란색 무늬 따위가 선명하게 조화를 이룬 색상을 자랑한다. 이렇듯 눈에 잘 띄는 색깔은 잠재적 포식자에게 "나는 독이 있으니 썩 물러서시오!"라고 외치는 경고 구실을 한다. 오늘날 과학자들은 이러한 위험신호기를 '경계색 디스플레이(aposematic display)'라고 부른다. 자연선택이 빚어낸 이 디스플레이는 먹잇감의 역겨움을 대담하게 광고함으로써 포식자들에게 '손해 보는 장사가 될' 먹잇감, 즉 영양적 이득보다 비용이 더 많이 나가는 먹잇감이니 그냥 지나치라고 설득한다. 경계 표시는 포식자에게도 해될 게 없다. 이러한 특징은 포식자들로 하여금 유해 먹잇감을 훨씬 더 쉽게 인지하고 따라서 확실하게 피할 수 있도록 도와주기 때문이다.

반딧불이는 이 조기경보신호를 완벽하게 보유했다. 즉 눈에 확 띄는 색깔 패턴과 발광을 동원하여 포식자의 공격 가능성을 크게 떨어뜨린 것이다. 이 책 전반에 실린 사진들을 보면 알 수 있듯이 대부분의 반딧불이는 성충·유충을 막론하고 색깔이 화사하다. 일반적으로 검은색이나 갈색 바탕에 노란색이나 빨간색 무늬가 조화를 이루고 있다. 이처럼 선명한 색상은 새, 파충류, 일부 포유류 등 낮에 사냥하는 포식자들에게 경계 표시로 작용한다. 아이스너와 그의 동료들은 성충 포티누스속 반딧불이를 갈색지빠귀에게 제공한 결과 그 새가 반딧불이를 딱 한 번 부리로 쪼아 먹다가 내뱉은 뒤로는 초지일관 그 유독한 먹잇감을 피한다는 사실을 확인했다. 단 한 번의 언짢은 경험만으로도 역겨움의 기억이 오래가는 것이다. 갈색지빠귀들은 시각적으로 반딧불이를 알아보게 되었다. 그들의 색깔 패턴을 조기경보신호로 활용한 결과다.

유럽의 백열발광 반딧불이 람피리스 녹틸루카의 유충 역시 색상이 대담하다. 짙은 검은색 바탕에 밝은 주황색 점들이 옆구리를 따라 찍혀 있는 것이다. 포티누스속 반딧불이 성충처럼 이들의 유충도 루시부파긴을 만들어낸다. 5장에서 소개한 라파엘 드 코크는 찌르레기(starling, *Sturnus vulgaris*)가 백열발광 반딧불이 유충을 피하는 방법을 익힐 수 있는지 알아보기 위해 실험을 실시했다. 아이스너의 실험 대상이었던 갈색지빠귀와 마찬가지로 찌르레기도 거저리와 백열발광 반딧불이 유충을 번갈아 제공하자 거저리는 98퍼센트를 열심히 먹어치운 반면 백열발광 반딧불이 유충은 단 한 마리도 먹지 않았다. 찌르레기 역시 처음에는 백열발광 반딧불이 유충을 공격했지만 이내 거부했고, 그다음부터는 보기만 해도 슬슬 피했다. 결국 찌르레기도 밝은 빛깔을 자랑하는 유해 먹잇감 피하는 법을 곧바로 체득했다.

앞에서 살펴본 대로, 반딧불이의 불빛 생산 능력은 애초 유충 단계에서 발달한 것으로 알려져 있다. 유충 단계에서는 불빛이 야행성 포식자를 물리치는 경계 표시로서 기능했다. 밤에 점멸하는 불빛은 분명 눈에 잘 띌 것이다. 그러나 그 불빛이 대체 어떻게 포식자로 하여금 유독한 먹잇감과 맞닥뜨렸던 불쾌한 기억을 더 잘 떠올리게 만들어줄까? 주로 밤에 먹이를 찾아다니는 두꺼비와 생쥐를 대상으로 한 실험이 그 질문에 확실한 답을 제공해주었다. 두꺼비〔부포부포(*Bufo*

bufo)]는 빛나는 백열발광 반딧불이 유충을 겪은 뒤로 빛을 내는 것이라면 인공 먹잇감조차 공격하기를 꺼렸다. 생쥐[무스 무스쿨루스(*Mus musculus*)]는 두꺼비보다 더 빨리 역겨운 먹잇감 피하는 법을 익혔다. 이 실험에서 먹잇감은 바삭바삭한 쌀을 쓴맛 나는 용액에 적신 것으로, 점멸하는 LED 불빛과 함께 제공되었다. 두 실험에서 연구자들은 살아 있는 반딧불이 유충 말고 인공 먹잇감을 쓰기로 했다. 이렇게 실험을 설계하면 포식자가 반딧불이 피하는 법을 익히는 것이 유충의 경계색을 뺀 불빛 신호만의 결과인지 여부를 파악할 수 있기 때문이다.

반딧불이 유충은 자신을 보호하기 위해 발광을 효과적으로 사용하는 것 같다. 그렇다면 성충은 어떨까? 앞에서 이미 살펴보았듯이 성충 반딧불이에서는 불빛을 만들어내는 생화학적 능력이 진화 과정을 거치면서 미래의 교미 상대와 의사소통하는 데 쓰이는 성적 신호로 자리 잡았다. 그렇다면 성충의 점멸 불빛은 포식자의 공격도 막아낼 수 있는가?

한때 깡충거미(jumping spider) 몇 마리를 애완용으로 기른 적이 있다. 나는 그들이 대다수 사람들이 생각하는 것보다 훨씬 더 똑똑하다고 믿는다. 몇 년 전 우리는 피디푸스속(*Phidippus*) 깡충거미에게 주행성의 비발광 반딧불이[엘리크니아속(*Ellychnia*)]를 제공하는 실험을 실시했다. 이 거미들이 반딧불이의 맛을 싫어한다는 것은 익히 알려져 있었다. 우리가 실험을 통해 알아내고자 한 것은 작은 백열발광 불빛을 동시에 보여주면 그들이 반딧불이와의 불쾌한 만남을 좀더 빨리 피하게 되는지 여부였다. 그들은 과연 그랬다. 즉 공격할 때 불빛을 곁들이면 불빛이 없을 때보다 역겨운 먹이에 대한 공격을 더 빨리 멈추었다. 결국 그들이 똑똑하다는 내 믿음은 옳은 것으로 드러났다. 깡충거미는 한낱 무척추동물에 불과하지만 우리가 제공한 경고 불빛을 사용하여 반딧불이의 고약한 맛을 피하는 방법을 성공적으로 습득했다.

박쥐도 거미와 마찬가지로 밤에 날아다니는 곤충을 잡아먹는 주요 포식자다. 그런데 앞에서 보았듯이 박쥐 역시 반딧불이 맛이라면 질색한다. 그렇다면 박쥐도 점멸 불빛을 조기경보신호로 사용하여 맛없는 먹잇감을 피할 수 있을까? 연구자들은 박쥐가 점멸발광 먹잇감을 피하는지 여부를 살펴보기 위해 비행 중인 반딧불이를 본떠서 날아다니는 미끼를 만들었다. 실험 결과에 따르면, 다른 두 종의 박쥐는 점멸발광에 영향을 받지 않은 반면, 큰갈색박쥐(big brown bat)는 비점멸미끼보다 점멸 미끼를 훨씬 덜 공격하는 경향을 보였다. 따라서 적어도 일부 박쥐들은 반딧불이의 점멸발광을 보고 역겨운 먹잇감인지 알아차리고 피할 수 있다는 것이 확인되었다.

이러한 실험들은 백열발광의 보호 능력을 잘 보여준다. 반딧불이는 사랑을 찾기 위해서뿐 아니라 제 독성을 동네방네 알리기 위해서 불빛을 낸다. 반딧불이의 가까운 사촌뻘인 몸이 부드러운 다른 딱정벌레들도 화학적 방어기제를 잘 갖추고 있는 것으로 드러났다. 따라서 반딧불이는 발광 신호를 발달시키기 전에 이미 독소를 사용해온 듯하다. 수많은 포식자들은 눈에 잘 띄는 발광 신호를 알아차리고 기억한다. 그 신호가 유독한 먹잇감을 피하는 데 이롭기 때문이다. 하지만 경계 표시는 포식자의 시각뿐 아니라 후각이나 미각 등 여러 감각을 동시에 자극할 때 한층 더 강한 인상을 남기는 것으로 보인다. 지금껏 보았듯이 반딧불이도 여러 감각을 골고루 구사한다. 그들은 확연한 대조를 이루는 밝은 색상, 뚜렷하게 구분되는 독특한 냄새, 불쾌한 맛을 두루 갖추고 있다. 이 모든 특색이 어우러진 결과 반딧불이는 둘째가라면 서러울 역겨운 존재가 된 것이다. 잊으려야 잊을 수 없는 이 감각 패키지는 각 감각들의 합을 뛰어넘는 강력한 저지 효과를 발휘한다.

반딧불이의 의태곤충들: '식용 가능한 종' 혹은 '유독한 종'

어떤 생명체가 경고신호를 보내고 있다면 그들은 필시 독이 있다, 이 말은 옳은가? 생존경쟁은 강력한 힘이고, 따라서 반딧불이의 방어 이야기에는 지저분한 하위 줄거리들이 즐비하다. 어떤 곤충들은 신중하게 마련된 반딧불이의 디스플레이나 다른 곤충들의 훌륭한 방어기제를 교묘히 모방한다. 사방팔방 광고를 해대노라면 따라쟁이들이 생기게 마련이다. 이 따라쟁이들은 경고 메시지를 약화하기도 하고 강화하기도 한다.

곤충 수집물을 찬찬히 살펴보거나 플리커(Flickr: 미국 기업 야후의 온라인 사진 공유 커뮤니티 사이트―옮긴이)에 실린 반딧불이 사진을 죽 클릭해보면, 더러 다른 곤충들도 반딧불이와 분간이 안 갈 만큼 흡사하게 생겼다는 것을 알아차릴 수 있다.(그림 7.3) 이를테면 나방, 바퀴벌레, 병대벌렛과(soldier beetle), 홍반딧과(net-winged beetle), 하늘솟과(longhorn beetle)를 비롯한 반딧불이의 의태곤충들은 아무 관련 없는 수많은 곤충 집단에서 독자적으로 발달해왔다. 서로 다른 이 곤충들은 긴밀한 유연관계에 놓여 있지 않은 만큼 놀랍도록 유사한 색깔 패턴을 지닐 까닭이 없다. 그런데 공격을 피해야 하는 같은 목적을 위해 서로 아무

상관도 없는 종들에서 수렴진화(convergent evolution: 계통적으로는 아무 관련이 없는 둘 이상의 생물이 적응 결과 유사한 형태를 띠는 현상—옮긴이)를 통해 놀라운 닮은꼴들이 생겨난 것이다. 흔히 볼 수 있는 이러한 위험신호기로의 수렴진화는 경보 디스플레이가 생존에 강력한 효과를 지닌다는 월리스의 예측이 옳았음을 잘 보여준다.

모방은 가장 진지한 형태의 아첨일 텐데, 닮은꼴을 만들어내는 모델 곤충에는 비단 반딧불이만 있는 것이 아니다. 비슷한 의태(mimicry, 擬態) 군단에 이를 수 있는 진화적 경로는 두 가지로 확연하게 구분된다. 동물의 의태라는 수수께끼는 19세기 말 브라질에 살고 있던 두 명의 유럽 출신 자연주의자 헨리 월터 베이츠(Henry Walter Bates 1825~1892)와 프리츠 뮐러(Fritz Müller 1821~1897)에 의해 최초로 풀리게 된다. 두 남성은 비슷하게도 열대지방의 생물 다양성에 매료되었다. 그 지역에서는 온갖 생태적 틈새(ecological niches)를 다양한 생물체들이 가득 메우고 모든 생명체가 너나없이 생존경쟁에 뛰어든다. 베이츠와 뮐러는 독자적으로 연구에 임했는데, 우연하게도 둘 다 브라질의 열대우림 깊은 곳에서 나비를 관찰하며 시간을 보냈다. 그들은 거기서 새로운 종류의 진화적 적응을 밝혀냄으로써 탄탄한 과학적 명성을 얻게 된다. 이제 각각 베이츠식 의태(Batesian mimicry)와 뮐러식 의태(Müllerian mimicry)라 불리는 이 두 가지 적응은 본시 자연선택에서 비롯되었다. 당시는 자연선택이라는 과정이 규명되고 얼마 지나지 않을 때였다.

베이츠는 앨프리드 러셀 월리스를 처음 만났을 당시 열정적인 젊은 곤충학자로서 영국에 서식하는 딱정벌레와 나비의 전문가였다. 베이츠와 월리스는 모두 이십 대 초반으로 관심사가 같았던 만큼 급속도로 가까워졌고 함께 시골로 딱정벌레 수집 여행을 떠나곤 했다. 그들은 1839년 다윈이 출간한 책《비글호 항해기(The Voyage of the Beagle)》에서 언급한 여행 모험에 자극을 받아서 1848년 브라질로 함께 항해를 떠났다. 그리고 그곳에서 본국으로 돌아가는 아마추어 수집가들에게 곤충 표본을 팔아 생계를 꾸려나갔다. 월리스는 브라질에서 4년을 보낸 뒤 영국으로 돌아갔고, 이어 말레이제도(Malay Archipelago)로 떠났다. 한편 베이츠는 몇 년 더 머물면서 아마존강 유역을 돌아다녔다. 그는 이 기간 동안 약 1만 4000개의 곤충 표본을 영국으로 실어 보냈다. 결국 그 절반 남짓이 서구 과학계에는 새로 발견된 곤충인 것으로 드러났다. 베이츠는 한참 뒤 아마존강 유역에서 보낸 그 11년이 인생 전체를 통틀어 가장 꽃다운 시절이었노라고 회고했다.

베이츠가 뭔가 특별한 발견을 한 것은 숲 아래쪽을 천천히 퍼덕거리면서 날아다니는 밝은 색깔의 나비 무리를 관찰하던 중이었다. 나비들이 색깔이며 느릿하게 비행하는 행동이 다들 퍽 비슷해 보였던 것이다. 모두 언뜻 보면 영락없이 단 한 개 종의 일원인 것만 같았다. 그러나 그는 자세히 들여다보고 나서 그 무리가 여러 다른 과에 속한 나비들로 이루어져 있음을 확인했다. 무리의 구성원들이 겉으로는 거의 같아 보였어도 실제로는 그저 먼 친척에 지나지 않았던 것이다. 베이츠는 이 놀라운 현상에 대해 나중에 이렇게 적었다.

수백 가지 예를 들 수 있을 텐데, 서로를 모방한 닮은꼴들을 면밀하게 살펴보면 살펴볼수록 더욱더 놀라게 된다. 그중 몇 가지는 고의적이라는 것을 분명하게 느낄 수 있는 유사성을 드러냄으로써 우리를 깜짝 놀라게 만든다.

베이츠는 그 무리에 포함된 일부 '맛있는' 나비들이 좀더 흔하게 볼 수 있는 '유독한' 종들의 경계색을 의태함으로써 무임승차하다시피 포식자의 공격에서 벗어나 있는 현상을 관찰했다. 1862년 이 생물학자는 자연선택이 어떻게 이러한 의태동물을 만들어내는지 기술한 논문을 발표했다. 월리스의 주장대로, 처음에 가령 새나 도마뱀 같은 일부 똑똑한 포식자들은 경계색이나 행동을 토대로 유독한 나비종을 피하는 방법을 익힐 것이다. 그러나 그들은 여전히 주변에 있는 그와는 무관한 식용 나비들을 배불리 먹을 것이다. 한편 이 식용 종들 내에서 나비의 외관에 영향을 끼치는 유전적 변이가 꾸준히 일어나고 그중 가장 적절한 것들이 끝까지 살아남는다. 이러한 선택은 포식자가 맡는다. 즉 경계색을 띠는 유독한 나비를 겪어본 똑똑한 포식자들이 어떤 먹이는 공격하고 어떤 먹이는 피해야 하는지 결정하는 것이다. 어느 지점에선가 순전히 우연하게 식용 종들 사이에서 몇몇 개체에게 유독한 모델을 좀더 잘 모방하도록 해주는 새로운 변이가 일어난다. 이 같은 우연한 유사성은 이 새로운 변이체들 가운데 일부가 포식을 피해가도록 돕는다. 식용 종들은 세월이 가면서 똑똑한 포식자들에 힘입어 유독한 모델을 정확하게 모방하는 능력을 점차 키워주는 변이를 축적한다. 식용 의태동물은 마침내 포식자들이 일관되게 피할 수 있을 정도로까지 유독 모델동물과 똑같이 닮게 된다. 이제 의태동물도 기생동물처럼 자신의 화학무기에 투자하지 않고도 포식자의 위협이 줄어드는 데 따른 이득을 함께 누리게 된다. 여전히 맛 좋은 의태곤충들이 점점 더 많아지면 그들은 애초 경고신호가 전달하던 메시지를 약화하기 시작한다. 오늘날의 생물학자들은 베이츠식 의태 시스템이 고양이와 쥐라는 진화게임에 휘말렸다고 믿는다. 무슨 말인고 하니, 유독한 모델동물이 새로운 경계 표시를 발달시킴으로써 자신을 의태하는 동물들을 따돌리면 식용 의태동물들도 그에 질세라 부지런히 모델동물을 따라간다는 것이다.

또 다른 의태동물들은 유익할 수도 있다. 프리츠 뮐러는 베이츠와 달리 1852년 독일을 떠나면서 아예 돌아올 생각이 없었다. 뮐러는 가족과 함께 브라질로 이민을 갔고, 거기서 농사를 짓고 지역 학교에서 학생들을 가르치고 그리고 어떻게든 시간을 내어 자신을 둘러싼 생명체들을 유심히 관찰했다. 그는 동시발생하되 서로 아무 연관도 없는 나비들이 더러 '역겨운 맛'이라는 공동의 기치 아래 모여든다는 사실을 알아차렸다. 뮐러는 동일한 경계 표시를 공유하면 일부 유독한 종들이 협력하여 자신들을 먹지 않도록 포식자를 훈련시킬 수 있다고 주장했다. 그는 이렇게 명료하게 추론했다. 멋모르는 포식자가 경계색을 지닌 유독한 먹잇감을 알아보고 피하는 방법을 터득하려면 족히 100마리는 먹어봐야 한다. 그러나 그 포식자가 비슷하게 생긴 유독한 종을 두 개 경험함으로써 같은 교훈을 얻는다면 그가 각 종에서 먹어 봐야 할 개체수는 절반으로 줄어든다. 오늘날 뮐러식 의태라고 알려진 것에서, 두 의태동물 종의 구성원들은 1인당 포식 비율이 낮아짐으로써 혜택을 누릴 수 있다. 이 호혜적 상호작용은 베이츠식 의태와 달리 방어기제가 잘 작동하는 종들의 집합체에 공동의 고통을 분산해 준다.

그렇다면 수십 가지의 반딧불이 의태곤충들은 어떤가? 홍반딧과를 비롯한 일부 가짜들은 그들 자체 브랜드의 화학적 방어기제에 의해 포식자를 물리치는 것으로 보인다. 이 말이 맞는다면, 우리는 뮐러식 의태동물을 보고 있는 셈이다. 이 유독한 곤충들은 공동의 경계색으로 수렴함으로써 잠재적 포식자들을 교육하는 비용을 분담한 결과 반딧불이들에게 도움을 주는 것이다. 베이츠식 의태를 취하는 반딧불이 의태곤충들은 실제로는 먹어도 아무 탈이 없는 곤충인데도 잡아먹히는 사태를 피하려고 반딧불이인 척을 하고 있다. 그리고 이러한 특수한 진화의 큰 줄거리 안에는 한층 더 미묘한 하위 줄거리들이 존재한다. 수많은 반딧불이종 역시 놀라울 정도로 서로 닮았다. 즉 그들은 머리 방패가 검은색과 빨간색이 어우러진 뚜렷한 패턴을 띠며, 짙은 색 딱지날개 가장자리에 연한 줄이 그어져 있다. 이런 식의 유사성은 어느 정도 그들 공통의 선조에게서 유래한 것이다. 그러나 실제로 식용이면서도 좀더 유독한 다른 반딧불이종이 누리는 이득에 편승하고자 그들을 모방할 양으로 경계색을 발달시키는 반딧불이종도 있을까? 혹은 '모든' 반딧불이는 유독할까? 우리는 이 질문에 관한 답을 아직까지 모르고 있다.

무자비한 포식성 반딧불이

반딧불이도 다른 의태 시스템과 마찬가지로, 우리가 막 이해하기 시작한 진화라는 음모에 깊이 연루되어 있다. 그러나 토머스 아이스너가 이끄는 연구진은 더없이 인상적인 과학적 추격을 통해 매우 특별한 반딧불이 의태곤충을 한 가지 발견했다. 최악의 악몽 그 이상이 될 만한 결과다.

나는 은밀한 반딧불이의 구애 대화를 몰래 엿들으면서 숱한 밤을 지새웠다. 밤마다 지도학생들과 함께 포티누스속 반딧불이 암컷을 찾으려고 일찌감치 현장으로 나갔다. 그들은 찾기가 매우 어렵기 때문이다. 우리는 조용히 점멸 불빛을 반짝이면서 날아다니는 수컷 수백 마리에 금세 둘러싸인다. 그들도 우리처럼 암컷을 찾아다니는 것이다. 하지만 포티누스속 암컷은 짐짓 내숭을 떨고 있다. 그리고 제 거처인 풀잎에 앉아서 기다리다가 유난히 매력적인 수컷을 발견하면 그제야 단 한 번 느긋하게 점멸 불빛을 깜빡이는 식으로 화답한다. 3장에서 기술한 대로, 암컷은 수컷이 신호를 보낸 순간부터 정확히 일정 시간만큼 지체한 뒤 신호를 되쏜다. 다른 포티누스속 반딧불이종들에서는 이른바 암컷의 지체시간이 제각각이다. 즉 암컷이 어떤 종에서는 0.5초를 지체한 뒤 반응하지만, 또 어떤 종에서는 5초나 꾸물거리는 식이다. 포티누스속 수컷은 암컷의 반응지체 시간을 보고서 그녀가 자기 종인지 아닌지를 귀신같이 알아낸다.

나는 해가 가면서 암컷들이 보내는 점멸 불빛 반응을 꽤나 잘 알아보게 되었다. 그래서 보통 암컷이 단 한 번 혹은 두 번 불빛을 깜빡이면 그녀를 단박에 찾아내곤 한다. 그런데 어찌 된 일인지 자꾸만 깜빡

속아 넘어가는 일이 되풀이되었다. 풀잎을 따라 내려가면서 살펴보던 나는 방금 전에 요염한 반응을 보낸 것이 포티누스속 암컷이 아니라는 사실을 확인했다. 팜파탈 반딧불이의 기만적 점멸 불빛에 말려든 것이다. 오로지 잡아먹겠다는 일념뿐인 의태곤충이다.

북아메리카에서는 포투리스속에 속하는 몇몇 반딧불이종이 기이한 생활양식을 보인다. 즉 암수가 짝짓기하고 나면 암컷이 다른 반딧불이종의 수컷을 잡아먹기 시작하는 것이다. 이들 곤충은 '공격적 의태(aggressive mimicry)'라고 알려진 행동을 포함하여 놀랄 만큼 정교한 사냥전술을 구사한다. 주로 수컷을 먹는다 하여 제임스 로이드는 포투리스속 암컷에게 팜파탈이라는 이름을 붙여주었다. 이 교활한 암컷들은 제 발광 능력을 기만적 미끼로 사용함으로써, 즉 다른 반딧불이종 암컷의 점멸 불빛을 흉내 냄으로써 그 종의 수컷을 공략하는 것이다. 팜파탈은 수컷이 아무 경계심도 없이 다가오면 무방비한 그를 날름 잡아먹는다. 이 엉큼한 포식자는 덩치가 클 뿐 아니라 다리도 길고 기민하여 하룻밤에도 수컷을 여러 마리 해치울 수 있다.

어느 해 여름 나는 이 포식자들이 공격을 감행할 때마다 그들을 유심히 관찰하면서 시간을 보냈다. 포투리스속 암컷은 운 나쁜 포티누스속 수컷을 붙잡은 다음 다리로 꼭 끌어안아 질식시킨다. 그녀가 강력한 턱으로 재빨리 수컷의 어깨를 깨물면, 물린 상처에서 피―반딧불이의 피는 흰색이다―가 나온다. 암컷은 피를 흘리며 죽어가는 수컷의 신체 부위를 느긋하게 씹어 먹는다. 머리 같은 좀더 부드러운 부위에서 시작하여 점차 복부로 옮아가는 순서다. 그녀는 여유를 부리면서 조심스럽게 한 입씩 씹으며 딱딱한 부분은 뱉어낸다. 몇 시간이 지나면 먹잇감에서 조각만 몇 개 덩그러니 남는다. 제임스 로이드는

그림 7.4 성이냐 죽음이냐? 왼쪽: 불빛을 깜빡이며 유혹하는 포식자 포투리스속 팜파탈이 불운한 포티누스속 수컷을 공격하고 있다.(Photo by Jim Lloyd) 오른쪽: 잔반—씹고 나서 뱉어낸 조각들과 다리 몇 개.

언젠가 나에게 이렇게 말했다. "만약 포투리스속 암컷이 집고양이만 하다면 대부분의 사람들은 밤에 외출하기를 꺼릴 거예요." 나는 이제 그 말이 정확히 무슨 의미인지 알고 있다.

로이드는 이 팜파탈이 수많은 포티누스속 수컷을 죽게 만든 장본인 임을 밝혀냈다. 그는 포티누스속에 속한 여러 반딧불이종의 점멸 신호를 해독하기 위해 돌아다니는 동안, 수시로 이 무시무시한 녀석들이 풀밭에 웅크리고 있는 모습을 보았다. 그리고 그때마다 그들이 주변에서 활발하게 움직이는 먹잇감 종 암컷의 섹시한 점멸 반응을 너무도 감쪽같이 흉내 내는 광경을 목격했다. 뿐만 아니라 그들은 솜씨 좋은 사냥꾼이기까지 하다. 다양한 사기성 점멸 불빛의 레퍼토리들 가운데 하나를 선택하는 이 포식성 암컷은 제 먹잇감에 맞추어 신호를 바꾸기도 한다. 이렇듯 공격적인 생활양식은 반딧불이가 지극히 온화하고 아름다운 생명체라는 저간의 명성과 극명한 대조를 이룬다. 다음에 밖으로 나가서 고요한 불빛으로 가득 찬 한없이 평화로운 밤을 찬미할 기회가 있거든 이 점을 깊이 생각해보라.

그렇다면 여기서는 지금 무슨 일이 벌어지고 있는 것인가? 대부분의 반딧불이는 성충이 되면 먹는 일을 중단한다. 그런데도 탐욕스러운 팜파탈들이 이렇듯 극단적인 살생을 일삼는 까닭은 무엇일까?

그저 질문으로만 남아 있던 이 문제에 대한 답이 나온 것은 토머스 아이스너가 자신의 연구를 반딧불이의 화학적 방어기제로까지 확대하겠다고 마음먹은 뒤였다. 몇 개의 반딧불이종을 실험한 아이스너 연구진은 포티누스속의 세 가지 반딧불이종과 한 가지 주행성 반딧불이종 루키도타 아트라〔속명은 라틴어 lucid(빛)에서 따온 것이고, 종명은 라틴어 atr(검정)에서 따온 것이다—옮긴이〕에서 루시부파긴을 발견했다. 그러나 이타카 부근의 현장에서 수집한 일부 포투리스속 반딧불이종을 실험한 결과, 이 특정 반딧불이가 지닌 독소의 양은 편차가 크다는 사실을 확인했다. 포투리스속 반딧불이종의 경우, 루시부파긴이 어떤 것은 전혀 없고 어떤 것(모두 암컷)은 상당히 많았던 것이다. 포투리스속 팜파탈은 포티누스속 수컷을 잡아먹음으로써 일반적인 음식을 섭취할 때보다 더 많은 것을 얻는가? 그들은 먹잇감의 루시부파긴을 가로챌 수 있는가?

이 질문에 답하기 위하여 연구자들은 아직 그 어떤 먹잇감도 먹지 않은 청정한 포투리스속 반딧불이 암컷들이 필요했다. 하여 현장에서 포투리스속 반딧불이 유충을 잡아서 실험실로 옮겨온 다음 성충이 될 때까지 길렀다. 그리고 난 다음 이 처녀들을 두 집단으로 나누었다. 일부 포투리스속 반딧불이 암컷들에게는 각각 포티누스속 수컷을 두 마리 제공했다. 각 암컷은 수컷 두 마리를 덥석 공격하여 잡아먹었다. 나머지 집단의 각 암컷에게는 수컷을 제공하지 않았다. 연구자들은 그런 다음 각 암컷의 루시부파긴 함량을 측정했다. 그리고 반딧불이가 반사출혈하는 경향이 있다는 점을 이용하여 각 암컷을 가볍게 꼬집어 피를 한 방울 흘리게 한 다음 그 성분을 분석했다. 말할 것도 없이 포투리스속 암컷들이 포티누스속 수컷을 두 마리 먹었을 때,

그들의 피 속에는 루시부파긴이 다량 함유되어 있었다. 반면 나머지 암컷들의 피에는 기본적으로 루시부파긴이 들어 있지 않았다. 야비한 팜파탈들은 포티누스속 수컷을 속여서 잡아먹을 뿐 아니라 그들의 독소마저 빼앗아간 것이다. 그 연유가 무엇일까?

아이스너 연구팀은 포투리스속 포식자들이 적을 퇴치하기 위해 루시부파긴을 훔쳐가는지 여부를 확인하려고 일반종〔generalist: 유연관계로 묶이기 힘든 서로 다른 여러 종의 먹잇감을 먹고 사는 동물. 상대 개념으로 오직 한 과에 속한 생명체들, 혹은 그와 밀접한 유연관계에 놓인 몇몇 과의 생명체들만 먹고 사는 엄격한 기주 특이성(host-specificity)을 띠는 동물을 특수종(specialist)이라 한다— 옮긴이〕 곤충식자들을 일부 동원했다. 피디푸스속의 깡충거미가 선택되었다. 깡충거미는 갈색지빠귀와 마찬가지로 포티누스속 반딧불이의 맛이 역겹다는 것을 잘 아는 곤충으로 알려져 있었다. 깡충거미에게는 현장에서 잡아온 포투리스속 암컷을 제공했다. 다시 한번 말하거니와 그 암컷들 가운데 절반은 포티누스속 수컷을 두 마리 먹었고, 나머지 절반은 아무것도 먹지 않은 상태였다. 깡충거미는 포티누스속 수컷을 두 마리 잡아먹은 암컷들은 한 마리도 건드리지 않았지만, 나머지 절반에 해당하는 암컷들은 공격하고 잡아먹었다. 이것으로 팜파탈들이 제 먹잇감의 독소를 스스로를 지키는 자기방어에 써먹는다는 것을 알 수 있었다.

앞에서 살펴본 대로 포티누스속 반딧불이는 새·박쥐로부터 깡충거미에 이르는 수많은 포식자에 맞서 스스로를 지키기 위해 다양한 방어물질을 개발해왔다. 그런데 스스로를 보호하는 그 방어물질 탓에 위험천만한 의태동물(포투리스속의 암컷)이 탐내는 표적으로 떠올랐다. 이것이야말로 아이러니한 반전을 담은 진화적 운명이 아닐 수 없다.

제 스스로 효과적인 화학적 방어기제를 갖추지 못한 포투리스속 팜 파탈은 절실하게 필요한 독소를 얻으려고 밤에 반딧불이 먹이를 찾아 쏘다녀야 한다. 그러나 포투리스속 암컷의 공격적 의태는 자신에게 필요한 루시부파긴을 획득하기 위한 여러 적극적인 사냥전략들 가운데 하나에 불과하다. 그들은 포티누스속 반딧불이의 점멸 신호를 정확하게 흉내 냄으로써 그 수컷들을 날아다니는 상태에서 공략하기도 한다. 이렇게 되면 포티누스속 반딧불이 수컷들로서는 신중하게 저울질을 해야만 한다. 3장에서 기술한 대로 포티누스속 반딧불이 암컷은 구애할 때 점멸 불빛이 좀더 눈에 잘 띄는 수컷을 선호한다. 그러나 포티누스속 반딧불이 수컷은 눈에 확 띄는 좀더 길거나 빠른 점멸 신호를 보내면 뜻하지 않게 포투리스속 포식자의 표적이 되기 십상이다. 자웅선택과 자연선택이라는 두 가지 뚜렷한 진화적 힘이 서로 반대 방향에서 동시에 끌어당기고 있는 터라, 포티누스속 반딧불이 수컷의 구애 신호는 아슬아슬한 줄타기를 해야 하는 것이다.

마지막으로 포투리스속 반딧불이 암컷이 그토록 간절한 루시부파긴을 얻기 위해 더러 쓰는 꼼수가 한 가지 더 있다. 바로 도둑질이다. 거미줄 가까이 진을 치고서 짝짓기 상대를 찾아 돌아다니는 수컷 반딧불이들이 운 나쁘게 거미줄에 걸려들기만 빌고 있는 것이다. 거미는 지체 없이 그 수컷을 비단 거미줄로 단정하게 친친 감아놓고 나중에 먹기 위해 보관해둔다. 이제 포투리스속 반딧불이 암컷이 사뿐히 거미줄에 내려앉는다. 그녀는 잽싸게 다가가서 포장에 싸인 맛있는 선물을 움켜쥔다. 거미줄을 칠 수 있는 거미의 능력에 편승하여 먹이를 훔쳐가는 것이다. 그녀는 꼼짝 못 하는 먹잇감 위로 몸을 숙인 채 부지런히 먹기 시작한다. 그러나 이 대담한 행동에는 얼마간 위험이

따른다. 수시로 거미가 다시 돌아와서 결투를 신청하기 때문이다. 거미가 몸집에서 우위에 선다면 이 결투는 포투리스속 절도범 역시 친친 감겨서 먹히고 마는 사태로 마무리된다.

* * *

내가 처음 반딧불이에 푹 빠지게 된 것은 그들의 놀라운 성생활 때문이었다. 하지만 나중에는 독소, 배반, 도둑질이 어우러진 그들의 흥미진진한 화학적 방어기제 이야기가 나를 사로잡았다. 반딧불이는 굶주린 포식자를 물리치기 위해 지극히 성공적이고 다양한 방어전략을 개발해왔다. 그들은 우리가 아직껏 규명해내지 못한 모종의 생화학적 마법을 통해 적을 퇴치하는 강력한 독소를 생성한다. 최근의 몇 가지 발견을 통해 오랫동안 물음표로 남아 있던 다음과 같은 수수께끼가 드디어 풀렸다. 반딧불이의 생물발광은 애초에 어떤 역할을 했는가? 앞에서 살펴보았듯이 반딧불이의 불빛은 야행성 포식자에게 독성이 있으니 물러나라고 주의를 주는, 눈에 확 띄는 대단히 인상적인 광고 효과를 낳는다. 반딧불이는 생물발광 말고도 포식자의 공격을 모면하기 위하여 밝은 경계색, 독성 화학물질을 분비하는 팝업 샘, 상처 입으면 피를 흘리는 혐오스러운 습성 같은 다양한 전술을 구사한다. 반딧불이는 식충 동물이 도처에 널린 세상에서 살아남아야 한다는 절박한 진화적 명령에 부응하여 완벽하게 기능하는 방어기제 패키지를 갖추었는데, 이 사실은 자연선택이 작동한다는 것을 잘 보여주는 예다.

진화 과정에서 만나게 되는 놀라운 반전으로, 일부 반딧불이는 독소 만드는 진화적 능력을 잃어버린 듯하다. 포식자의 공격에 취약한 포투리스속 반딧불이 암컷은 자기방어에 사용하려고 다른 반딧불이의 화학무기를 탈취하여 비축해둔다. 육식성으로 돌변한 그들은 다른 반딧불이의 독소를 얻기 위해 꼼수와 반칙도 마다하지 않는다. 이 포식성 반딧불이는 이 장 첫머리를 장식한 인용구("그토록 달콤한 곳에서 독이 나온 적은 없었다")를 이렇게 뒤바꿔놓은 것 같다. "다른 모든 이의 독이 그들의 먹이가 되었다."

토머스 아이스너는 파킨슨병을 앓으며 오랫동안 투병생활을 하다가 2011년 끝내 타계했다. 그는 정녕 곤충을 사랑하는 삶을 살았고, 그들이 지닌 화학무기의 비밀을 캐내느라 온 생애를 바쳤다. 2000년의 어느 인터뷰에서 아이스너는 자신이 어떻게 반딧불이 방어기제의 전모를 밝히게 되었는지 신나게 회고했다. "그것은 밤의 신비였죠. 그 신비를 파헤치는 일이 정말이지 너무 재미있었어요!"

반딧불이의 화학적 방어기제를 둘러싼 수많은 신비는 여전히 풀리지 않은 채로 남아 있다. 바깥의 인형을 열어야 안에 들어 있는 인형이 나오는 러시아의 마트료시카처럼 자연의 비밀은 오직 한 겹 한 겹 서서히 드러날 뿐이다. 반딧불이는 어떻게 제 스스로는 독의 피해를 입지 않으면서도 이처럼 강력한 독소를 만들(혹은 다른 곳에서 빼돌릴) 수 있는가? 수컷의 결혼 선물도 이처럼 소중한 독소를 지니고 있는가? 다른 반딧불이들은 어떤 화학무기를 축적하고 비축해왔는가? 토머스 아이스너는 편견이나 선입견이 거의 없었지만, 그럼에도 곤충이 이 지상에서 가장 다재다능한 화학자라는 주장만큼은 끝까지 고수했다. 그러나 우리는 지금껏 세계 각지에서 살아가는 2000개 반딧불이종들 가운데 극히 일부 종(전체의 0.5퍼센트도 안 되는)의 화학적 방어기제만을 검토한 상태다. 자연에서 살아가는 이 창의적인 화학자들은 항생제,

심장약, 진통제, 항암제 등 인간의 건강에 없어서는 안 될 숱한 산물을 만들어냈다. 반딧불이의 약전(藥典)에는 여전히 발견되기를 기다리고 있는 화학적 방어기제가 무수히 많을는지 모른다. 그런데 그럴 기회가 급속도로 줄어들고 있다.

반딧불이를 위해 소등을!

늘 그런 것 같지 않나요?
당신은 자신이 가진 것을 모르죠,
그것이 사라질 때까지는.
그들은 천국을 포장하고
그리고 주차장을 만들죠.
─조니 미첼(Joni Mitchell)

반딧불이의 불꽃이 사라진 여름

인류라는 거대한 파도가 우리의 행성 지구를 휩쓸면서 생태계 전반이 크게 파괴되었다. 따라서 한 종 혹은 두 종이 멸종하는 것쯤이야 대수롭지 않은 일로 치부하는 것 같다. 한 종의 상실은 그저 생명이라는 옷감에 난 작디작은 구멍에 불과한 것으로 간주한다. 그러나 어떤 종들의 상실은 영영 채워질 수 없는 구멍으로 남는다. 만약 반딧불이가 사라진다면 지상에 존재하는 천혜의 신비가 표 날 만큼 줄어들고 우리 삶의 질도 그만큼 악화할 것이다. 물론 그런 일이 갑작스레 일어나지는 않을 것이다. 그보다는 방 안 가득 켜져 있던 촛불들이 서서히 하나씩 꺼지는 것과 같으리라. 당신은 아마도 첫 번째 불빛이 꺼졌을 때는 그것을 알아차리지 못할지도 모른다. 그러나 결국에 가서는 깜깜한 어둠 속에 앉아 있게 될 것이다.

내 연구와 관련해 대화할 때마다 사람들이 가장 자주 물어오는 질문은 바로 이것이다. "왜 반딧불이가 몽땅 사라지고 있는 건가요?" 틀림없이 반딧불이는 지역적 상황에 따라 어느 해에는 번성하기도 하고 또 어느 해에는 그렇지 못하기도 하다. 그런데도 대부분의 사람들은 어린 시절과 비교해보면 요즈음 반딧불이 수가 눈에 띄게 줄어들고 있다고 믿는다. 플로리다 주 멀베리 시에 사는 한 반딧불이 관찰자가 내게 보낸 이메일에서 말했다. "제가 자랄 때는 반딧불이가 엄청나게 많았어요. 그런데 요 몇 년 사이 반딧불이를 통 볼 수가 없네요." 텍사스 주 휴스턴 시에 사는 반딧불이 애호가도 나에게 이렇게 말했다. "제가 어렸을 적에는 사방에 반딧불이가 천지였는데, 안타깝게도 모두 사라졌어요." 플로리다 주에 사는 한 목장주도 이렇게 말했다. "예전에는 반딧불이가 지천이었죠. 요즘에는 서너 마리만 봐도 정말 운이 좋은 거예요." 반딧불이 전문가 제임스 로이드 역시 플로리다 주의 반딧불이 개체수가 지난 수십 년 동안 지속적으로 줄어들고 있다고 느꼈다. 그는 그런 경향성을 다른 곳에서도 동일하게 관찰했다. 미국 각지를 여행할 때마다 "아직껏 예전과 비슷한 수의 반딧불이가 서식하는 곳은 단 한 군데도 없다"는 사실을 거듭 확인하곤 했던 것이다. 세계 각지의 사람들이 비슷한 우려를 나타내고 있다. 2008년, 방콕 남쪽의 감조하천가에서 동기화 반딧불이를 보면서 자란 태국의 한 뱃사람은 "반딧불이 개체수가 지난 3년 동안 70퍼센트가량 줄어들었다"며, "우리의 생활양식이 파괴되고 있는 것 같다"고 탄식했다.

이런 시각에 회의적인 이들은 겉모습만으로는 판단하기 어렵다고 지적할지도 모른다. 그렇게 느끼는 것은 진짜로 반딧불이 수가 줄어들고 있어서가 아니라 사람들의 생활양식이 바뀌고 있어서라는 것이다. 시골이나 교외 지역에서 반딧불이를 쫓아다니며 어린 시절을 보낸 이들 가운데 일부는 이제 도회지 사람이 되었다. 그리고 에어컨이 도입되자 여름 저녁마다 베란다에 나가서 차가운 음료를 들이켜며 선선한 바람을 즐기던 이들이 거의 사라졌다. 과학기술이 발달함에 따라 컴퓨터·비디오게임·휴대전화가 모든 이들의 시선을 빼앗는 통에, 이제 밤에 저 멀리 초원을 바라보거나 숲을 응시하기보다는 전자기기의 화면을 들여다보는 일이 훨씬 더 잦아졌다.

하지만 일본에서는 지난 세기 동안 반딧불이 수가 급격하게 줄어드는 현상이 꽤나 분명한 기록으로 남아 있다. 그 외 대다수 나라에서는 장기적인 반딧불이 개체수 변화 추이 자료가 나와 있지 않지만, 수많은 진지한 자연주의자나 주의력 깊은 이들 역시 반딧불이 수가 줄어들고 있다고 믿는다. 증거로 확실하게 뒷받침된 것은 아니지만, 이런 말이 끊임없이 나오는 것은 반딧불이가 전 세계의 수많은 지역에서 사라져가고 있음을 말해준다. 대체 무슨 일이 일어나고 있는 것인가? 단언하기는 어렵지만, 반딧불이 개체수를 감소시키는 데 기여하는 불명예 목록의 윗부분에는 서식지 파괴, 빛 공해, 상업적 채집 등 몇 가지 요인을 올려놓을 수 있다.

포장이 깔린 천국

2010년 국제적인 반딧불이 전문가들이 모여서 '반딧불이 보존을 위한 셀랑고르 선언(Selangor Declaration on the Conservation of Fireflies)'이라고 알려진 문서를 작성했다. 이 문서는 반딧불이 개체수를 유지하기 위해 서식지 보존을 최우선 고려사항으로 꼽았다. 반딧불이 서식지를 보존하려면 어떻게 해야 하는가? 반딧불이는 수풀 우거진 지역, 숲, 습지, 개울가 따위에서 조용히 살아가는 것을 좋아한다. 그들은 복잡한 생애 주기를 거치며 대체로 생애 단계 초기에 습기를 필요로 한다. 즉 그들의 알, 유충, 그리고 성충은 건조해지면 곧바로 죽을 수도 있다. 암컷은 알을 낳기 위해 축축한 장소를 찾아다닌다. 부화하기까지 몇 주 동안 지내야 할 장소다. 대부분의 반딧불이는 부화하고 나면 몇 달에서 2년 사이의 어느 기간 동안 땅에 얽매인 유충 단계로서 살아간다. 구더기처럼 생긴 반딧불이 유충은 땅속에 살면서 먹이를 찾아 돌아다닌다. 유충은 분명 들판 멀리까지 쏘다니는 것 같지는 않다. 움직일 수 없는 번데기 단계 역시 지하의 삶으로, 반딧불이가 마침내 성충으로 변신할 준비를 하는 기간이다. 드디어 반딧불이 성충이 어미가 처음 알을 슬어놓은 곳에서 불과 몇 미터밖에 떨어지지 않은 땅 위로 나타난다.

반딧불이는 성충으로 살아가는 몇 주 동안에도 그리 멀리까지 분산하지 않는다. 대부분의 반딧불이는 가령 잠자리 같은 다른 곤충들과 달리 연약한 비행가다. 반딧불이 수컷이 매일 저녁 암컷을 찾아 열정적으로 날아다니는 것은 틀림없지만, 그렇더라도 구애 나들이를 하는 동안 제 본거지에서 그리 멀리 벗어나지는 않는다. 게다가 암컷 반딧불이는 대체로 오래 날아다니지 않는다. 백열발광 반딧불이종의 경우 날개 없는 암컷은 성충 기간을 통틀어 불과 몇 미터 정도만 이동한다.

이와 관련해서는 좋은 측면도 있다. 반딧불이의 착생 습성은 조건만 알맞다면 기존의 개체수가 몇 년 동안 같은 장소에 유지될 가능성을 높인다. 물론 나쁜 측면도 있다. 반딧불이는 돌아다니기가 버거우므로 간단히 짐을 꾸려서 떠날 수 없다. 따라서 서식지가 파괴되면 반딧불이도 덩달아 사라지고 만다. 번식기를 맞은 반딧불이 집단은 무엇인가에 피해를 입더라도 다른 곳으로 옮아갈 가능성이 낮다. 촛불이 하나 꺼지면 어느 지역의 반딧불이 집단이 모조리 사라진다.

따라서 반딧불이를 사라지게 만드는 가장 주된 요인은 그들의 삶터인 초원, 숲, 습지 같은 천연지대가 꾸준히 줄어드는 것이다. 미국에서 반딧불이 서식지는 택지 개발이나 상업지구 개발 붐이 일면서 파괴되곤 했다. 도시 외곽 지역에서는 반딧불이가 노니는 초원이나 숲이 밀려나고 대신 가옥, 주차장, 쇼핑몰이 들어섰다. 이런 일이 일어나고 있다는 것을 확인하기 위해 굳이 토지이용도를 들여다볼 필요는 없다. 우리가 주변에서 날마다 보고 있는 광경이니 말이다. 대부분의 반딧불이가 분산 능력이 시원치 않으므로 서식지가 사라지면 반딧불이 수가 줄어들 수 있다는 것은 자명하다. 텍사스 주 휴스턴 시에 사는 몇몇 거주민들이 반딧불이가 줄어들고 있다고 볼멘소리를 하자 반딧불이 전문가 제임스 로이드가 특유의 어조로 구시렁거렸다. "반딧불이 서식지에 도시를 세우고 포장을 해버리기 전에는 휴스턴에도 반딧불이가 살고 있었거든요!" 로이드는 거의 50년에 걸친 자신의 경험을 토대로 플로리다 주 게인스빌 인근에서 수많은 반딧불이종이 사라진 것도 자연 서식지가 파괴된 탓이라고 지적했다. 그는 자신이 플로리다 주에 처음 도착한 1966년만 해도 헤아릴 수 없이 많았던 여남은 종의 반딧불이가 1990년대 말 완전히 사라진 것을 확인했다. 거주지구와 상업지구가 급팽창하면서 반딧불이의 주요 서식지인 습지가 거지반 사라졌다. 농업이 시작되고 물 수요가 늘자 지하수면이 낮아지고 반딧불이가 선호하는 습지·계곡·저지대가 상당수 말라버렸다.

다른 곳의 반딧불이도 위태롭기는 매한가지다. 내가 가장 좋아하는 반딧불이종은 작지만 매력적인 포티누스 마르기넬루스로, 이른 저녁 무릎 높이에서 활발하게 날아다니며 구애하므로 꽤나 접근하기가 쉽다. 우리는 수년 동안 보스턴 외곽에서 작은 체리나무 숲에서만 살아가는 그들을 연구했다. 놀랍게도 알에서 성충, 그리고 다시 알에 이르는 이들의 전 생애 주기는 온통 이 나무 아래에서만 이뤄진다. 다행스럽게도 그들은 서식지가 개발 제한구역에 묶여 있느니만큼 계속 번성할 것이다.

그러나 건설과 조경을 반복하면서 땅을 불도저로 파 옮기고 다른 흙으로 대체하면 얼핏 훌륭한 서식지처럼 '보이는' 장소에서조차 반딧불이는 온전히 살아남지 못한다. 몇 년 전 델라웨어 주에 갓 조성된 골프 리조트에서 치러진 가족 결혼식에 참석한 일이 있었다. 당시 나는 그 행사에 참석하는 것뿐 아니라 동부반딧불이 포티누스 피랄리스의 근거지로 여행을 떠난다는 사실에 잔뜩 들떠 있었다. 그들을 볼 수 있으리라 낙관하면서 헤드램프와 곤충망까지 챙겨 갔다. 결혼식장에 도착한 우리는 그 골프 리조트가 몇 에이커 면적의 아름다운 초지에 둘러싸여 있다는 것을 알게 되었다. 초지는 잔디를 좋아하는 포티누스 피랄리스 반딧불이에게 더없이 이상적으로 보이는 서식지였다. 그러니만큼 나는 해거름 녘에 젊은 사촌들 몇 명과 피로연을 슬그머니 빠져나왔을 때 기대가 자못 컸다. 그러나 우리는 그날 밤 반딧불이를 단 한 마리도 만나보지 못했다. 2년에 걸친 공사로 흙이 파헤쳐지고 다른 곳으로 옮겨지고 또 다른 곳의 흙이 들어오는 과정이 이어지자 반딧불이가 남아나지 못한 것이다. 대대적인 조경 작업은 반딧불이 유충에게 직접적으로 영향을 줄 뿐 아니라 그 유충의 먹이인 지렁이·달팽이를 비롯한 여러 곤충에게도 해를 입힌다. 이런 곳에서는 살충제의 사용 또한 반딧불이 개체수를 감소시킨다. 깔끔하게 손질된 조경을 위해 화학물질을 과도하게 사용하기 때문이다. 델라웨어 주의 골프 리조트에 반딧불이가 살아가지 않는 것이 오직 건설 작업의 결과이기만 하다면, 결국에 일부 반딧불이가 이주해 와서 새로운 서식지를 일구게 되리라는 희망을 품어볼 수는 있다.

알맞은 반딧불이 서식지의 파괴는 미국에서뿐 아니라 전 세계적으로도 골칫거리로 떠오르고 있다. 태국과 말레이시아에서는 군집생활하는 프테롭틱스속 반딧불이가 국가적 보물로 인식되고 있다. 두 동남아시아 국가는 프테롭틱스속 반딧불이의 야간 구애 디스플레이를 기반으로 관광산업을 개발했다.

밤에 쿠알라 셀랑고르(Kuala Selangor)의 작은 강가 마을 캄풍 쿠안탄(Kampung Kuantan)은 관광객들의 최종 목적지로 바뀐다. 방문객들은 말레이시아반도의 서해안 근처 셀랑고르강을 따라 그 지역에서 운행하는 작은 배를 타고 조용히 갯골을 오른다. 동기화 반딧불이 프테롭틱스 테네르의 디스플레이를 보려고 모여든 이들이다. 날이 저물면 수컷 반딧불이들이 맹그로브 이파리 끝에 자리를 잡는다. 처음에는 무작위적으로 점멸하다가 점차 동기화하는 수컷 불빛들이 검은 강물 위에 반사된다. 1970년대까지만 해도 캄풍 쿠안탄 반딧불이 집단은 그 지역 거주민들과 일부 호기심 많은 과학자들에게만 알려져 있었다. 그러던 것이 이제는 해마다 5만 명 남짓한 관광객이 이 연례 크리스마스트리 디스플레이를 찬미하기 위해 몰려든다. 반딧불이 생태관광은 이 마을 경제에 쏠쏠하게 기여한다. 그게 아니었다면 그 지역민들은 소규모의 농사와 고기잡이로 근근이 생계를 이어갔을 것이다.

최상의 반딧불이 서식지인 이곳은 해안평야에 둘러싸여 있는 셀랑고르 강어귀를 따라 10킬로미터가량 펼쳐져 있다. 감조하천을 따라 수많은 다른 종류의 맹그로브가 자라고 있지만, 반딧불이는 어찌 된 영문인지 구애와 교미 디스플레이를 위한 장소로 베렘방 맹그로브, 즉 소네라티아 카세올라리스(Sonneratia caseolaris)를 유달리 선호한다. 프테롭틱스 테네르 암컷은 짝짓기한 뒤 그 디스플레이 나무를 벗어나 알을 낳기 위해 축축한 땅을 찾아서 강둑을 따라 날아간다. 알은 3주 만에 기어 다니는 유충으로 부화하고, 유충은 젖은 낙엽더미에 풍부하게 서식하는 맹그로브 달팽이를 잡아먹으면서 몇 달을 보낸다. 실컷 먹고 배를 불린 유충들은 번데기가 되기 위해 진흙에 구멍을 하나 판다. 생애 주기를 완성한 성충 반딧불이는 번데기 껍데기에서 기어나와 강가에 늘어선 디스플레이 나무에 모인 무리에 합류하기 위해 날아간다.

과거에는 셀랑고르강에 맹그로브 나무들이 줄지어 있었다. 그러나 이제 길게 늘어선 그 천혜의 숲은 잘려나가고 대신 대규모 기름야자나무 농장이 들어섰다.(그림 8.1) 기름야자나무는 세계 시장에서 수익이 많이 나는 상품으로 자리 잡았고, 말레이시아는 이 식물성 기름의 최대 생산국 가운데 하나다. 맹그로브 숲에 대한 또 한 가지 위협은 새우 수경재배 농장이다. 이 농장을 짓기 위해 길게 늘어선 강둑의 나무들이 잘려나간 것이다.

이러한 활동이 확산하면서 반딧불이가 살아가기에 적합한 서식지가 점차 줄어들기 시작했다. 맹그로브를 베어내자 판연하게 구분되는 두 가지 생애 단계 동안 군집생활하는 말레이시아 반딧불이들의 생존이 위기에 몰렸다. 첫째, 유충 반딧불이다. 이들의 서식지가 파괴되었

으며 먹잇감인 달팽이도 씨가 마르고 있다. 둘째, 성충도 피해를 입는다. 즉 구애와 짝짓기를 위한 만남의 장소로 쓰이는 디스플레이 나무가 파괴되고 있는 것이다. 2008년과 2010년 두 차례에 걸쳐 렘바우-링기(Rembau-Linggi) 강어귀에 9킬로미터가량 뻗어 있는 강가지대에서 조사를 실시한 결과, 강둑의 맹그로브 숲이 파괴되면서 동기화 반딧불이가 사용하는 디스플레이 나무의 수가 불과 2년 만에 122그루에서 57그루로 대폭 줄어들었다는 사실이 드러났다.

자연을 찬미하는 것은 바람직한 취미지만, 관광 그 자체는 반딧불이 개체수에 부정적 영향을 끼치기도 한다. 말레이시아와 태국에서 반딧불이 관광이 급성장하면서 반딧불이가 서식하는 강가를 따라 마구잡이식 상업지대 개발과 남획이 새로운 문제로 떠올랐다. 관광객을 위한 리조트와 식당이 우후죽순으로 들어서며 과거에 반딧불이 서식지였던 곳까지 밀려들었다. 이런 시설물은 대체로 밤에도 대낮처럼 불을 밝혀놓는데, 이 때문에 반딧불이의 짝짓기 의례가 방해를 받기도 한다. 태국의 사무트 송크람(Samut Songkram) 지방의 어느 관광지에서는 반딧불이 관람선의 수가 6년 만에 7척에서 180척으로 껑충 뛰었다. 관광산업이 급물살을 타자 디젤을 동력으로 삼는 관광용 선박들이 수질 오염과 강둑 침식의 원인으로 떠올랐다. 들리는 바에 따르면, 일부 강가 거주민들은 밤에 온갖 관광용 선박에서 발생하는 소음을 견디다 못해 아예 자기 집 근처의 반딧불이 디스플레이 나무를 베어버렸다고 한다. 일부 관광 가이드와 선박 운전수들이 관람 중인 그 생명체의 생애 주기나 서식지 여건에 대해 식견이 부족하다는 것 또한 문제였다. 운전수들은 관광객을 즐겁게 해주려고 일부러 배로 나무를 들이받아 반딧불이가 물속으로 떨어지게 만들기도 했다. 그들은 디스플레이 나무에 불을 비추기도 하고 반딧불이를 잡아서 보여주기도 했다. 이렇듯 몰지각한 행동은 반딧불이의 구애와 짝짓기 활동을 훼방놓을 게 뻔하다.

　말레이시아자연협회(Malaysian Nature Society)의 자연보호 고위관리 소니 웡(Sonny Wong)은 호리호리하고 다부지며 잘 웃고 겸손한 남성이다. 말레이시아 반딧불이의 전문가이기도 하다. 웡은 2003년부터 반딧불이의 생태에 관한 대중의 인식을 높이고 그들을 보존할 필요성을 대중에게 알려왔다. 또한 민감한 반딧불이 서식지를 보호하는 반딧불이 보존사업에 지역 공동체가 이해당사자로서 동참하도록 이끌었다. 말레이시아자연협회는 최선의 방법을 모색하고 그 지침을 지역민에게 널리 알림으로써 반딧불이 관광이 지속가능한 사업이 되기를 희망했다. 웡이 지적한 대로 "이 프로그램은 그들에게 반딧불이의 관람 윤리를 가르쳐주며 다른 한편 생계수단도 제공한다. 또한 그들이 이 지역에 대해 주인의식을 갖도록 해준다". 오늘날 태국의 사무트 송크람 같은 지역에서는 환경교육 담당자들이 게시판을 내걸고, 지역주민·관광 가이드·선박 운전수 들에게 반딧불이 FAQ(자주 묻는 질문들)가 실린 팸플릿을 나눠준다. 이처럼 지역사회를 기반으로 한 관광업을 육성하는 것이야말로 환경을 파괴하지 않으면서도 경제발전을 꾀할 수 있는 비결이다. 미래세대가 틀림없이 자연세계의 경이를 경험하게 하려면 수많은 이해당사자들이 손잡고 군집생활하는 이 반딧불이를 보호해야만 한다.

빛 공해

스위스의 작은 마을 바이버스타인(Biberstein)은 활기찬 유럽의 백열발광 반딧불이 람피리스 녹틸루카의 본거지다. 다른 세계 각지의 마을, 소도시, 도시와 마찬가지로 바이버스타인에도 가로등이 있다. 반딧불이의 찬미자이자 교육자인 슈테판 이나이셴(Stefan Ineichen)은 이 인공 불빛이 그곳에서 살아가는 백열발광 반딧불이에게 어떤 영향을 주는지 알아보기로 했다. 날개 없는 백열발광 반딧불이 암컷의 디스플레이 위치를 지도로 그려본 결과, 가로등이 만들어낸 환한 원형 공간은 암컷이 수컷을 유혹하는 백열 불꽃쇼를 어디서 할지 결정하는 데는 영향을 미치지 않았지만 수컷이 어디서 암컷을 찾아가는 비행을 할지 결정하는 데는 분명 영향을 주었다. 불빛을 내지 않고 날아다니는 수컷들은 오로지 가로등이 비치지 않는 어두운 곳 주변에서만 암컷을 찾았다. 결국 가로등 근처에서 상품을 전시하고 있던 외로운 백열발광 반딧불이 암컷들은 아무도 교미할 기회를 얻지 못하고 말았다. 따라서 바이버스타인을 비롯한 유럽의 여러 도시에 켜진 가로등은 저도 모르게 백열발광 반딧불이의 생식 현장에 스위스 치즈에 난 구멍 같은 공백을 남기고 있다.

지난 200년 동안 인류는 빼어난 창의성을 발휘하여 어둠을 정복할 수 있었다. 인공 전등 덕택에 밤에 도시의 거리와 차도가 불야성을 이루고, 야외 스포츠 행사를 개최하고, 상품을 광고하고, 주차장과 빌딩 주변의 안전을 강화하고, 마당에 자라는 나무에 근사한 조명을 비추는 일이 가능해졌다. 위성사진을 보면 차도에 늘어선 가로등의 촉수들이 황야로까지 구불구불 뻗어 있는 모습을 분명하게 확인할 수 있다.

물론 밤에 인공 불빛은 대체로 이롭다. 그러나 빛 공해는 새로운 문제를 빚어내기도 한다. 인공조명이 의도치 않는 곳을 비추는 미광(stray light, 迷光)을 만들어내는 탓이다. 국제밤하늘협회(International Dark-Sky Association)는 미국에서 총 옥외 불빛의 30퍼센트가 아무 소용도 없는 하늘을 향해 있다고 추정했다. 설계가 엉망인 조명도 허다하다. 그러한 조명은 어둠을 잠식하고, 우리 행성의 자연적 빛 주기를 흐트러뜨린다. 1960년대에 빛 공해가 찬란한 밤하늘을 관찰하기 어렵게 만든다는 사실에 놀란 천문학자들이 처음으로 그 문제에 대해 주의를 환기시켰다.

생태학자들의 처지에서도 빛 공해를 우려할 만한 이유는 다분하다. 인공조명은 새·거북·개구리·곤충 등 모든 야행성 동물의 자연적 행동을 교란한다. 빛 공해는 반딧불이에게도 파괴적 결과를 낳을 소지가 있다. 그들의 생물발광 짝짓기 신호가 인공조명에 의해 허망하게 묻혀버릴 수 있기 때문이다. 반딧불이 서식지를 비추는 불빛은 암수가 구애 신호를 탐지하지 못하게 방해하는 배경소음을 증가시킨다.

이처럼 낮은 신호대잡음비(signal-to-noise ratio)는, 스위스의 백열발광 반딧불이에 관한 연구에서 보듯이, 반딧불이 수컷이 불 밝은 지역에서 암컷을 찾지 않으려 드는 이유를 말해준다. 그와 비슷하게 플로리다 주의 포티누스 콜루스트란스종에서는 옥외의 밝은 불빛 가까이 놓인 암컷의 미끼가 어두운 곳에 놓인 것보다 수컷을 유인하는 데 더 무력했다. 인공 불빛은 구애를 막기까지 한다. 수컷 반딧불이는 황혼 녘에 수색 비행을 시작할 때 자연 빛 신호에 의존하기 때문이다. 실험실 실험에서 인공 불빛은 태국 반딧불이의 구애를 방해했으며 그들의 짝짓기 성공률을 떨어뜨렸다.

빛 공해는 반딧불이의 생식 성공률을 낮추어 반딧불이 집단을 위험에 빠뜨린다. 테네시 주의 자연주의자이자 반딧불이광인 린 파우스트

그림 8.2 빛 공해는 짝을 찾는 반딧불이의 생물발광 신호를 방해하는 식으로 그들에게 해를 끼친다.(사진: NASA의 허락하에 게재)

는 20년 넘게 녹스빌 외곽에 있는 40에이커의 가족 농장에서 10여 개 반딧불이종을 면밀하게 관찰해왔다. 그러던 중 이웃에 자그마치 32개의 옥외 투광조명등을 설치한 맥맨션(McMansion: 대형 고급주택―옮긴이)이 새로 들어선 뒤 그 가운데 한 종이 사라졌다는 사실을 깨달았다. 파우스트는 "무엇 때문에 그토록 많은 조명이 필요한가?" 묻지 않을 수 없었다. 그래서 그때 이후 침입광(light trespass)―즉 원치도 않는데 남의 마당이나 집을 밝게 비추는 이웃의 불빛―을 줄이려고 동네에서 캠페인을 조직하기도 했다.

인간의 과학기술은 비교적 짧은 기간 내에 밤 시간을 완전히 뒤바꿔놓았다. 자연적인 어둠은 이제 지표면의 상당 지역에서 사라지고 말았다. '미광'은 반딧불이를 비롯한 밤의 아름다움을 보지 못하게 만든다. 나는 내 스스로도 인공 불빛에 너무 익숙해져서 밤에 손전등 없이 숲길을 걸으려면 약간의 담력이 필요하다는 것을 깨달았다. 그렇지만 한번 그렇게 해보기 시작하자 어둠에 적응한 눈에 너무나 많은 빛나는 것들이 들어왔다! 나는 반딧불이 유충이 수백 마리씩 떼 지어 땅바닥에 느린 불빛을 끄적거리고 있는 모습을 볼 수 있었다. 땅속에 편안하게 자리 잡은 반딧불이 번데기도 보였다. 그들은 몸 전체가 빛났다. 반딧불이를 통째로 집어삼키기라도 한 양 불빛을 깜빡거리면서 통통 뛰어다니는 두꺼비도 있었다.

우리는 우리의 욕구를 충족하고자 세상을 밝힐 때면 그 조명이 다른 생명체들에게는 폐를 끼칠 수도 있음을 항시 유념해야 한다. 만약 더 많은 반딧불이를 주위에서 보고자 한다면 그들에게 밤을 되돌려주어야 한다. 이 장 말미에는 좀더 현명한 조명법을 선택함으로써 그 일을 거들어주는 방안이 몇 가지 소개되어 있다.

보상금을 노린 반딧불이 채집

'보상금을 노린 사냥(bounty hunting)'도 반딧불이 개체수가 줄어드는 이유 중 하나다. 거의 반세기 동안 미국에서 사람들은 불빛을 생산하는 효소 루시페라아제를 추출하기 위해 야생 반딧불이를 닥치는 대로 잡아들였다. 루시페라아제가 반딧불이에게는 서로 대화하도록 이끌어 주는 물질이지만, 사람에게는 전혀 다른 목적에 쓰이는 것으로 드러났기 때문이다.

루시페라아제는 반딧불이의 등에 들어 있다. 6장에서 기술한 대로, 이 효소는 ATP, 즉 아데노신삼인산이라는 분자에 포함된 에너지를 이용하여 불빛을 생성하는 화학작용을 중개한다. 세균이며 점균류에서부터 반딧불이, 인간에 이르는 모든 살아 있는 생명체는 ATP를 지니고 있는데, 세포 내에 에너지를 실어 나르는 화학적 운반체로 그것을 활용한다. 어떤 것인가가 살아 있기만 하다면 그 안에서는 ATP를 발견할 수 있다. 반딧불이가 ATP를 동력으로 불빛을 만든다는 사실을 밝혀낸 것은 1940년대 말 존스홉킨스 대학에서 근무한 생화학자 윌리엄 매켈로이(William McElroy)였다. 반딧불이 루시페라아제가 ATP를 이용할 수 있을 때에만 불빛을 낸다는 사실은 루시페라아제를 써서 어떤 특정 세포가 죽었는지 살았는지 판별할 수 있다는 것을 뜻했다. 매켈로이의 발견에 힘입어 루시페라아제는 곧바로 의학연구나 식품안정성 테스트 등 수많은 실용적 목적에 활용되었다. 과거에는 살아 있는 반딧불이가 루시페라아제를 얻을 수 있는 유일한 원천이었으므로, 반딧불이 사냥은 인기 있는 여름 취미로 떠올랐다. 야외에 나가서 반딧불이를 잡아오면 용돈을 벌 수 있었던 만큼 어린이들이 순진하게 그 일에 매달렸던 것이다. 생명을 탐지하겠다고 반딧불이를 죽이다니 누가 봐도 앞뒤가 맞지 않는 짓이었지만, 좌우지간 그런 일이 실제로 벌어졌다.

볼티모어에 있는 매켈로이 실험실이 반딧불이의 생물발광과 관련한 신비를 파헤치고자 애쓰던 1947년, 대대적인 반딧불이 포획이 시작되었다. 그들은 수많은 반딧불이 등을 갈아서 실험에 필요한 반딧불이 루시페라아제를 추출했다. 처음에는 과학자들이 직접 필요한 반딧불이를 잡아다 썼다. 그러나 금세 그렇게 하는 것만으로는 실험에 필요한 수요를 감당하기가 어려워졌다. 그래서 지역신문에 광고를 실어 아이들에게 도움을 호소했다. 반딧불이 100마리당 25센트를 지불하겠다는 내용이었다. 그들은 그렇게 해서 첫해에만 약 4만 마리를 확보했다. 1960년대에는 매켈로이 실험실이 아이들에게 돈을 주고 사들인 살아 있는 반딧불이가 해마다 50만~100만 마리나 되었다. 지역신문에 실린 어느 기사에 적힌 대로, "볼티모어에서 반딧불이의 삶은 위태롭고도 값비싼 것이 되었다". 반딧불이의 자연사에 정통한 매켈로이는 동원된 아이들이 주로 수컷 반딧불이를 잡아오리라는 것을 잘 알고 있었다. 대체로 암컷은 계속 안전하게 땅바닥에 남아 있을 터이기 때문이다. 그는 암컷이 계속 짝을 만나고 알을 낳을 수만 있다면 과학이 후원하는 반딧불이 잡기가 반딧불이 개체수에 그리 큰 타격을 입히지는 않으리라 낙관했다. 볼티모어와 그 인근 지역에서 잡아들인 반딧불이종은 동부반딧불이 포티누스 피랄리스일 가능성이 많았다. 과거에 그 지역에 풍부했고 여전히 번성하는 식별이 쉬운 종이다.

매켈로이의 반딧불이 포획 작전은 장차 벌어질 일에 비하면 하찮은 것이었다. ATP가 존재하는 곳에서 루시페라아제가 불빛을 낸다는 발견에 힘입어 반딧불이 루시페라아제를 실생활에 새롭게 응용한 개발 사례가 급속도로 불어난 것이다. 머잖아 미주리 주 세인트루이스에 본사를 둔 시그마 화학사(Sigma Chemical Company, 이하 시그마)가 루시페라아제를 판매하기 시작했다. 이 회사는 살아 있는 반딧불이를 동결건조시키고 그들의 등을 잘라내어 루시페라아제를 얻었다. 1960년 여름, 시그마는 이른바 시그마반딧불이과학자클럽(Sigma Firefly Scientists Club)을 출범시키고, 그 단체를 중심으로 전국적으로 야생 반딧불이 수백만 마리를 포획하기 위해 방대한 반딧불이 채집자 네트워크를 구축했다. 매해 여름이면 시그마반딧불이과학자클럽은 의학 연구를 위해 반딧불이가 시급하다고 알리는 광고를 미국 전역에서 발행하는 신문들에 실었다.(그림 8.3) 신문 광고는 "시그마반딧불이과학자클럽은 보이스카우트 단체, 교회 단체, 4H 클럽, 개인 등 누구에게나 열려 있다"고 호소했다. 시그마반딧불이과학자클럽은 만약 살아 있는 반딧불이를 잡아서 보내주면, 보상금을 처음 100마리부터는 50센트를 지급하고, 2만 마리가 넘으면 한 마리당 1센트로 늘리겠다고, 그리고 20만 마리가 넘으면 거기에 20달러의 보너스까지 얹어주겠다고 제의했다.

선의를 지닌 수많은 가족들, 아이들, 지역사회 단체들이 반딧불이가 "인간의 질병을 진단하고, 다른 행성에서 살아갈지도 모를 생명체를 찾아내고, 우리의 환경을 파괴하는 대기·식품·수질 오염을 퇴치하는 데 사용될 수 있다"고 설득하는 시그마의 그럴듯한 광고에 속아넘어갔다. 시그마반딧불이과학자클럽은 수년 동안 주로 미국 중서부와 동부의 25개 주에 걸쳐 수천 명의 채집자를 거느린 방대한 반딧불이 포획 네트워크로 성장했다.

그림 8.3 시그마가 반딧불이 사냥에 보상금을 내건 1979년 6월 11일 자 〈사우스이스턴 미주리안(Southeastern Missourian)〉 지 광고.

일리노이와 아이오와 주의 채집자들이 주로 반딧불이 사냥 단체를 이끌었다. 별명이 '점멸발광 반딧불이 여인(Lightningbug Lady)'인 아이오와 주의 한 여성은 수십 년 동안 해마다 반딧불이 약 100만 마리를 잡아서 시그마반딧불이과학자클럽에 넘겼다. 그중 일부는 그녀가 직접 픽업트럭을 타고 달리면서 트롤망으로 훑어 잡은 것이지만, 나머지는 주로 그녀가 이끄는 420명의 반딧불이 채집자들로 구성된 지역 네트워크에서 수합한 것이었다. 그녀는 그것을 모두 포장하여 배에 실어 보냈다. 어떤 채집자는 반딧불이를 팔아서 번 돈을 또 다른 종류의 여름철 놀이에 사용했다. 즉 지역사회가 수영장을 짓는 데 보탠 것이다.

이렇게 시그마반딧불이과학자클럽 회원들은 "가외의 소득도 챙기면서 동시에 과학에도 기여한다"고 믿었기에 별다른 가책 없이 엄청난 양의 살아 있는 반딧불이를 잡아들였다. 얼마나 많은 양이었을까? 시그마는 1976년 여름에는 370만 마리를, 1980년 여름에는 320만 마리를 사들였다고 발표했다. 이 상업적 채집을 통해 사라져간 수를 정확히 확인할 도리는 없지만, 약 30년 동안 해마다 줄잡아 300만 마리를 수집했다 치면 모두 9000만 마리에 달한다는 계산이 나온다. 실로 어마어마한 양이다.

그렇다면 이 모든 반딧불이는 어떻게 되었을까? 시그마(나중에는 '시그마알드리치 화학사(Sigma-Aldrich Chemical Company)'로 달라졌다)는 이 곤충을 가공하여 ATP 분석(ATP assay)에 사용되는 다양한 루시페라아제 제품을 제조·판매했다. 연구과학자, 정부기관, 시험을 실시하는 실험실이 주로 이 제품들을 구입했다. 이 회사의 웹사이트와 카탈로그에는 지금까지도 채집한 반딧불이로 만든 수많은 제품들이 소개되어 있다. 말린 반딧불이 전체(5그램에 79달러), 말린 반딧불이 등(5그램에 1245달러), 반딧불이 등 추출물(50밀리그램에 183달러), 정제한 반딧불이 루시페라아제(1밀리그램에 186달러) 따위다.(괄호 안은 2013년 현재의 가격) 시그마반딧불이과학자클럽이 적잖은 이익을 낸 데 힘입어 시그마알드리치 화학사가 설립될 수 있었다는 것은 분명하다. 이 회사는 결국 세계 굴지의 생화학제품 공급사 가운데 하나로, 2007년에 매출액이 20억 달러를 웃도는 기업으로 발돋움했다.

1990년대 중엽 시그마반딧불이과학자클럽은 더 이상 신규회원을 받아들이지 않겠노라고 선언했다. 반딧불이 채집 작업을 전면 중단한 것이다. 이는 부분적으로 내가 1993년 〈월스트리트저널(Wall Street Journal)〉과 인터뷰한 뒤 매스컴을 통해 부정적 기류가 퍼진 결과라고 생각한다. 나는 그 인터뷰에서 시그마반딧불이과학자클럽의 대대적인 반딧불이 포획이 개체수를 줄이는 데 영향을 미칠 수 있다고 언급했다. 또한 과학기술이 급속도로 발전하고 있는 만큼 더는 야생 반딧불이를 잡아들일 필요가 없다고 덧붙였다. 1978년 과학자들은 포티누스 피랄리스 반딧불이에서 루시페라아제를 만들어내는 유전자의 DNA 서열을 분리하고 결정하는 방법을 알아냈다. 이 루시페라아제의 유전적 청사진이 밝혀지자 단 한 마리의 반딧불이도 건드리지 않고 루시페라아제를 합성할 수 있었다. 재조합 DNA 기법을 이용하여 루시페라아제 유전자를 무해한 세균에 주입하면 그 세균의 단백질 조립 조직이 다량의 루시페라아제를 만들어낸다. 이 합성 루시페라아제는 1985년부터 이용 가능해졌는데 살아 있는 반딧불이에서 추출한 것보다 더 저렴하고 게다가 훨씬 믿을 만하기까지 하다. 결국 더는 야생 반딧불이 개체군에서 반딧불이를 채집할 까닭이 없어졌다. 그러나 비교적 최근인 2014년 여름까지도 여전히 테네시 주 오크리지에 본사를 둔 반딧불이프로젝트(The Firefly Project)라는 아리송한 기업이 야생에서 반딧불이 채집에 열을 올리고 있었다. 그들 역시 지역신문에 채집자를 모집하는 광고를 내보냈다. 채집자들은 테네시 주의 한 카운티에서만 약 4만 마리의 반딧불이를 잡아들였고 그 대가로 모두 665달러를 받아갔다.

생태학자인 내 눈에는 이렇듯 무차별적으로 반딧불이를 포획하면 일부 지역에서 반딧불이가 전멸하리라는 것이 불 보듯 뻔했다. 그러나 시그마의 채집자들은 반딧불이가 무궁무진한 천연자원이라고 믿어 의심치 않는 듯하다. 이제는 멸종하고 없는 여행비둘기(passenger pigeon: '나그네비둘기'라고도 하며 북아메리카 대륙 동부해안에 서식하던 야생 비둘기—옮긴이)에 대해서 과거에 사람들이 그렇게 생각했던 것처럼 말이다. 사태가 악화한 데는 채집자들이 반딧불이종들을 구분할 수 있는 능력도 그럴 열의도 없었던 탓이 컸다. 모든 반딧불이의 개체당 가격이 동일했던 것이다. 시그마는 확보한 반딧불이도 거기서 추출한 루시페라아제도 매켈로이 집단이 볼티모어 부근에서 수집한 것과 같은 종인 '포티누스 피랄리스'라고 광고했다. 하지만 채집자들은 밤에 불빛을 깜빡거리는 반딧불이면 무엇이든 가리지 않고 잡아들였다. 따라서 꽤나 여러 종의 반딧불이가 그들의 망에 걸려들었음은 물론이다. 시그마 측 역시 흔한 종이든 희귀종이든 괘념치 않았다. 그 회사의 어느 대표는 반딧불이들 가운데 어떤 것은 "크고 활발하며"(아마 포투리스속이었을 것이다), 또 어떤 것은 "차분하다"(여기에는 아마도 포티누스속과 피락토메나속(Pyractomena)의 여러 다른 종이 포함되어 있었을 것이다)는 것을 알아차렸음에도 불구하고 말이다. 다음 절에서 우리는 서로 상이한 반딧불이 집단을 구분하는 손쉬운 방법을 몇 가지 배우게 될 것이다. 하지만 시그마는 그들이 사들인 반딧불이를 분류하지 않고 한꺼번에 가공해버렸다.

보상금을 노린 사냥은 미국의 반딧불이 개체수에 어떤 영향을 미쳤을까? 이 장 앞부분에서 밝힌 대로, 반딧불이는 새로운 서식지로 확산하는 데 능하지 못하고, 따라서 각 지역의 개체수는 내내 그 근방에 머문다. 채집자들은 특정 서식지에서 반딧불이 수천 마리를 제거함으로써 필시 수컷 반딧불이 개체수를 줄이고, 그 결과 암컷의 짝짓기 기회도 그만큼 앗아갔다. 암컷이 낳는 알의 수가 줄어들었으며, 이는 부화하는 유충의 수가 그만큼 적어진다는 것을 뜻했다. 같은 장소에서 해마다 되풀이하여 반딧불이를 잡아들이면 그들의 수는 지속적으로 감소할 것이다. 풍부하게 존재하는 일부 반딧불이종은 어떻게든 이러한 대대적 포획을 이겨낼 수 있었겠지만, 대다수 희귀종들은 필시 근절되었을 것이다. 그렇다면 어느 정도가 지속가능한 반딧불이 채집 수준일까? 나는 동료들과 함께 이 질문에 답하기 위해 컴퓨터 모델을 활용하여 실제 반딧불이 개체수를 셋업한 다음 그들을 저마다 다른 정도의 채집 수준에 노출시켜보았다. 몇 가지 생물학적·수학적 가정을 해야 했는데, 좌우지간 우리는 연간 채집률이 총 성충 수컷의 10퍼센트를 웃돌면 포티누스속 반딧불이의 경우 15~50년 내에 멸종한다는 결과를 얻어냈다.

세계의 다른 지역에서도 남획으로 인해 반딧불이가 위기에 몰렸다. 이 장 뒷부분에는 일본의 사례가 소개되어 있다. 일본에서는 19세기에 반딧불이를 지나치게 사랑한 나머지 심미적 목적의 상업적 채집이 기승을 부린 결과 일부 반딧불이가 위험에 빠졌다. 중국에서는

2013년 산둥성의 한 관광공원이 방문객을 유치하기 위해 반딧불이를 1만 마리 들여와 풀어놓았다. 그러나 이식된 반딧불이의 절반가량이 적합하지 않은 새로운 서식지에 적응하지 못하고 죽어가는 바람에 초반의 기쁨은 며칠 만에 실망으로 바뀌었다. 아마 다른 나라들도 중국의 실수를 통해 교훈을 얻었을 것이다.

반딧불이를 위협하는 그 밖의 요소들

반딧불이는 개체수 감소에 기여한 소지가 있는 다른 위험들에도 노출되어 있다. 세계 도처에서 토양과 수질은 고농도의 살충제에 의해 오염된 상태다. 미국에서는 교외 지역의 잔디밭과 정원의 살충제 사용률이 농경지보다 최대 세 배가량 높다. 잔디밭에 흔히 쓰이는 살충제는 대부분 광범위 살충제다. 이는 그러한 살충제에 접촉한 곤충은 깡그리 죽게끔 설계되어 있음을 의미한다. 그들은 알풍뎅이(Japanese beetle) 같은 해충이냐 반딧불이 같은 무해 곤충이냐를 가리지 않는다. 반딧불이는 알 단계와 유충 단계 동안 대부분의 시간을 땅속에서 보낸다는 사실을 기억하라. 반딧불이의 알과 유충은 땅속에서 살충제와 접촉할 가능성이 있는 것이다. 성충 반딧불이 역시 낮에 초목에서 쉬고 있을 때 잔류 살충제에 노출된다.

놀랍게도 살충제가 반딧불이에 어떤 영향을 미치는지를 직접 조사한 과학적 연구는 찾아보기 어렵다. 2008년에 한 한국인 연구자가 보통 살충제들이 루키올라 라테랄리스[Luciola lateralis: 이제는 아쿠아티카 라테랄리스(Aquatica lateralis)로 이름이 바뀌었다]에게 해를 입히는지 여부를 알아보기 위해 실험을 실시한 것이 거의 유일하다. 그에 따르면, 대개의 살충제는 제조사에서 권유한 농도대로 사용할 경우 꽤나 유독했다. 살충제의 대다수가 루키올라 라테랄리스종의 알·유충·성충을 100퍼센트 사망으로 몰아갔다. 살충제는 또한 반딧불이 유충의 먹이인 지렁이와 달팽이를 대거 살상함으로써 반딧불이에게 간접적으로도 해를 끼친다. 예를 들어 위드앤드피드(Weed & Feed: 비료와 제초제가 한데 섞여 있는 제품—옮긴이) 같은 제품에 들어 있는 침투성 제초제 2,4-D는 무당벌레 같은 딱정벌레뿐 아니라 지렁이에게도 유독한 것으로 드러났다. 일본의 몇몇 과학자들은 대대적으로 논에 농약을 친 결과 거기 사는 반딧불이의 수가 줄어들었다고 주장했다. 따라서 살충제를 잔디밭이나 정원에 무턱대고 사용하면 반딧불이가 해를 입을 가능성이 있다.

우리는 반딧불이가 기후변화에 어떻게 반응할지 아직 알지 못한다. 온도가 상승하면 온대지방에서 살아가는 곤충들은 발달이 좀더 빨라지며 겨울을 나고 생존할 여지도 커질 것이다. 또한 많은 곤충의 활동기가 길어질 것이다. 기온이 따뜻해지고 생장철이 늘어나면 일부 곤충은 한 해에 더 많은 세대를 거칠 수도 있다. 그 곤충이 반딧불이라면 좋은 소식이겠지만, 만약 모기를 비롯한 해충이라면 나쁜 소식일 것이다.

다른 많은 계절동물처럼 반딧불이도 온도를 토대로 제가 등장해야 하는 시기를 알아차린다. 기후변화는 진작부터 온도신호를 기반으로 이뤄지는 수많은 자연적 사건을 교란했다. 일본의 벚나무는 더 일찍 개화하고, 새들은 겨울 서식지에서 서둘러 돌아오고, 개구리는 일찌감치 알을 낳는다. 반딧불이에게도 똑같은 일이 벌어지고 있는 것으로 보인다. 린 파우스트는 20년 동안 그레이트스모키산맥의 동기화 반딧불이종 포티누스 카롤리누스가 처음 등장한 날짜와 그들의 밀도가 최고조에 이른 날짜를 꼼꼼하게 기록해왔다. 거기에 따르면 이 반딧불이종에서 디스플레이가 절정을 이루는 날이 20년 전보다 약 열흘가량 빨라졌다.

기온이 올라가면 반딧불이가 서식하는 지리적 영역도 고위도 쪽으로 차차 옮아간다. 그러나 전반적으로는 다수 종의 분포 지역이 줄어든다. 그 분포 지역의 남쪽이 서식지로서 부적합해지는 탓이다. 강수 패턴이 바뀌면 드넓은 건조지역 역시 서식지로서 불리해진다. 미래의 세상은 우리 인간에게나 반딧불이에게나 지금과 다르리라는 것을 부정하기 어렵다.

호타루 코이(반딧불이야 오너라!)

나는 20년 전 처음 일본을 방문했을 때, 일본인들이 곤충〔무시(むし)〕을 무척 사랑한다는 사실을 깨닫고 크게 놀랐다. 유아, 청소년, 노인 할 것 없이 누구나 곤충이라면 사족을 못 쓴다. 곤충을 혐오하는 서구인들과는 극히 대조적으로 일본인들은 곤충을 열렬히 사랑한다. 일본의 아이들은 가족들과 곤충 채집 탐험을 떠나는 것을 대단히 좋아하며, 심지어 유아들도 수많은 곤충을 정확하게 식별할 줄 안다. 살아 있는 딱정벌레는 인기 있는 애완동물로 고급 백화점이나 자동판매기에서 구매할 수 있다.

반딧불이, 즉 호타루(ほたる)는 전 세계인에게 사랑받지만, 특히나 일본 문화에서는 각별한 대접을 받는다. 일본인들은 1000년 동안 미

술, 시, 신화에서 반딧불이를 찬미해왔다. 그러므로 일본의 반딧불이가 서식지 악화와 남획 탓으로 20세기에 거의 자취를 감추었을 때 그들은 유독 쓰라린 상실감을 맛보아야 했다. 그러나 서식지를 복구하고 반딧불이를 다시 들여오는 착실한 노력에 힘입어 예상할 수 있듯이 더없이 서글픈 사건이 빼어난 환경보존 성공담으로 뒤바뀌었다.

일본에 서식하는 서로 다른 50개 반딧불이종 가운데 특히 사랑받는 종은 두 가지다. 그중 몸집이 더 큰 것은 겐지 반딧불이〔루키올라 크루키아타(*Luciola cruciata*)〕라고 알려진 것으로 강이나 유속이 빠른 개울 옆에서 살아간다. 몸집이 더 작은 것은 헤이케 반딧불이(아쿠아티카 라테랄리스)로 논이나 기타 고인 물 근처에서 산다. 두 반딧불이종은 유충 단계 내내 물속에서 지내고 서식지가 물과 관련된다는 점에서 서로 긴밀한 사이다. 암컷은 개울 부근의 이끼 지대에 알을 낳는다. 갓 부화한 유충들은 물속으로 기어 들어가 오직 민물 달팽이만 잡아먹으며 몇 달을 지낸다. 수생 유충은 번데기가 될 채비를 마치고서야 다시 뭍으로 기어 나오고, 이끼로 뒤덮인 강가 땅에서 번데기로 탈바꿈한다. 그들의 성충이 내는 밝은 불빛은 여름이 다가온다는 증거다. 그들은 수가 많으면 더러 일시에 불빛을 점멸하기도 한다. 느리게 약동하는 불빛이 물 위를 유유히 떠다니는 것이다.

과거에는 반딧불이가 일본 전역에 더없이 풍부했다. 특히 수생 반딧불이들에게 산, 강, 개울, 습지, 물 댄 논이 많은 일본의 지형은 거의 완벽한 조건이었다. 에도 시대(1603~1867)에 호타루가리(ほたるがり, 螢狩), 즉 반딧불이 잡기는 꽤나 유행하던 여름 놀이였다. 수많은 아름다운 고판화며 회화 작품에는 어른 아이 할 것 없이 부채, 포충망, 대나무 우리를 들고 반딧불이를 쫓거나 잡으러 다니는 풍경이 묘사되어

그림 8.4 1896년 요사이 노부카즈(楊齋延一)의 석판화 〈반딧불이 사랑〉(로스 워커(Ross Walker)의 개인 소장품. www.ohmigallery. com)은 일본인과 반딧불이가 인연이 깊다는 것을 분명하게 보여주는 작품이다.

있다. 귀족 가문들은 여흥을 즐기기 위해 반딧불이 잡기 파티나 여행을 주최하기도 했다. 돈이 따로 들지 않는 만큼 가난한 농부들도 얼마든지 그 놀이를 즐길 수 있었다. 반딧불이 잡기의 인기는 메이지 시대 (1868~1912)에도 줄곧 이어졌다. 일본 전역에서 아이들이 달빛 없는 여름밤에 반딧불이를 사냥하기 위해 밖으로 뛰어나갔다. 그들은 빛나는 사냥감을 유혹하면서 노래를 불렀다. '호타루 코이(반딧불이야 오너라!)'는 지역마다 버전이 조금씩 다르기는 하지만, 대체로 다음과 같은 내용을 담고 있다.

반딧불이야 이리로 오렴, 마실 물 줄게!
저기 물은 쓰고, 여기 물은 달다!
오렴, 이리로 날아오렴, 단물이 있는 쪽으로!

반딧불이의 계절에는 그들의 디스플레이가 장관을 이룬다고 소문난 장소에 관광객들이 몰려든다. 우지 마을은 일본에서 가장 유명한 차 산지 가운데 하나지만, 1900년대 초에는 거기 서식하는 반딧불이도 차 못지않은 유명세를 누렸다. 매년 여름 방문객 수천 명이 교토에서 오사카를 잇는 특수열차를 타고 우지 마을을 찾는다. 불꽃쇼가 절정에 달하는 6월에는 '호타루-부네(반딧불이 배)'가 우지강을 따라 야간 유람을 다닌다. 배에 오른 승객들은 반딧불이를 관람하면서 피크닉을 즐긴다. 1902년 호평받는 저자이자 일본 문화 해설가 고이즈미 야쿠모(小泉八雲 1850~1904)는 여름날의 장관을 아래와 같이 묘사했다.

그곳의 개울은 초목이 우거진 구릉들 사이를 굽이굽이 흐른다. 수많은 반딧불이가 개울둑 양쪽에서 쏜살같이 날아와 물 위에서 만나 한데 어우러진다. 이따금 그들은 떼 지어 몰려들어서 마치 야광 구름, 혹은 불빛들로 이루어진 거대한 공 같은 형태를 띠기도 한다. 그 구름은 이내 산산이 흩어진다. 아니 그 공은 개울물 위로 떨어지면서 부서진다. 쏟아진 반딧불이들이 반짝거리면서 저만치 멀어진다.

그는 이렇게 계속했다. "사람들은 저녁이 막바지로 치달을 때, 여전히 반짝이는 반딧불이들이 허공 가득 떠다니는 우지강을 보고 마치 은하수 같다고들 말한다." 그러나 반짝이는 곤충들은 빛나는 연기마냥 곧바로 사라져버린다.

그로부터 수십 년 뒤, 오락으로서의 반딧불이 잡기는 돈 벌 목적의 반딧불이 사냥으로 서서히 변질되었다. 일본인들은 자연세계를 깊이 이해하고 있음에도 불구하고 어찌 된 일인지 천연자원을 부당하게 이용하는 데 거침이 없었다. 반딧불이는 대유행이었고 살아 있는 반딧불이는 쏠쏠한 돈벌이였다. 반딧불이 수집 상점이 목 좋은 곳에 우후죽순 들어섰으며, 상점마다 수십 명의 반딧불이 사냥꾼을 고용했다. 이 남성들은 5월부터 9월까지 일몰부터 일출까지 살아 있는 반딧불이를 잡아들였다. 숙련된 사냥꾼은 하룻밤에 자그마치 3000마리까지 싹쓸이하기도 했다. 그들은 채집한 반딧불이를 축축한 풀을 깔아놓은 나무상자에 집어넣고 조심스레 포장했다. 그런 다음 속달우편으로 오사카, 교토, 도쿄의 고객들에게 부쳤다. 호텔 소유주, 레스토랑 주인, 개별 시민들이 주 고객이었다. 상자를 받아 든 이들은 손님들이 불빛 디스플레이를 즐기도록 하기 위해 호텔 정원에, 레스토랑 마당에 반딧불이를 풀어놓았다.

이 도시 거주민들은 필시 청중들에게 신선한 감동을 안겨주었을 것이다. 그러는 가운데 일본의 수많은 반딧불이들은 본래 서식지에서 벗어나고 있었다. 그 곤충을 지나치게 애지중지하고 사랑한 게 화근이었다. 몇몇 사냥전술도 반딧불이의 소멸을 부채질했다. 고이즈미 야쿠모는 그에 대해 이렇게 설명했다.

나무들이 충분히 반짝거리기 시작하면 반딧불이 사냥꾼은 포충망을 움켜쥐고 그중 가장 밝게 빛나는 나무에게 다가간다. 그리고 기다란 장대로 나뭇가지를 내리친다. 그 충격으로 본래 있던 자리에서 벗어난 반딧불이들이 허둥지둥 아래로 떨어진다. 땅바닥에서는 반딧불이의 불빛이 눈에 더 잘 띈다. 두려움이나 고통을 느끼는 순간이면 언제나 불빛이 더 밝아지기 때문이다. 반딧불이 사냥꾼은 반딧불이가 나무를 떠나 이슬 젖은 땅을 찾아가기 시작하는 때인 약 새벽 2시까지 작업한다. 땅으로 내려온 반딧불이는 꼬리를 보이지 않도록 땅에 묻어놓는다고 한다. 이렇게 되면 이제 사냥꾼은 슬슬 전술을 바꾼다. 대나무 빗자루를 들고 땅의 표면을 가볍고 재게 비질하고 다니는 것이다. 반딧불이는 빗자루에 닿아 놀라면 등을 켠다. 사냥꾼은 재빨리 반딧불이를 잡아 자루에 담는다. 그는 동 트기 직전에야 마을로 돌아온다.

반딧불이의 성은 겉보기에는 잘 분간이 가지 않지만, 겐지 반딧불이 암컷들은 자정 이후 이끼 낀 강둑에 함께 모여서 알을 낳는 것으로 알려져 있다. 사냥꾼들이 새벽 2시부터 동틀 무렵까지 채집한다는 반딧불이는 분명 '꼬리를 땅속에 묻어놓은' 채 알을 낳는 암컷이다. 알 밴 암컷을 겨냥하는 사냥전술은 반딧불이 개체수가 다시 채워질 수 있는 유일한 기회마저 앗아갔다.

일본인들이 전국적으로 반딧불이 개체수가 서서히 줄어들고 있다는 사실을 문득 알아차린 것은 1940년경이었다. 상업 목적의 사냥을 비롯한 여러 요인들이 반딧불이 수의 격감을 부채질했다. 그중 한 가

그림 8.5 오래가는 백열 불빛을 내는 일본의 겐지 반딧불이가 강 위에서 날아다니고 있다.(루키올라 크루키아타. Photo by Tsuneaki Hiramatsu)

지는 일본이 급속하게 산업화하고 도시화함에 따라 강이 오염되었다는 점이다. 공업 폐수, 농업 유수(流水), 가정 하수 따위가 강으로 흘러들면서 수질이 나빠졌다. 강 오염으로 수생의 반딧불이 유충과 그들의 먹잇감인 달팽이의 생존율이 떨어졌다. 거기에 또 한 가지 문제가 더해졌다. 정부가 후원한 강의 운하화 공사다. 홍수를 억제하기 위해 콘크리트 제방을 쌓자 암컷 반딧불이가 산란지로 선호하는 장소이자 유충이 번데기가 되기 위해 기어 나오는 장소인 이끼 낀 강둑이 파괴되었다.

하지만 살아 있는 반딧불이에 대한 수요는 끊이지 않았고, 따라서 돈 벌 목적의 반딧불이 상점들은 반딧불이를 포획 상태에서 사육하기 시작했다. 사육자들은 반딧불이가 각 생애 단계를 거치는 과정을 주의 깊게 살펴보면서 겐지 반딧불이와 헤이케 반딧불이를 실내에서 키울 수 있는 방안을 알아내고자 시행착오를 거듭했다. 다행히 유충이 수생인 반딧불이들은 유충이 육생인 반딧불이보다 포획 상태로 기르기가 한결 쉬웠다. 사육자들은 반딧불이 생존의 최적조건을 정확히 알아내기 위해 육식의 반딧불이 유충이 먹이로 어떤 달팽이를 좋아하는지, 암컷이 어떤 이끼를 산란지로 선호하는지 관찰했다. 1950년대 중반 수많은 실내 사육시설이 들어섰다. 이들이 공급하는 반딧불이가 판매용으로, 혹은 개울과 강에 풀어줄 목적으로 쓰였다. 이러한 사육 노력은 일본 반딧불이의 생태와 생애 주기와 관련하여 과거에는 잘 알려지지 않았던 세부사항을 드러내주었다. 과학자들은 그때 이후 아시아의 다른 여러 반딧불이종을 사육하는 방법에 관해서도 연구를 이어갔다. 물론 현재까지는 유충기를 물속에서 보내는 종들의 사육만 성공했지만 말이다. 오늘날 일본에서는 포획하여 사육한 반딧불이를 심지어 온라인에서도 구입할 수 있다.

아베 노리오(阿部宣男) 박사는 도쿄 이타바시구의 눈에 잘 띄지 않는 낮은 건물에 자리한 반딧불이생태환경관(東京都板橋區ホタル生態環境館)을 이끌고 있다. 아베 박사는 수 세대에 걸쳐 양질의 사케, 즉 쌀술 빚는

일을 전문으로 한 가문 출신이지만, 현재는 겐지 반딧불이를 완벽하게 키워내는 방법을 전문적으로 연구하고 있다. 어느 해 6월 내가 생태환경관을 방문했을 때 아베 박사는 입구에서 환한 미소로 나를 맞아주었다. 서로 인사를 나누고 나자 그가 자신의 반딧불이 마법을 보여주기 위해 나를 안내했다. 담수 수족관들로 가득 찬 방 안에는 반딧불이가 매 생애 단계를 거치며 성공적으로 살아남는 데 필요한 모든 것이 마련되어 있었다. 반딧불이 유충 수백 마리가 커다란 어항에 담긴 물속에서 신나게 꿈틀거렸다. 유리를 통해 유충의 상당수가 가장 좋아하는 먹잇감인 달팽이 세미술코스피라 리베르티나(*Semisulcospira libertina*)를 정신없이 먹는 모습을 볼 수 있었다. 좀더 발달이 앞서는 유충들은 다른 어항에서 지냈다. 그곳에는 흙으로 된 둑의 사면이 공기가 잘 통하는 얕은 물로 이어져 있었다. 아베 박사는 번데기화할 준비를 거의 마친 유충들이 곧 기어 나와 그 축축한 땅에서 변태를 거칠 거라고 설명해주었다. 백열 불빛이 나는 여러 어항들에는 반딧불이가 산란하기를 가장 좋아하는 이끼가 깔려 있었다. 다른 어항들에는 달팽이를 비롯한 반딧불이 유충의 먹이가 들어 있었다. 생태환경관 건물의 뒤켠에는 나무, 관목, 연무 생성 장치가 완비된 기다란 온실이 있었다. 온실에 들어서자 축축하고 후끈한 공기가 얼굴에 훅 끼쳐왔다. 온실 중앙을 따라 인공 개울이 졸졸 흐르고 있었다. 아베 박사는 여름 하반기에 자신이 사육한 반딧불이 성충을 그 막힌 공간에 풀어놓을 예정이었다. 날개 달린 성충들이 날아다니고 불빛을 깜빡거리고 짝짓기를 하게 만들려는 것이다. 그리고 어느 날 밤에는 생태환경관이 도시 거주민들을 초청해 특별한 반딧불이 관람을 즐기도록 할 계획이었다. 그것은 비록 사방이 유리로 막힌 닫힌 공간 안에서이긴 하지만 진정으로 일본인다운 체험이다.

1970년대 말부터 급격한 반딧불이 개체수 감소에 자극받은 일본의 도시들은 대대적인 서식지 복원 작업에 착수했다. 수많은 지역 공동체가 여름날의 상징이 사라진 데 충격을 받고 시 주관 사업에 발 벗고 나섰다. 강을 청소하고 반딧불이 유충과 그들의 먹이인 달팽이에게 알맞은 서식지를 되돌려주려는 활동들이었다. 하수 처리 공장을 설립하고 공업 폐수와 농업 폐수를 관리하는 법령을 제정하고, 특히 강둑 지역을 좀더 반딧불이 친화적으로 재정비했다. 오사카와 요코스카 같은 도시는 반딧불이가 서식하는 수많은 강을 공식적으로 보호하고 알 단계에서부터 반딧불이를 기르기 위해 반딧불이 사육 사업을 실시했다. 강에 다시 반딧불이 개체수가 살아나도록 하려고 포획 상태로 사육한 유충 수천 마리를 풀어주었다. 이러한 반딧불이 복구 작업은 일본 전역에서 시민들의 열렬한 호응을 얻었다. 지역 학교의 학생, 노인을 비롯한 자원봉사자들이 이러한 활동에 열성적으로 참가했다. 일본 반딧불이의 부활은 더할 나위 없이 성공적이었으며, 일본 전역에서 환경에 관한 인식을 높이는 계기가 되었다. 이제 일본의 반딧불이 복원은 성공적인 환경보존 사례로 꼽힌다.

일본 전역의 수많은 도시와 마을들은 해마다 이른바 '호타루 마츠리'라는 반딧불이 축제를 연다. 반딧불이는 종전에 비하면 수가 크게 줄었지만, 오늘날에도 약 3000마리 정도로 여전히 그 규모가 상당하다. 가족들, 사진가들, 젊은 연인들이 변함없이 반딧불이의 불빛을 즐기러 모여든다. 6월과 7월 초에 많은 이들이 찾는 반딧불이 축제는 수많은 마을에서 그 지역의 경제에 적잖이 기여한다. 게다가 그 축제는 조용한 불꽃의 마술을 찬미할 뿐 아니라 그들의 환생을 가능케 한 집

みるくが
ゴハン。

MILK

カワニナが
ゴハン。

陸上に住んでいるよ。

水の中に住んでいるよ。

그림 8.6 마이바라 마을의 반딧불이 축제에 전시된 교육용 그림이다. 인간 아기와 반딧불이 이기(유충)가 먹는 것(왼쪽)과 사는 곳(오른쪽)을 간단명료하게 대비해 보여주고 있다.

단적 노력을 치하하는 자리이기도 하다.

몇 년 전, 나는 영광스럽게도 시가 현의 마이바라 마을이 주최하는 '산토호타루축제'에 연사로 초대받은 적이 있다. 마이바라 마을은 일본에서 최적의 반딧불이 관람지 가운데 하나로 꼽힌다. 산토호타루축제는 지난 수십 년 동안 매년 6월에 개최되었다. 이곳의 아마노강은 반딧불이와 그들의 서식지를 보호하기 위한 특별자연기념물로 지정되었다.(말레이시아와 중국을 포함한 다른 몇몇 국가들도 반딧불이 서식지를 지키기 위해 보호구역을 설립했다.) 반딧불이 시즌에는 지역의 반딧불이 보호단체 출신 자원봉사자들이 아마노 강가의 몇몇 지점에서 날씨 조건이며 반딧불이 개체수를 면밀히 관찰한다. 그 단체는 또한 다음 세대에게 반딧불이의 생태, 생애 주기, 보존에 관해 가르쳐주려고 학교교육 프로그램을 운영하기도 한다.(그림 8.6) 이 반딧불이 축제를 찾은 수많은 방문객은 어린이 퍼레이드, 음식 노점상, 반딧불이 관련 상품을 판매하는 수많은 가판대 따위도 덤으로 즐길 수 있다. 축제 기간에 차량 이용은 엄격하게 통제되고, 셔틀버스가 사람들을 반딧불이 관람지까지 실어 나른다. 반딧불이 잡는 일은 엄격히 금지된다.

나는 동료들과 함께 일몰 뒤 강당에 도착하여 강연을 준비했다. 행사장 로비에는 반딧불이의 생애 주기와 행동을 상세히 적어놓은 벽보가 역사적 사진, 지역 학생들이 그린 멋진 그림 몇 점과 함께 붙어 있었다. 8세의 꼬마에서 88세의 노인에 이르기까지 나이대도 다양한 마을민들이 몰려와서 미국 반딧불이를 주제로 한 나의 강연을 경청했다. 강연을 마치고 청중들에게 질문을 몇 가지 받았다. 그들은 일본 반딧불이에 대해 인상적일 정도로 지식이 풍부했으며, 세계 다른 지역의 여러 반딧불이에 관한 이야기에도 성심껏 귀를 기울였다. 그날 밤 우리는 보슬비가 내리는 가운데 밖으로 걸어 나가서 반딧불이를 구경했다. 반딧불이가 그려진 안전조끼를 착용한 지역 자원봉사자들이 우리 일행을 강으로 안내했다. 가는 도중에 미광이 반딧불이를 방해하지 않도록 가로등마다 가림막을 씌워놓은 모습이 눈에 띄었다. 목적지에 도착하자 오래가는 불빛을 내는 겐지 반딧불이들이 마치 초록색 잉걸불처럼 고요히 강 위를 떠다녔다. 사람들은 하나같이 반딧불이를 조심스럽게 한 마리 잡아서 살펴본 다음 도로 하늘로 놓아주고 싶어 하는 눈치였다.

도쿄에서는 비록 오래전에 반딧불이가 자취를 감추었지만 2012년 여름 그것을 대체하는 모종의 첨단기술이 도입되었다. 도쿄호타루축제는 "반딧불이를 도쿄에 되돌려주고 도쿄 시민들이 자연과 교감할 수 있도록 하려는 바람에서 개최되었다". 이 행사 기간에는 도쿄 중심지를 흐르는 수미다강에 태양력으로 움직이는 빛나는 탁구공 10만 개를 띄운다. 살아 있는 불꽃을 대신하기에는 턱없이 조잡해 보이는데도 2013년에 자그마치 28만 명에 달하는 인파가 이 행사를 보기 위해 몰려들었다.

일본에는 '아이는 부모의 등을 보고 자란다'는 속담이 있다. 모든 세대는 선대의 수많은 이들이 밟아서 단단하게 다져놓은 문화의 길을 되밟는다. 일본인의 믿음에 따르면, 인간과 자연은 세계의 일부로서 정신없이 변하는 그 세계에 적응해야 한다. 혹자는 도쿄호타루축제에 대해 지나간 과거를 어떻게든 되살려보려는 부질없는 안간힘이라고 폄하할지도 모른다. 그러나 이 미래지향적인 축제는 일본 문화가 변화하는 세계에 발 빠르게 대처하면서 반딧불이에 대한 그들 특유의 친밀감을 담아낸 빼어난 사례라 할 만하다.

* * *

지금까지 반딧불이의 특별한 아름다움은 진화라는 창의적 담금질을 통해 주조되어왔다는 사실을 확인했다. 그러나 우리는 지금 인류세 (Anthropocene)라는 위태로운 시대를 살아가고 있다. 인류가 지구상에 널리 퍼져 살게 되자 지역의 환경과 세계의 환경은 송두리째 달라졌다. 이러한 변화에 적응하지 못하는 생명체는 그 어떤 것이라도 멸종으로 치달을 수밖에 없는 운명이다. 당신은 반딧불이가 없는 세상을 상상할 수 있는가? 나는 아니다. 그 생각을 하는 것만으로도 가슴이 미어진다. 반딧불이는 자연과 다시 한번 사랑에 빠지도록 이끌어주는 확실한 비책인 경이를 우리에게 선사한다.

그렇다면 우리는 반딧불이를 보호하기 위해 무슨 일을 할 수 있는가? 각자가 사는 지역을 좀더 반딧불이 친화적으로 만들 수 있는 간단한 방법을 다음에 소개한다.(243~244쪽 참조) 우리는 반딧불이가 풍부한 들판, 숲, 맹그로브 나무, 초원 등 야생의 장소를 보존하거나 복구하는 데 노력을 기울일 수도 있다. 지난 수십 년 동안 반딧불이의 생명현상과 서식지 여건에 관한 우리의 과학적 지식은 몰라보게 불어났다. 그 지식을 공유하고 있는 우리는 이제 이 조용한 불꽃을 보호할 수 있는 강력한 무기를 손에 쥔 셈이다. 우리는 누구라도 우리 후손들이 살아가고 싶어 하는 세상을 만들고자 한다. 우리 행성의 미래를 곰곰이 생각해본다면 지구의 자연적 신비를 상징적으로 보여주는 이 놀라운 존재를 보존하는 방안을 찾아낼 수 있을 것이다.

당신의 집 마당을 지역 반딧불이들이 살아가기에 좀더 알맞도록 바꿔주는 몇 가지 간단한 방법을 소개한다.

**집 마당을
반딧불이 친화적으로
만드는 법**

매력적인 서식지를 조성하라

- 잔디밭 한구석만이라도 잔디 깎는 횟수를 줄이는 식으로 풀이 길게 자라게끔 내버려두라. 이렇게 하면 땅이 좀더 많은 습기를 머금을 수 있다.
- 마당 구석구석에 낙엽더미나 나무 잔해를 얼마간 남겨두라. 이런 곳은 반딧불이 유충에게 좋은 서식지가 된다.
- 반딧불이에게는 산란할 수 있는 축축한 장소가 필요하다. 그러므로 동네의 습지, 개울, 연못을 보호하라.

밤을 되돌려주라

- 옥외 조명은 반드시 작업에 필요한 만큼만 사용하라.
- 어두운 밤하늘 규정을 따르고 가림막이 달린 고정 조명등을 설치하라. 이런 전등은 불빛이 안전이나 보안에 필요한 방향인 아래로만 향하게 해준다. 가능하면 당신에게 필요한 불빛만 제공해주는 최저 전력량 전구를 사용하라.
- 옥외 전등은 필요 없을 때는 아예 꺼놓든가 아니면 타이머나 움직임 감지장치로 필요할 때만 작동하도록 하라.

살충제 사용을 줄여라

- 말라티온(malathion)이나 다이아지논(diazinon) 같은 광범위 살충제는 가급적 피하라. 대신 원예용 오일이나 특정 표적 해충종만 골라 죽이는 Bt 같은 살충 세균을 사용하라.

- 살충제가 인간의 건강이나 환경에 어떤 영향을 미치는지 알아보라. 당신의 잔디밭이나 정원에 독성이 덜한 방제법, 혹은 유기방제법을 사용하려고 노력하라.

- 살충제는 반드시 정기적으로가 아니라 문제가 생겼을 때만 제한적으로 사용하라. 위드앤드 피드 같은 제품은 피하라. 그런 제품은 언뜻 편리해 보일지 모르지만 필요하지도 않을 때 필요하지도 않은 곳에 살충제를 뿌리는 꼴이 되기 십상이다.

* * *

현장 안내서: 북아메리카의 반딧불이

나는 내 사무실 문에 붙여놓은 저명한 자연주의자 E. O. 윌슨(E. O. Wilson)의 말을 매순간 기억하면서 지낸다. "당신의 도보거리 내에 잘 알려지지 않은 신비로운 생명체들이 살아간다. 자세히 보아야만 보이는 장엄함이 기다리고 있다." 요즘에는 누구랄 것도 없이 우리를 둘러싼 자연세계에서 보내는 시간보다 디지털 기기에 빠져 사는 시간이 더 많다. 하지만 우리는 태생적으로 '생명애〔biophilia: 윌슨의 인용구 출처가 바로 그의 1934년 저서 《생명애(Biophilia)》다—옮긴이〕'를 지녔으며, 다른 생명체들에게 거부할 수 없는 매력을 느낀다. 그러니 그만 전자기기의 화면에서 시선을 거두고 밤의 세계로 떠나보자.

이 책에서는 지금까지 세계 전역에서 살아가는 수많은 반딧불이종의 아름다움, 독소, 그들이 처한 곤경 따위를 다루었다. 이제부터는 경이로운 반딧불이의 세계를 직접 탐험하러 나서고자 한다. 이 현장 안내서는 북아메리카 동부지역에서 흔히 볼 수 있는 반딧불이종에 주력한다. 세계 다른 지역의 독자들을 위해서도 수많은 훌륭한 반딧불이 안내서가 나와 있다. 그것에 관해서는 주에 소개해놓았다. 미국 대부분의 지역에서는 여름철이 되면 멀리까지 여행을 떠나지 않아도 반딧불이를 어렵잖게 만나볼 수 있다. 그저 집 뒷마당이나 동네의 공원으로 나가기만 하면 된다. 당신은 이 현장 안내서에서 여러 상이한 반딧불이종을 식별하는 법, 암수를 구분하는 법, 그리고 그들의 구애 대화를 엿듣고 이해하는 법을 익히게 될 것이다.

이 현장 안내서에서는 북아메리카 동부지역에 주로 서식하는 다섯 가지 반딧불이 집단을 다룬다. 세 가지 점멸발광 반딧불이 집단—포티누스속, 포투리스속, 피락토메나속—과 낮에 활약하는 두 가지 검은반딧불이—엘리크니아속, 루키도타속(Lucidota)—다. 이 다섯 가지 집단이 당신이 만나볼 가능성이 있는 반딧불이의 절대다수를 차지한다.

상이한 반딧불이 집단을 식별하려면 그들의 행동뿐 아니라 구조도 면밀하게 들여다보아야 한다. 이것은 비전문가를 대상으로 한 식별 안내서지만 그럼에도 학명(scientific name)을 사용할 것이다. 일부 반딧불이만이 폭넓게 공유되는 일반명(common name)을 가지고 있기 때문이다. 익히 알려진 사실이지만 모든 살아 있는 생명체는 과학적으로 라틴어 이명법(二名法)에 따라 표기한다. 즉 좀더 넓은 분류군인 속명(genus)을 먼저 쓰고, 이어서 그 하위 분류군인 종명(species)을 쓴다. 이 안내서는 반딧불이'속'을 식별하는 데 맞추어 기술되어 있다. 물론 그 과정에서 일부 '종'의 식별법도 배우게 될 수는 있지만. 나는 각각의 속에 대해 그들의 두드러진 특징이며 생애 주기, 주목할 만한 몇 가지 행동을 소개할 것이다.

먼저 이 안내서는 당신이 식별하고 싶어 하는 모종의 반딧불이 성충을 손에 들고 있다고 가정한다. 그렇다면 당신은 그것이 반딧불이라는 것을 어떻게 알 수 있는가? 다시 말해 그 곤충은 반딧불잇과에 속하는가? 우리는 앞에서 모든 반딧불이의 유충이 발광한다는 사실을 배웠다. 하지만 이처럼 중요한 특징은 지금 당신이 식별하려는 것이 성충 딱정벌레일 때에는 별 상관이 없다. 반딧불이의 하위집단인 점멸발광 반딧불이를 식별하기는 쉽다. 이들의 성충은 복부 아래쪽에 뚜렷하게 구분되는 빛나는 등을 지니며, 이 기관은 심지어 불빛이 꺼져 있을 때도 밝은 노란색을 띠기 때문이다. 모든 성충 반딧불이가 공유하는 특징은 그들의 몸이 딱딱하지 않고 비교적 말랑말랑하며, 날개 덮개가 가죽처럼 생겨서 낭창낭창하다는 점이다. 반딧불이의 날개 덮개, 즉 이른바 딱지날개는 대체로 검은색이나 갈색이며, 흔히 가장자리가 연노란색이다. 모든 반딧불이는 전흉배판(pronotum)이라 불리는 넓고 반반한 머리 방패가 달려 있다. 대개 붉은색, 노란색, 검은색이 알록달록 장식되어 있는 전흉배판은 확연하게 눈에 띈다. 반딧불이가 쉬고 있을 때 보면, 머리가 전흉배판에 완전히 덮여 있다. 물론 두 눈이 약간 튀어나올 수는 있다. 반딧불이를 식별하는 데 유용한 기본적인 딱정벌레 용어 몇 가지를 〈그림 1〉에 실어놓았다.

아래는 반딧불이 성충을 몸통이 부드러운 비슷하게 생긴 다른 딱정벌레들과 구별하는 몇 가지 방법이다. 다른 딱정벌레들도 반딧불이와 마찬가지로 모두 전흉배판을 지니며, 대다수가 검은색 바탕에 빨간색이나 주황색 무늬가 그려진 엇비슷한 패턴을 띤다. 여기에는 흉내를 감쪽같이 잘 내는 반딧불이의 의태동물들도 포함되어 있다. (그림 7.3 참조)

• 병대벌렛과(family Cantharidae)는 전흉배판이 훨씬 더 작고, 따라서 머리가 앞으로 튀어나와 있다.

그림 1 딱정벌레 외부 구조의 기본 명칭.

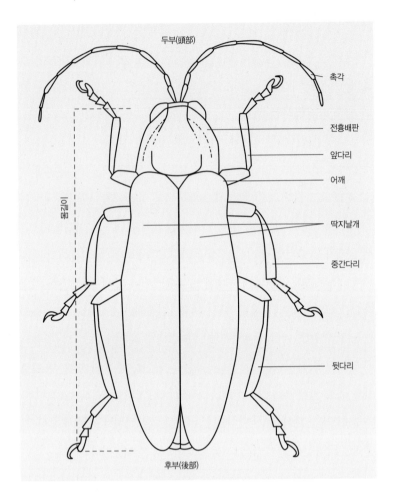

두부(頭部)

촉각

전흉배판

앞다리

어깨

딱지날개

중간다리

뒷다리

몸길이

후부(後部)

- 홍반딧과(family Lycidae)는 전흉배판이 머리를 완전히 감싸고 있다. 그런데 딱지날개가 골이 지고 그물망 같은 패턴을 띤다.
- 대형 글로웜 딱정벌레, 즉 펜고디드과(family Phengodidae)의 경우 날개 있는 수컷은 딱지날개가 간략하게 생략되어 있고 촉각이 눈에 확 띄는 깃털 모양이다. 날개 없는 커다란 암컷은 몸통 양쪽을 따라 몇 쌍의 발광 부위가 보인다.

만약 당신이 가지고 있는 딱정벌레가 진짜 반딧불이인지 아닌지 확신이 안 선다면 주에 실린 딱정벌레 식별 안내서들을 참조하면 도움이 될 것이다.

살아 있는 반딧불이를 관찰하려면 투명한 플라스틱병이나 유리병에 넣은 다음 5~10배 확대경을 사용하라. 만약 반딧불이가 너무 부산스러울 경우 용기를 몇 분 동안 냉장고에 넣어두면 움직임이 느려진다. 또 한 가지 간편한 방법으로 반딧불이에게 사과를 조금 떼어 주는 것도 좋다. 당신은 그들이 사과즙을 빨아 먹느라 정신없는 틈에 편안하게 관찰할 수 있다.

반딧불이속 분류 검색표

분류학자들은 긴밀한 유연관계에 놓인 곤충들을 구분하기 위해 주로 미세한 구조적 차이에 의존한다. 그런데 그것은 오직 죽은 표본을 현미경 아래 놓고 관찰할 때에만 드러나는 차이다. 이 책에서 나는 이러한 특징은 버리기로 했다. 대신 이 분류 검색표는 전문용어는 최소화하고 살아 있는 반딧불이에서 쉽게 볼 수 있는 외적 특징에 주력한다.

모든 분류 검색표는 흡사 보물찾기와 같다. 당신은 질문에 답하기 위해 단서를 따라간다. 이것은 어떤 유의 생명체인가? 제시된 두 문항 중 당신이 손에 들고 있는 반딧불이(혹은 반딧불이 사진)를 기술한 내용으로 더 알맞은 것을 고른다. 당신의 반딧불이가 포함된 속을 찾아내고 나면 해당 쪽에서 그들의 생애 주기와 행동에 관해 더욱 자세한 내용을 읽을 수 있다.

1. 활동 시기와 등(燈)의 존재

    a. 성충은 저녁이나 밤에 활동하며(날아다니거나 걸어 다니며) 등이 있다.   ⋯➛ 2번으로 가라.

    b. 성충은 낮에 활동하며(날아다니거나 걸어 다니며) 등은 전혀 없거나 있다 하더라도 눈에 잘 띄지 않는다.

                                                          ⋯➛ 4번으로 가라.

2. 전흉배판의 형태

    a. 전흉배판에 중앙선을 따라 이랑이 붕긋 솟아 있으며 두부 가장자리가 약간 뾰족하다.(그림 2의 왼쪽)

                                            ⋯➛ 261쪽의 피락토메나속을 참조하라.

    b. 전흉배판의 중앙선을 따라 이랑은 없고 대신 더러 홈이 살짝 패어 있을 때도 있으며 두부 가장자리가 둥글다.(그림 2의

      오른쪽)   ⋯➛ 3번으로 가라.

그림 2 전흉배판의 형태
왼쪽: 피락토메나속은 중앙선을 따라 이랑(화살표)이 도드라져 있으며 두부 가장자리가 약간 뾰족하다.(Photo by Mike Quinn, Texas-Ento.net)
오른쪽: 포티누스속은 중앙선을 따라 이랑은 없고 더러 얕은 홈(화살표)이 패어 있으며 두부 가장자리가 둥글다.(Photo by Croar.net)

피락토메나속:
중앙선을 따라 이랑이 솟아 있다.

포투니스속:
중앙선을 따라 홈이 살짝 패어 있다.

3. 다리와 어깨

    a. 다리는 길고 호리호리하다. 뒷다리와 중간다리는 길이가 거의 딱지날개 길이만 하다. 어깨는 옆에서 보면 딱지날개 가장자리가 아래로 부드러운 곡선을 그리고 있어 마치 굽은 등처럼 보인다.(그림 3 위쪽) ⋯➛ 265쪽의 포투리스속으로 가라.

    b. 다리고 짧고 뭉툭하다. 뒷다리와 중간다리는 길이가 딱지날개 길이보다 짧다. 어깨는 옆에서 보면 딱지날개의 가장자리가 직선을 그리고 있어 아래로 접히는 부분이 직각을 이룬다.(그림 3 아래쪽) ⋯➛ 254쪽의 포티누스속으로 가라.

4. 촉각

    a. 촉각이 잘 보이지 않으며 실처럼 가늘고 짧다.   ⋯➛ 269쪽의 엘리크니아속으로 가라.

    b. 촉각이 잘 보이며 길고 납작하고 톱날 모양이다.   ⋯➛ 273쪽의 루키도타속으로 가라.

포투리스속

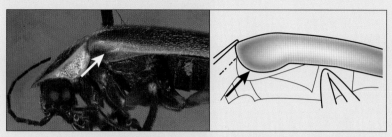

포티누스속

그림 3 딱지날개의 접힘부
위쪽의 포투리스속에서는 어깨에서 딱지날개의 가장자리가 부드러운 곡선을 그린다.(전문용어로는 '불완전한' 딱지날개 접힘부(incomplete elytral fold)라 부른다. photo ⓒ Beaty Biodiversity Museum, UBC)
아래쪽의 포티누스속에서는 딱지날개의 가장자리가 끝까지 직선을 그리며, 아래로 접히는 부분이 직각을 이룬다.(전문용어로는 '완전한' 딱지날개 접힘부(complete elytral fold)라 부른다. Photo by Hadel Go)

점멸발광 반딧불이

밝은 불빛을 빠르고 정확하게 켰다 껐다 할 수 있는 점멸발광 반딧불이는 짝을 찾기 위해 구애 행동을 할 때 그 점멸 신호를 사용한다. 점멸발광 반딧불이는 북아메리카에서, 다만 주로 로키산맥의 동편에서 흔히 볼 수 있다. 서부지역에서는 미국의 애리조나, 콜로라도, 네바다, 유타, 아이다호, 몬태나 주와 캐나다의 브리티시컬럼비아 주 일부 지역에만 산발적으로 분포한다. 그 외의 수많은 서부지역에는 반딧불이가 드물다.

북아메리카에는 크게 세 가지 속의 점멸발광 반딧불이가 서식하고 있다. 포티누스속, 피락토메나속, 그리고 포투리스속이다. 얼핏 보면

이 세 가지는 상당히 유사해 보인다. 대체로 딱지날개는 검은색에 가장자리가 연한 색이고, 전흉배판에는 붉은색·검은색·노란색 무늬가 어우러져 있다. 하지만 계속 보다 보면 세 가지 속들 간의 차이가 점차 분명해진다.

포티누스속

구조

전흉배판: 더러 중앙선을 따라 살짝 홈이 패어 있는 경우도 있지만 대체로 반반하다. 두부 가장자리는 둥글고 전흉배판 가장자리는 노란색이다.(어쩌다 짙은 색일 때도 있다.) 일반적으로 중간의 분홍색 지대에는 넓은 검정색 줄이 그어져 있거나 검정색 점이 박혀 있다.

몸통: 몸길이는 6~15밀리미터이며 호리호리하다. 다리는 짧다.

딱지날개: 대개 검은색(드물게 회색)이며 가장자리는 노란색이다. 양쪽 가장자리가 평행하다. 어깨는 옆에서 보면 딱지날개 가장자리가 직선을 그리고 있어 아래로 접히는 부분이 직각을 이룬다.(그림 3 아래쪽)

미국과 캐나다 동부에는 포티누스속 반딧불이가 34종이 넘는다. 그들은 첫째 수컷 성기의 모양에 따라(Green 1956), 둘째 점멸 패턴(Lloyd 1966)에 따라 서로 확연하게 구분된다. 포티누스속은 우리의 여름 저녁을 온통 기쁨으로 채워주는 친숙한 반딧불이다. 그들은 땅 위에서 낮게 느긋한 속도로 날아다니므로 쫓아다니기도 쉽다. 이 점멸발광 반딧불이는 황혼 녘부터 시작하여 날이 저물고 한두 시간가량 연신 불빛을 켰다 껐다 한다. 특정 종의 반딧불이들은 단지 몇 주 동안만

활약하지만 어느 한 종의 교미철이 끝나면 또 다른 종의 교미철이 시작되므로 우리는 날아다니는 포티누스속 반딧불이종을 여름내 즐길 수 있다.

자웅이형

포티누스속 수컷은 암컷과 금방 분간이 간다. 수컷에서는 불빛을 만드는 등이 복부 분절의 마지막 두 개를 완전히 차지하고 있지만(그림 4 왼쪽), 암컷에서는 등이 끝에서 두 번째 분절의 중앙에 훨씬 더 작은 면적으로 축소되어 있다.(그림 4 오른쪽)(양성 모두에서 등 부근에 색깔이 연하지만 발광하지는 않는 부분이 보인다.) 또한 수컷은 눈이 암컷보다 훨씬 더 크다. 마지막으로 대부분의 암컷은 자기 종의 수컷처럼 날개가 있지만, 일부 포티누스속 반딧불이종의 암컷은 날개가 간소하거나 아예 없다.

생애 주기

포티누스속의 생애 주기는 암컷이 축축한 땅이나 이끼에 알을 낳으

 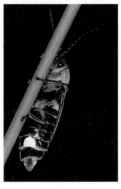

그림 4 포티누스속의 자웅이형
왼쪽: 수컷은 등이 복부 분절의 마지막 두 개를 완전히 차지하고 있고 눈이 암컷에 비해 크다.(Photo by Terry Priest)
오른쪽: 암컷은 등이 끝에서 두 번째 분절의 중앙에 훨씬 더 작은 면적으로 축소되어 있다.(Photo by Andrew Williams)

면서부터 시작된다. 산란한 때로부터 약 2주 뒤 빛을 발하는 작은 유충들이 부화한다. 포티누스속의 유충은 땅속에서 살아가면서 주로 지렁이 같은 몸이 부드러운 곤충을 잡아먹고 산다. 그들은 포획 상태에서는 무리 지어 먹이를 먹는 습성이 있는데 자연 상태에서도 그런지는 알려져 있지 않다. 북위도에서는 포티누스속 반딧불이가 유충으로 1~3년을 지낸다. 반면 저위도에서는 부화하고 불과 몇 달 만에 발달을 완료하기도 한다. 늦봄에 각각의 유충들은 이글루처럼 생긴 흙집을 만들고 그 안에서 몸을 웅크리고 있다. 그리고 며칠 뒤 번데기로 탈바꿈한다. 약 3주 뒤 번데기에서 성충 반딧불이가 등장한다.

구애

포티누스속 반딧불이종들은 엄격한 거주지 특이성을 보인다. 무슨 말인고 하니 어떤 종은 탁 트인 초원만, 어떤 종은 우거진 숲의 지붕, 강가, 혹은 민물 습지만 고집하는 것이다. 몇몇 종이 같은 서식지를 차지하고 있을 때면 그들은 돌아가면서 구애에 임한다. 즉 활동시기가 겹치지 않도록 밤 시간을 확실하게 구분하는 것이다. 이를테면 황혼녘 종의 수컷은 해질 무렵에 날기 시작하여 오직 20~40분만 허공에 머문다. 이 수컷들은 더러 날이 흐려서 서식지가 그늘져 있을 때면 일몰 전에 비행에 나서기도 한다. 다른 종들의 수컷은 완전히 어두워질 때까지 기다린 뒤에야 비로소 날기 시작하고 한두 시간가량 구애를 이어간다.

포티누스속의 수컷은 구애할 때 대체로 땅 위 2미터 이내를 유지한 채 천천히 날아다닌다. 수컷은 날면서 자기 종 특유의 점멸 패턴을 선보임으로써 교미 채비가 되어 있음을 동네방네 알린다. 대부분의 암 컷들은 완전하게 발달한 날개를 지니고 있고 그러니만큼 날 '수' 있지 만 거의 나는 법이 없다. 대신 그들은 풀잎이나 낮은 초목에 자리 잡 고 앉아서 지나가는 수컷들을 황홀하게 바라본다. 포티누스속 암컷은 어느 수컷에게 관심이 가면 잠깐 지체한 다음 점멸해 보이는 식으로 그에게 화답한다. 수컷이 다시 점멸하고 나면 둘은 대화를 주고받기 시작한다. 주거니 받거니 하는 점멸 대화는 때로 몇 시간씩 이어지기 도 한다. 그런 다음 둘은 드디어 만나서 짝짓기를 한다. 나는 3장에서 구애 의식을 소상하게 다루었는데, 다름 아니라 이 포티누스속의 것 이었다.

구애 신호

포티누스속 반딧불이의 점멸은 예측 가능하므로 그들의 구애 대화 를 해독하기가 비교적 쉽다. 지금 우리가 알고 있는 반딧불이의 언어 에 관한 지식은 주로 3장에서 만나본 반딧불이 생물학자 제임스 로이 드의 연구에 힘입은 것들이다. 로이드는 1960년대에 미국 동부지역을 두루 돌아다니면서 약 20여 가지 포티누스속 반딧불이종에서 수컷의 점멸 패턴과 암컷의 점멸 반응이 각기 어떻게 다른지를 면밀하게 추 적했다.(Llyod 1966) 그는 또한 온도계를 챙겨가지고 다녔다. 기온이 귀 뚜라미·개구리·여치 같은 다른 냉혈동물에서도 그렇듯이 반딧불이 신호의 타이밍을 달라지게 만들기 때문이다.

〈그림 5〉의 점멸 도표에 나타나 있는 대로, 일부 포티누스속 수 컷들은 1회 펄스의 불빛을 일정 간격으로 되풀이하면서 구애에 나

그림 5 (a) 서로 다른 포티누스속 반딧불이종들이 사용하는 구애 점멸 패턴. 맨 위에 가로로 적힌 시간 척도는 초를 나타낸다. 세로줄은 상이한 포티누스속의 종들이다. 수컷의 점멸 패턴은 왼쪽(파란색)에, 암컷의 반응은 오른쪽(빨간색)에 나타나 있다. 암컷 쪽의 흰 막대는 선택적 점멸을 나타낸다.(Lewis and Cratsley 2008을 손보아 게재) (b) 점멸 패턴의 용어: 암컷의 반응지체 시간은 수컷의 신호에서 사용된 마지막 펄스의 시작점부터 잰다는 사실에 유의하라.

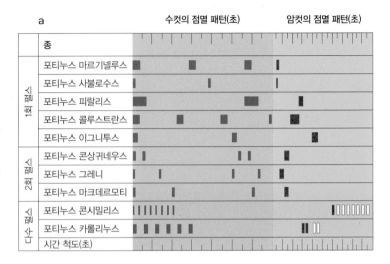

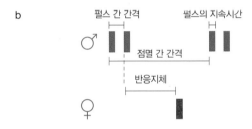

선다. 1회 펄스는 빠르고 분명하다. 예를 들어 포티누스 사불로수스(*Photinus sabulosus*)에서는 펄스의 지속시간이 0.1초에 불과하다. 포티누스 피랄리스의 경우는 좀더 길어서 수컷이 약 0.75초 동안 불을 밝힌다. 다른 포티누스속 종들, 예컨대 포티누스 콘상귀네우스(*Photinus consanguineus*), 포티누스 그레니, 포티누스 마크데르모티(*Photinus macdermotti*)의 수컷은 2회 펄스를 사용한다. 그런가 하면 포티누스 콘시밀리스와 포티누스 카롤리누스종은 펄스 횟수가 훨씬 더 잦다. 수컷은 날아다니면서 이 특징적인 점멸 패턴을 일정 간격을 두고 연신 되풀이한다.

암컷은 자기 종의 수컷을 어떻게 알아보는가? 로이드는 모의 점멸 불빛으로 암컷을 시험해본 결과 암컷은 수컷의 점멸 타이밍에 주의를 기울인다는 사실을 확인했다. 1회 펄스 종에서는 암컷이 자기 종의 수 컷인지를 알아보기 위해 주로 펄스의 지속시간과 점멸 간격을 활용했 다. 2회 혹은 그 이상의 펄스를 사용하는 종에서는 암컷이 펄스의 횟 수와 펄스 간 간격에 잔뜩 주의를 기울였다.

암컷의 반응은 점멸 도표의 오른편에 나타나 있다. 그에 따르면 대 부분의 암컷은 1회 펄스의 반응 점멸을 사용한다는 것을 알 수 있다. 그러나 몇몇 종의 암컷은 지나치게 흥분하면 4~5회 펄스로 화답하기 도 한다. 이를테면 포티누스 콘시밀리스 암컷은 최대 12회 펄스를 사 용하기도 한다. 로이드는 포티누스속 수컷은 암컷이 얼마나 기다렸다 가 점멸을 시작하느냐를 보고 자기 종의 암컷인지 아닌지 확인한다고 밝혔다. 암컷의 이른바 '반응지체' 시간은 종마다 다르다. 어떤 종의 암컷은 채 1초도 되지 않는 짧은 시간을 지체하고 나서 반응하지만, 또 어떤 종의 암컷은 그보다 훨씬 더 길게 기다렸다가 반응한다. 가령 포티누스 이그니투스의 암컷은 4초 넘게 뜸을 들인 뒤 구애하는 수컷 에게 화답했다.

반딧불이의 점멸 신호는 기온에 따라 달라지므로 점멸 도표는 오 직 각 종의 대략적 타이밍만을 보여줄 뿐이다. 이 수치는 기온이 섭 씨 19~24도인 곳에서는 꽤나 정확할 것이다. 하지만 그보다 더 따뜻 한 곳에서는 상황이 좀더 빨라진다. 즉 수컷의 펄스 지속시간, 펄스 간 간격, 점멸 간격이 모두 짧아진다. 암컷의 반응지체 시간도 마찬가 지다. 반대로 그보다 더 추운 곳에서는 이 모든 것이 느려진다. 예를 들어 포티누스 피랄리스의 수컷은 기온이 섭씨 24도일 때에는 5.5초 마다 한 번씩 점멸하지만, 기온이 섭씨 18도로 떨어지면 점멸 간격은

8초로 늘어난다. 당신이 사는 지역에 분포하는 포티누스속 종들의 정확한 구애 신호를 알고 나면, 뒤에 실린 '한걸음 더 나아간 반딧불이 모험들'의 첫 부분에 설명되어 있듯이 펜라이트(penlight, 만년필형 손전등)를 써서 그들을 대화에 참여시킬 수 있다.

특별히 언급할 만한 가치가 있는 포티누스속 반딧불이종이 하나 있다. 동부반딧불이라는 일반명으로 알려진 포티누스 피랄리스는 도시의 공원, 교외 지역의 잔디밭, 수풀 우거진 들판, 길가에서 흔히 볼 수 있다. 이 종의 영문 일반명 'Big Dipper firefly'는 이 종이 크기가 클(big) 뿐만 아니라(몸길이가 1센티미터를 넘는다) 수컷이 뚜렷하게 구분되는 '툭 떨어지면서(dip)' 점멸하는 습성을 지녔다는 데서 연유했다. 포티누스 피랄리스 수컷은 황혼 녘에 암컷을 찾으러 천천히 날아다니면서 6초 주기로 0.5초에 걸친 1회 펄스 점멸 신호를 보낸다. 점멸하기 시작한 수컷은 먼저 아래로 툭 떨어졌다가 다시 위로 사뿐히 오르는 움직임을 되풀이하면서 하늘에 J자를 그린다. 수컷은 점멸하고 나면 잠시 허공을 맴돌면서 암컷이 반응하는지 살핀다. 풀잎에 자리 잡은 동부반딧불이 암컷은 2~3초 지체한 다음 단 한 번의 점멸로 수컷에게 화답한다. 생리학자와 생화학자들은 그동안 동부반딧불이를 광범위하게 연구해왔다. 그런가 하면 8장에서 기술한 대로, 과거 수십 년 동안 불빛을 생산하는 화학물질을 추출하려고 이 반딧불이를 상업적으로 채집하는 일도 기승을 부렸다. 동부반딧불이는 이러한 수난을 겪었음에도 다행히 미국 동부 전역에서 여전히 풍부하게 살아간다.

피락토메나속

구조

전흉배판: 반반하지 않고 조각된 것처럼 요철이 약하게 나 있다. 양쪽 가장자리는 위쪽으로 살짝 휘었으며 중앙선에 이랑이 도드라져 있다. 두부 가장자리는 약간 뾰족한 경우도 있다. 양옆 가장자리는 상당수(모두는 아니지만) 종에서 검은색이다.

몸통: 형태는 피락토메나 앙굴라타(*Pyractomena angulata*)처럼 넙데데한

▲ 피락토메나 앙굴라타
◀ 피락토메나 보레알리스

것에서부터 피락토메나 보레알리스(*Pyractomena borealis*)처럼 좀더 길쭉한 것에 이르기까지 다양하다. 몸길이는 7~22밀리미터며 다리는 짧다.

딱지날개: 일반적으로 검은색이며 가장자리가 노란색이다.

북아메리카에는 16종의 피락토메나속 반딧불이가 살아간다. 그중 몇 종은 콜로라도, 유타를 비롯한 서부 주까지 퍼져나갔다. 피락토메나속의 종들은 위에 기술한 특징에 의해 다른 점멸발광 반딧불이와 분명하게 구분된다. 각각의 종은 전반적인 몸의 형태, 수컷 성기의 모양, 딱지날개에 난 미세한 털의 패턴 등으로 식별한다.(Green 1957)

자웅이형

포티누스속에서와 마찬가지로 피락토메나속 반딧불이도 암수를 발광

등(燈)의 형태로 구분할 수 있다. 수컷의 경우는 등이 복부의 마지막 두 분절을 가득 차지하고 있다.(그림 6 왼쪽) 반면 암컷은 등이 그 두 분절의 양편에 4개의 작은 부위로 한정되어 있다.(그림 6 오른쪽)(암수 모두 더러 등 부근에 색이 연하지만 발광하지는 않는 조직이 보이기도 한다. 어떤 반딧불이가 백열 불빛을 내는지 안 내는지 알아보는 한 가지 방법은 암실로 데려가서 살짝 건드려보는 것이다.) 또한 수컷은 눈이 암컷보다 훨씬 크다. 피락토메나속에서는 날개 없는 암컷을 찾아보기 어렵다.

생애 주기

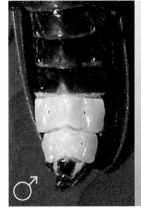

그림 6 피락토메나속의 자웅이형 왼쪽: 수컷의 등은 복부의 마지막 두 분절을 가득 차지하고 있다. 오른쪽: 암컷의 등은 그 두 분절의 양편에 4개의 작은 부위들(화살표)로 이루어져 있다. 이들 부근에 연노란색의 비발광 지대가 보인다.(피락토메나 보레알리스. Photos by Lynn Faust, Faust 2012)

피락토메나속 반딧불이는 흔히 축축한 초원, 숲, 습지, 개울가 등에서 발견된다. 그들의 유충도 여느 반딧불이 유충이나 마찬가지로 불빛을 낸다. 그들이 가장 좋아하는 먹잇감은 달팽이인데, 길게 늘여놓은 것 같은 쐐기 모양의 머리가 달팽이 껍질 안으로 쏙 들어간다. 어떤 피락토메나속의 유충은 반(半)수생이라 물 밖에서도 물속에서도 먹이를 잡아먹는다. 피락토메나속의 유충은 다른 대부분의 반딧불이와 달리 땅 위에서 초목으로 기어 올라가 번데기가 된다.

그중 하나인 피락토메나 보레알리스는 숲이 우거진 곳에서 서식한다. 이 종은 크기가 크고(몸길이가 11~22밀리미터다), 몸 색깔이 검고, 딱지날개 가장자리에 노란 줄이 가늘게 그어져 있어서 쉽게 알아볼 수 있다. 북아메리카 동부 전

| 유충 단계 | 번데기 단계 | 성충이 등장하다 | 번데기를 지키고 있는 수컷 | 짝짓기 |

역에 널리 분포하는 이 점멸발광 반딧불이는 미국에서는 메인에서 위스콘신 주까지, 남쪽으로 플로리다와 텍사스 주까지, 그리고 캐나다에서는 노바스코샤에서 앨버타 주까지 발견된다. 이 분포 지역의 남쪽에서는 유충이 늦겨울에 번데기로 탈피할 양지바른 장소를 찾아 나무 기둥을 타고 올라간다.(그림 7) 좀더 고위도 지역에서는 유충이 나무 기둥에서 겨울을 나고 이듬해 초봄에 번데기가 된다. 그로부터 1~3주 뒤 검은 번데기 껍데기에서 성충이 나온다. 성충의 몸은 처음에는 흰색에 야들야들하지만 점차 색소가 침착되고 딱딱해진다.

그림 7 피락토메나 보레알리스 반딧불이의 생애에서 만나게 되는 다섯 가지 장면.(Photos by Lynn Faust, Faust 2012)

구애

피락토메나속의 반딧불이 성충은 포티누스속과 마찬가지로 '부르고 답하는(call-and-response)' 점멸 대화로 짝을 찾는다. 또한 그들의 점멸 타이밍 역시 기온에 따라 약간씩 달라진다. 추위를 잘 견디는 피락토메나 보레알리스는 대체로 봄에 가장 먼저 나타나는 점멸발광 반딧불이다. 플로리다 주에서는 2월 말이면 그들이 나무 꼭대기에서 점멸하는 모습을 볼 수 있다. 테네시 주에서는 3월 말과 4월에 나타난다. 더 위쪽에서는 그들의 교미철이 5~6월에 시작된다.

피락토메나 보레알리스종에서는 수컷이 먼저 등장한다. 그들은 지체 없이 나무 기둥을 타고 기어 올라가서 암컷을 찾기 시작한다. 수컷은 아직 성적으로 미처 다 성장하지도 않은 암컷을 지키고 있다. 암컷이 성충이 되어 나타나자마자 교미를 하기 위해 기다리는 것이다.(그림 7, Faust 2012) 수컷들은 날기 시작하면, 일몰 뒤 한두 시간가량 암컷을 찾기 위해 나무 꼭대기 위쪽에서 정찰한다. 수컷은 기온에 따라 약간씩 다르지만 대략 2~4초 간격으로 짧은 1회 펄스의 점멸 불빛을 송신한다. 그리고 나무 기둥에 머무는 암컷은 1초간 지체한 뒤 짧게(0.5초) 한 번 점멸하는 것으로 응답한다.

피락토메나속 가운데 또 하나 뚜렷하게 구분되는 종인 피락토메나 앙굴라타의 경우, 수컷이 1초 동안 지속되는 초록색 점멸 불빛을 깜빡거리므로 식별하기가 쉽다. 내가 가장 좋아하는 반딧불이들 가운데 하나인 이 종은 마치 바람에 팔락이는 촛불처럼 보인다. 이들 종의 수컷은 습한 초원, 관목, 나무 위를 날아다니면서 2~4초 주기로 점멸을 되풀이한다. 피락토메나 앙굴라타는 가까이 보면 피락토메나속의 종들 가운데 가장 몸이 넓적하며 딱지날개의 가장자리를 두르고 있는 노란색도 넓다.

구조

전흉배판: 이 딱정벌레는 걸
    을 때 머리가 앞으로 약간
    튀어나온다. 반원 모양으로
    가장자리는 연노란색이다.
    일반적으로 중간에 붉은 점
    과 검은 무늬가 장식되어
    있다.

몸통: 몸길이는 10~20밀리미터로 큰 편이며 다리도 길어서 중간다리와 뒷다리의 길이가 거의 딱지날개 길이와
    비슷하다. 등이 굽은 모양이다. 몸은 타원형이고 양옆 가장자리가 평행하지 않다.

딱지날개: 검은색이나 갈색이며 가장자리가 노란색이다. 흔히 양쪽 어깨에서 희미한 선이 비스듬하게 그어져 있다. 어깨를
    옆에서 보면 딱지날개의 가장자리가 아래로 부드럽게 굽어 있다.(그림 3 위쪽)

등이 굽어 있고 다리가 길고 기민한 이 점멸발광 반딧불이속에는 북
아메리카의 22개 종이 포함된다고 기록되어 있다. 하지만 혹자는 그
수치가 50종에 더 가깝다고 주장하기도 한다. 포투리스속에 포함되는
상당수(모두는 아니지만) 반딧불이종의 성충 암컷은 다른 점멸발광 반딧
불이를 사냥하는 데 일가견이 있다. 서로 다른 포투리스속의 종들을
구분하는 것은 40년 동안 그들을 연구해온 전문가 제임스 로이드에게
조차 보통 까다로운 일이 아니었다. 첫 번째 난관은 모든 포투리스속
반딧불이종 수컷의 성기가 사실상 똑같아 보여서 그 특성만으로는 종
을 분간하기가 어렵다는 점이다. 두 번째는 그들의 점멸 행동이 지나
치게 변화무쌍하다는 점이다. 심지어 같은 종 내에서조차 그들은 지
극히 다양한 점멸 패턴을 구사한다. 수많은 포투리스속 반딧불이종의
수컷은 밤 시간의 어느 때냐, 주변에 어떤 다른 반딧불이가 있느냐에

따라 상이한 점멸 패턴을 보인다.(Barber 1951) 그리고 포투리스속 암컷들은 자기 종의 구애 점멸을 해 보이다가 자기들 먹잇감(예컨대 포티누스속의 수컷)과 같은 종의 암컷이 사용하는 점멸 신호를 흉내 내는 식으로 둘 사이를 가볍게 넘나든다. 이러한 어려움에도 불구하고 포투리스속 반딧불이는 앞에서 설명한 특징들을 토대로 집단 차원에서는 다른 점멸발광 반딧불이들과 쉽사리 구분된다.

자웅이형

포투리스속 반딧불이의 암수를 구분하는 일은 처음에는 약간 어려울 수도 있지만 등의 크기와 형태를 기반으로 꾸준히 연습하다 보면 점차 수월해진다. 수컷의 등은 앞에서 본 두 점멸발광 반딧불이속과 마찬가지로 복부의 맨 아래 두 개 분절을 완전히 차지하고 있다. 암컷의 등도 수컷과 같은 두 개의 분절에 있는 것은 같지만, 분절의 가장자리까지는 닿지 않는다. 대신 등의 주위를 흐릿한 색깔의 비발광 조직이 에워싸고 있다.(그림 8)

그림 8 포투리스속의 자웅이형
왼쪽: 수컷의 등은 복부의 분절 두 개를 가득 채우고 있다.
오른쪽: 암컷의 등은 수컷과 같은 두 분절에 위치하되 중앙 부분만 차지할 뿐 가장자리까지 완전히 채워져 있지는 않다. 비발광 지대가 암컷의 등을 에워싸고 있다는 데 유의하라.(Photos by Rebecca Forkner 2010, Marie Schmidt)

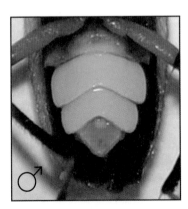
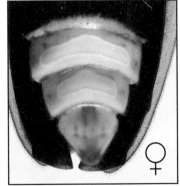

생애 주기

우리는 밤에 희미한 불빛을 내면서 축축한 길가, 오솔길, 잔디밭의 표면을 기어 다니는 포투리스속 유충의 모습을 흔히 볼 수 있다. 일반종 식자인 이들은 잡식성에 청소부동물로 달팽이, 지렁이, 몸이 부드러운 곤충, 심지어 산딸기류까지 가리지 않고 먹는다. 이들은 번데기화할 준비가 되면 작게 무리 지어 모인다. 유충은 저마다 조그마한 흙집을 짓는다. 그로부터 1~3주 뒤 성충이 등장한다. 대부분의 포투리스속 암컷은 식이 습성이 이채롭다. 무슨 말인고 하니 다른 성충 반딧불이는 거의 혹은 전혀 먹지 않는데, 이들의 암컷은 다른 반딧불이를 잡아먹는 데 이골이 난 것이다. 이들이 주로 공격하는 먹이는 포티누스속 수컷이지만, 어느 때는 피락토메나속을 먹어치우기도 하고, 심지어 같은 포투리스속의 다른 종들을 잡아먹기도 한다. 7장에서 다룬 대로, 포투리스속 암컷은 먹잇감에게서 단백질뿐 아니라 독소까지 탈취한다. 먹잇감의 방어용 화학물질을 가로채 비축해놓고 제 자신과 알을 보호하는 데 사용한다. 포투리스속 성충은 비교적 오래 사는데, 포획 상태에서는 한 달 남짓 생존하기도 한다.

행동

포투리스속 점멸발광 반딧불이는 빠르게 날고 동작이 민첩하다. 그래서 당신이 포충망이나 손으로 잡을 경우 날쌔게 빠져나간다. 포투리스속은 일반적으로 포티누스속에 비해 늦은 밤 시간에, 그리고 바닥에서 더 많이 떨어진 지점을 날아다닌다. 그러므로 당신이 한밤중에 깨어나서 창문 방충망을 왔다 갔다 하며 미친 듯이 불빛을 깜빡대는 반딧불이를 한 마리 보게 된다면 그것은 포투리스속일 공산이 크다.

포투리스속의 암컷은 다른 반딧불이의 구애 집단 속에 몸을 웅크린 채 여러 다양한 사냥전술을 구사하여 먹잇감을 잡아들인다. 이 팜파 탈은 제가 표적 삼은 먹잇감 수컷을 유혹할 때, 그 수컷과 같은 종에 속한 암컷의 응답용 점멸을 흉내 내는 기만책을 쓴다. 또한 그녀는 날 아다니는 먹잇감 수컷을 쫓아가서 죽이기도 하고, 이따금 거미줄 부 근에서 대기하고 있다가 거미줄에 걸려든 반딧불이 먹잇감을 슬쩍하 기도 한다. 이 포식자들은 다른 북아메리카 반딧불이에서 자연선택이 일어나도록 내모는 주요 동인이다.

여러 종들에서 수컷은 밤의 어느 때냐에 따라 두 가지 다른 점멸 패 턴 사이를 오간다. 예를 들어 포투리스 트레물란스(Photuris tremulans) 의 수컷은 처음에는 깜빡거리는 긴(1초) 점멸로 시작하다가 금세 빠른 1회 펄스 점멸로 갈아탄다. 양성 모두 착륙하거나 이륙할 때, 혹은 걸 을 때 같은 구애 이외의 상황에서는 되는대로 점멸하기도 한다. 이처 럼 포투리스속의 점멸 패턴은 인상적일 정도로 변화무쌍하기에 그것 을 보고 종을 식별하기란 무척 어렵다. 포투리스속은 흔히 나무 높은 곳에서 짝짓기를 하는지라 그들의 교미 행동에 관해서는 거의 알려진 바가 없다.

검은반딧불이

수많은 성충 반딧불이는 실상 불빛을 내지 않는다. 낮에 활개 치는 이 검은반딧불이는 미국과 캐나다의 서부 연안에서 동부 연안까지 폭넓게 분포한다. 어떤 사람은 이들을 '진짜' 반딧불이라 여기지 않을지도 모르지만, 그들의 유전적 유사성, 발광하는 유충 따위를 비롯한 몇 가지 공통점을 보면 검은반딧불이도 엄연히 반딧불잇과의 정식 일원임을 알 수 있다. 이어서 다루는 엘리크니아속 반딧불이는 포티누스속 점멸발광 반딧불이에게서 갈라져 나와 판이한 생활양식에 적응하기는 했으나 여전히 그들과 긴밀한 유연관계에 놓여 있다. 검은반딧불이에는 두 종의 포티누스속 반딧불이가 포함되어 있기도 하다. 그들은 비록 최근이기는 하지만 성충이 불빛 생산 능력을 잃어버린 것이다. 검은반딧불이는 포식성의 포투리스속 반딧불이 같은 야행성 사냥꾼을 피하려고 낮에 활동하는 쪽으로 방향을 돌린 것 같다. 이 주행성 반딧불이는 짝을 찾고 유인하기 위해 향을 대기에 실려 보내는 것으로 추정되지만, 그 화학물질의 정확한 성분이 무엇인지는 아직까지 확인되지 않았다.

엘리크니아속

구조

전흉배판: 반원형이며 양쪽 가장자리는 전형적으로 검은색인데 종에 따라 노란색이나 빨간색을 띠기도 한다.

몸통: 몸통은 넓적한 편이며 길이는 6~16밀리미터에 이른다. 등(燈)은 없으며 다리는 짧고 뭉툭하다.

딱지날개: 짙은 황록색이나 까만색이며 가장자리에 옅은 색을 띠는 부분이 없다. 더러 세로 이랑들이 확연하게 도드라져 보이기도 한다.

포티누스속의 가까운 사촌뻘인 이 주행성 검은반딧불이는 12개가 넘는 비발광종으로 이루어져 있다. 엘리크니아속은 북아메리카 전역에 널리 분포하지만, 그 가운데 네댓 종은 오직 로키산맥의 서쪽에서만 발견된다. 미국 동부지역에는 3종 '세트'가 살아가는데 그들 간의 구분은 그리 명확지 않은 채로 남아 있다.(Fender 1970) 엘리크니아 코루스카(*Ellychnia corrusca*, 앞의 사진)는 동부에서 가장 흔히 볼 수 있는 종이다. 전흉배판의 문양 덕분에 식별하기 쉽다. 즉 그들의 전흉배판에는 중간에 붉은 테를 두른 검은 부분이 있는데, 여닫는 괄호처럼 생긴 옅은 색상이 그 부분을 에워싸고 있다. 더러 겨울반딧불이(winter firefly)라 불리기도 하는 엘리크니아 코루스카는 제일 먼저 활동을 시작하는 곤충 축에 속하므로 이른 봄이면 숲 지대를 유유히 활보하는 그들의 모습을 볼 수 있다.

자웅이형

엘리크니아속 반딧불이는 등(燈)이 없으므로 암컷과 수컷을 구분하려면 복부 아래쪽을 찬찬히 들여다보아야 한다. 암컷은 맨 마지막 분절이 삼각형 꼴인데 중간에 짧은 금이 그어져 있다.(그림 9 오른쪽) 반면 수컷은 이 마지막 분절이 암컷보다 훨씬 작으며 둥글고 금이 없다.(그림 9 왼쪽)

생애 주기

엘리크니아속의 유충도 여느 반딧불이 유충과 마찬가지로 발광하며

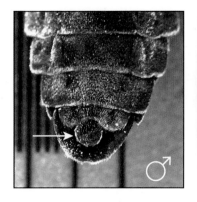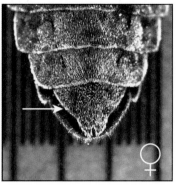

그림 9 엘리크니아속의 자웅이형
왼쪽: 수컷은 복부의 마지막 분절
이 작고 둥글다.
오른쪽: 암컷은 그 마지막 분절이
삼각형 꼴이고 더 크며 삼각형의
꼭짓점 부분에 짧은 금이 그어져
있다. 이들의 복부 아래쪽을 살펴
보려면 확대경을 사용하라.(눈금
한 칸은 1밀리미터를 나타낸다.)

육식성이다. 그들은 썩은 나무에서 살아가며 사냥을 하므로 거의 만나보기 힘들다.

엘리크니아 코루스카는 미국의 플로리다 주에서 캐나다 온타리오 주까지 드넓게 분포하며, 생애 주기는 어떤 위도상에 살아가느냐에 따라 저마다 다르다. 이 종이 지리적으로 분포하는 지역의 북쪽에서는 성충이 가을에 등장한다. 성충은 나무 둥치를 기어오른 다음 거기서 발견한 홈에 몸을 꼭 끼워 넣은 채 겨울을 난다. 더없이 강인한 성충은 영하를 밑도는 몇 달 동안의 추위를 끄떡없이 견뎌낸다. 우리는 '표시하고 풀어준 다음 도로 잡아들이는 연구(mark-recapture study)'를 통해 이들 성충의 약 90퍼센트가 매사추세츠 주에서 겨울을 이기고 살아남을 수 있음을 확인했다.(Rooney and Lewis 2000) 우리는 눈 위에 등을 대고 누워 있는 것이 영락없이 죽은 듯 보이는 딱정벌레를 수시로 발견하곤 했는데 그들은 따뜻한 차에 놔두면 금세 되살아났다.

이들의 교미는 초봄에, 즉 3월과 4월에 이루어지며, 암컷은 부근에 알을 낳는다. 초여름에 부화한 유충은 이어지는 16개월 동안 먹고 성장하는 일에 매진한다. 그리고 생애 주기에서 맞는 두 번째 해의 여름 막바지에 이르러서야 썩은 목재에서 번데기가 된다. 가을에 등장한 성충은 다시 나무 기둥에서 겨울을 난다.

　그보다 훨씬 남쪽(북위 40도 이하 지역)에서는 그들의 생애 주기가 그와는 사뭇 다른 패턴을 띤다.(Faust 2012) 여기서는 성충이 늦겨울에, 즉 2월 말이나 3월에 출현하는데, 나타나자마자 바로 나무 기둥으로 기어 올라간다. 성충은 북쪽 지역에서와 마찬가지로 초봄(3월과 4월 초)에 짝짓기를 한다. 그러나 남쪽 지역의 유충은 단 한 번의 여름과 가을 동안 발달 과정을 완성할 수 있다. 즉 늦가을에 번데기로 달라지고 늦겨울에 성충이 되는 것이다. 날씨가 따뜻한 남쪽 지역에서는 엘리크니아 코루스카가 생애 주기를 단 1년 만에 마무리한다. 전 지구적 기후변화로 기온이 상승하면 발달이 더욱 빨라져서 심지어 북쪽 집단도 생애 주기를 1년 안에 완성할 수 있을지 모른다.

행동

이 비발광 반딧불이가 눈에 가장 잘 띄는 때는 초봄이다. 성충이 나무 기둥을 타고 기어 올라가고 교미를 하고 숲의 서식지를 날아다니기 시작하는 때이기 때문이다. 짝짓기는 일반적으로 나무 기둥이나 땅 위에서 이루어진다. 그럴 때 보면 암수는 12시간 넘게 꼬리와 꼬리를 맞댄 체위를 유지한다. 성충은 북쪽에서는 이른 가을에 남쪽에서는 늦겨울에 등장하는데, 특정 나무에 수십 마리씩 모여 있는 채로 발견된다. 그들은 나무껍질에 홈이 깊게 파인 커다란 나무를 선호하며 해마다 같은 나무를 찾아온다. 봄에 성충은 단풍나무 수액에 이끌리는데, 그래서 더러 그것을 채집하는 양동이에 빠져 생을 마감하기도 한다.

루키도타속

구조

전흉배판: 형태가 다양해 꼭 대기가 둥근 것도 뾰족한 것도 있다. 색깔도 저마다 달라 전체적으로 빨간색이거나 노란색인 것도, 빨간 점이 두 개 찍힌 검은색인 것도 있다.

몸통: 몸통은 넓적하며 길이가 6~14밀리미터에 이른다. 등(燈)은 없거나 흔적기관으로만 남아 있다. 촉각은 길고 납작하며 톱니 모양이다. 촉각에서는 모든 분절이 너비가 같은데, 유독 두 번째 분절(눈부터 세었을 때)만은 다른 것들보다 작고 훨씬 짧다.

딱지날개: 무광 검정색이며 가장자리에 연한 색깔이 보이지 않는다.

북아메리카에 서식하는 세 가지 주행성 루키도타속 반딧불이종은 뚜렷하게 구분되는 톱니 모양의 납작한 촉각을 지니고 있다. 이 성충들은 짝을 찾기 위해 화학적 신호에 의존한다. 그중 가장 풍부한 종은 루키도타 아트라(위의 사진)로 미국 동부 전역에서 한여름에 쉽게 볼 수 있다. 덩치가 큰 편에 속하고 놀랄 만치 아름다운 이 종의 성충은 땅 위 몇 미터 이내를 천천히 날아다니는 모습으로 발견된다. 몸통은 새까맣고 전흉배판은 노란색이다. 전흉배판의 가운데에 검은 줄이 그어져 있는데 양옆으로 두 개의 선홍색 점이 찍혀 있다. 성충은 등(燈)이 흔적기관으로 퇴화한 것으로 보이는데, 암컷에서는 복부의 마지막 분절 한 개, 수컷에서는 마지막 분절 두 개에 희미한 작은 점 모양으로 나타난다.

자웅이형

수컷의 촉각은 두껍고 길며 암컷의 촉각보다 톱니 모양이 좀더 뚜렷하다.(그림 10)

생애 주기

루키도타속 유충은 썩은 목재 안이나 그 아래에서 살아간다. 그들은 거기서 달

그림 10 루키도타속의 자웅이형 수컷의 촉각(오른쪽)은 암컷의 촉각(왼쪽)에 비해 더 납작하고 톱니 모양이 좀더 뚜렷하며 눈에 잘 띈다.(Photo by Molly Jacobson)

팽이, 지렁이, 기타 몸이 부드러운 곤충을 잡아먹는다. 갈색에 가까운 유충과 번데기는 겨우내 활동하지 않으며 여름에 성충으로 탈바꿈한다. 성충은 낮에 날아다니며 대체로 잔디밭이나 초원지대 위, 습지, 개울가나 숲 가장자리를 돌아다니는 모습으로 발견된다. 어느 한 종〔루키도타 루테이콜리스(*Lucidota luteicollis*)〕에서는 성충 암컷이 날개가 없고 그러니만큼 날지 못한다.

행동

루키도타 아트라를 비롯한 일부 주행성 검은반딧불이들은 짝을 찾기 위해 대기를 타고 전파되는 향을 이용한다는 사실이 밝혀졌다.(Llyod 1972) 그들 종에 속한 '고착성'의 암컷은 화학적 신호를 발산하여 대기 중에 실어 보낸다. 암컷이 내뿜은, 페로몬이라고 알려진 이 화학물질이 바람을 타고 마치 눈에 보이지 않는 깃털처럼 퍼져나간다. 암컷을 찾아 나선 수컷은 이리저리 날아다니다가 그 깃털을 탐지한다. 그러

면 그 깃털 주인을 찾아내기 위해 '바람을 거슬러' 날아간다. 암컷이 배출한 화학물질의 성분이 무엇인지는 아직껏 밝혀지지 않았으나 수 컷이 오직 자기 종의 암컷에게만 이끌린다는 사실은 이 후각 신호가 '종 특이적(species-specific)'임을 시사한다.

한걸음 더 나아간 반딧불이 모험들

많은 이들은 제가 만나는 반딧불이를 식별할 수만 있어도 만족할 것이다. 그러나 새 관찰과 마찬가지로 반딧불이 탐험을 좀더 해보고자 하는 이들에게는 숨 막히는 경이의 세계가 기다리고 있다. 여기에 밖으로 나가 아직 본 적 없는 반딧불이의 세계를 탐구하도록 당신을 독려하는 제안을 몇 가지 싣는다.(그 밖의 제안을 보려면 '북 블로그〔블로그(blog)를 책(book)으로 엮어놓은 것을 말하며, 블루크(blook)라고 줄여 쓴다―옮긴이〕'를 확인하라.)

반딧불이에게 말 걸기

불빛은 점멸발광 반딧불이의 사랑언어며, '부르고 답하는' 그들의 대화는 눈에 보이는 시각 신호이므로 엿보기가 쉽다. 당신이 일단 그 암호를 해독하기만 하면 펜라이트만으로도 당신의 지역에 살아가는 반딧불이들에게 말을 걸 수 있다. 만약 당신이 포티누스속 점멸발광 반딧불이를 찾아낼 수만 있다면 그들의 구애 대화가 가장 끼어들기 만 만하다.

먼저 수컷의 점멸 패턴을 관찰하고 익히는 것부터 시작하라. 반딧불이의 비행 시기가 시작되면 그들의 서식지에 조용히 자리를 잡고 앉는다. 만약 운이 좋다면 수컷들이 날아올라 구애 임무를 수행하는 광경을 지켜볼 수 있을 것이다. 날아다니는 수컷 한 마리에 집중하여 스톱워치를 이용하거나 '구두로 초를 세는 식으로(one, one thousand, two, one thousand……: 영어권에서 기계적 도구 없이 구두로 몇 초가 걸리는지 헤아릴 때 쓰는 방법이다. 1초의 길이가 'one, one thousand'를 말하는 길이와 얼추 맞아떨어지는 데 착안한 방식이다─옮긴이)' 점멸 패턴의 시간을 측정하라. 황혼 녘에 날아다니는 종들, 이를테면 포티누스 피랄리스종 같은 경우는 아직 그들의 작은 몸이 보일 시각이므로 수컷 한 마리를 따라가는 게 가능하다. 그렇지만 그보다 더 늦은 시각에 날아다니는 종들은 경우가 다르다. 이럴 때 내가 그 개체들을 따라잡기 위해 쓰는 방법은 그들의 몸통이 하늘을 배경으로 검은 실루엣처럼 보이도록 그 밑에 쭈그리고 앉는 것이다. 그렇게 수컷 몇 마리의 시간을 측정하고 나면 그들의 점멸 리듬을 익힐 수 있다. 펜라이트('밤의 모험에 필요한 장비 목록' 참조)를 이용하여 수컷의 점멸 패턴을 흉내 내려고 노력하라. 다소 연습이 필요하겠지만 당신은 이내 그들 군중의 일원이 된 것 같은 착각에 빠져들 것이다.

이제 당신은 포티누스속 암컷을 찾아 나설 준비가 된 것이다. 암컷은 이따금씩만 반응을 보이므로 수컷보다 찾기가 한층 어렵다. 잘 살펴보면서 수컷들이 어디서 수색하는지 파악해내고 펜라이트를 마치 미끼처럼 사용하여 암컷을 낚기 시작하라. 천천히 걸으면서 수컷의 점멸 패턴을 계속 되풀이하라. 그리고 불빛이 나오는 곳을 손가락으로 막아 불빛이 너무 밝게 비치지 않도록 하라. 점멸 모양이나 불빛의 정확한 색깔은 크게 신경 쓸 필요가 없다. 연구에 따르면 암컷들은 점멸 모양에는 반응하지 않고 반딧불이는 색깔을 보지 못하는 것으로 밝혀졌기 때문이다.

점멸을 한 뒤에는 그때마다 풀밭이나 낮은 초목에 자리 잡고 앉은 암컷이 어떻게 화답하는지에 주의를 기울여라. 수컷들도 땅에서 점멸하고 있을 수는 있지만 그들은 걸어서 여기저기 돌아다닌다. 반면 암컷은 일반적으로 한곳에 머물러 있고 움직이지 않는다. 만약 암컷은 관심이 있다면 당신에게, 혹은 1회 펄스 점멸을 보내면서 지나가는 수컷들에게 반응을 보일 것이다.(그림 5 참조) 암컷의 점멸은 일반적으로 수컷의 점멸보다 길게 지속되며 처음에는 눈에 띌 정도로 강렬하다가 서서히 약해진다. 암컷에게서 반응을 이끌어냈으면 그녀 쪽으로 다가가 다시 한번 점멸하라. 당신은 지금 필사적으로 짝을 찾아 나선 진짜 반딧불이 수컷들과 경쟁하는 중이라는 사실을 잊지 마라. 동작이 빨라야 한단 말씀이다! 수컷은 일반적으로 암컷보다 수가 많고 그러니만큼 반응 잘하는 암컷을 잽싸게 찾아낼 것이다.

덤불 근처나 서식지 가장자리에 자라는 나무 아래처럼 수컷들이 지나치기 쉬운 장소에 자리한 암컷을 찾아내는 것도 좋은 방법이다. 암컷을 발견할 수 있는 또 한 가지 전략은 모든 수컷들이 비행을 멈출 때까지 기다리는 것이다. 당신은 비행시간이 끝난 뒤에도 여전히 땅바닥 근처에서 한 무리의 불빛을 볼 수 있을 것이다. 구애 대화가 이어지고 있는 현장이다. 일반적으로 수컷 네댓 마리가 암컷 한 마리를 서로 차지하려고 다투고 있는 중이다. 당신은 이따금 밤이 이슥해질 때까지 오래 이어지곤 하는 점멸 불빛 군단을 보고 암컷을 찾아낼 수도 있다.

일단 암컷을 한 마리 찾아내고 나면 되도록 가까이 다가가되 그녀를 자신의 처소에서 떨어뜨리지 않도록 유의하라. 스톱워치를 이용하거나 초 세기로 그녀의 반응지체 시간을 측정하라. 2회 혹은 복수의 펄스 점멸 패턴을 보이는 수컷의 경우, 암컷의 반응지체 시간은 수컷의 마지막 펄스가 시작된 순간부터 치도록 하라. 암컷의 반응지체 시간을 여러 번 측정하다 보면 좀더 정확한 추정치를 얻어낼 수 있다. 당신이 관찰하고 있는 것이 사기꾼 팜파탈(포투리스속 암컷)이 아니라 진짜 포티누스속 암컷인지 확실히 하기 위해 헤드램프를 켜는 것도 좋은 방법이다.

드디어 당신은 대화에 동참할 준비가 되었다! 암컷을 흉내 내려면 (다시 한번 불빛이 희미해지도록) 펜라이트 끝을 손가락으로 막고 땅바닥 가까이 두라. 수컷 한 마리에 집중하라. 그 수컷이 점멸하면 정확한 반응지체 시간만큼 뜸을 들였다가 화답용 점멸 불빛을 깜빡여라. 수컷이 가까이 다가와서 다시 점멸하면 역시나 정확한 반응지체 시간만큼 띄웠다가 점멸로 반응하라. 그렇더라도 너무 달뜨게 굴지는 마라. 당신이 지금 흉내 내는 반딧불이 암컷은 한껏 내숭을 떨고 있는지라 모든 수컷의 점멸에 일일이 대꾸하지는 않는다는 사실을 기억하라. 당신은 암컷을 모방함으로써 수컷으로부터 상당한 관심을 끌게 될 것이다! 나 역시 꽤나 멀찍이서 반딧불이 수컷들을 끌어모을 수 있었다. 여남은 마리나 되는 수컷 반딧불이들이 내 팔이며 펜라이트에 내려앉은 적도 있다.

당신은 앞에서 이미 수컷의 점멸 패턴을 모방함으로써 암컷의 위치를 알아내는 방법에 대해 알았을 것이다. 만약 이 일을 교미철 끝물에 하게 되면 놀라운 일이 벌어진다. 3장에서 설명한 대로 그때쯤이면 대개 기꺼이 짝짓기할 의향이 있는 수컷보다 암컷의 수가 더 많아진다. 반딧불이 서식지 한가운데로 걸어 들어가 펜라이트로 수컷의 점멸 패턴을 모방해보라. 만약 운이 좋다면 한 무리의 암컷들이 하나같이 반응지체 시간을 정확히 지킨 뒤 일시에 점멸로 화답할 것이다.

만약 당신이 집 마당에서 활발하게 돌아다니는 포티누스속 반딧불이가 정확히 어떤 종인지 알아내는 데 관심이 있다면, 암수의 점멸 패턴을 기록하는 것부터 시작해보라. 수컷의 경우, 펄스의 횟수에 주의를 기울이고 스톱워치를 이용하여 수컷의 점멸 간 간격을 측정하라. 만약 수컷의 점멸 패턴이 2회 이상의 펄스로 이루어져 있다면 펄스 간 간격도 측정하라. 특수 기록장비가 필요한 펄스 자체의 지속시간에는 신경 쓰지 말고 그냥 점멸이 빠른지(0.5초 이하) 느린지(0.5초 이상) 정도만 기록하라. 암컷의 경우, 그들의 반응지체 시간을 재라. 그리고 기온이 점멸 타이밍에 영향을 주므로 기온도 기록할 필요가 있다. 이러한 정보들을 여러 날 밤에 걸쳐 수집하고 그 관찰 기록을 공책이나 음성녹음기에 남겨놓는 것이 바람직하다.

이 책에 실린 점멸 도표(258쪽)를 참고해 당신이 관찰한 기록과 가장 근접한 패턴을 찾아보라. 기온이 더 낮으면 모든 것이 느려지고, 기온이 더 높으면 모든 것이 빨라진다는 데 유념하라. 제임스 로이드가 1966년에 발표한 논문을 보면 미국에서 살아가는 20여 가지 포티누스속 반딧불이종의 분포 지역 지도, 서식지에 관한 묘사, 활동 시기, 점멸 행동 따위를 포함하여 훨씬 더 풍부한 정보를 얻을 수 있다. 그의 논문은 이 책의 참고문헌에서 제공한 링크를 통해 미시건 대학에서 무료로 다운받을 수 있다.

보이지 않는 반딧불이 향의 세계

그동안 점멸발광 반딧불이는 밝은 불빛, 점멸 디스플레이 덕택에 대중으로부터 큰 사랑을 받았으며 과학적으로도 상당한 관심을 끌었다. 그렇다면 낮에 활동하는 검은반딧불이는 사정이 어떨까? 그들은 불빛도 없이 어떻게 짝을 찾아낼까? 이 딱한 검은반딧불이의 구애의식을 다룬 과학연구는 고작 몇 편에 불과하지만, 그 결과에 따르면 그들은 대기중에 떠다니는 눈에 보이지 않는 화학적 신호에 의존하는 것으로 드러났다.

대표적인 연구는 루키도타 아트라를 대상으로 한 것이다. 이 종은 낮에 날아다니는 몸집 큰 검은반딧불이로, 숲속·잔디밭 위·길가에서 유유히 날아다니는 수컷을 한여름에 쉽게 만나볼 수 있다. 제임스 로이드는 이 종의 암컷이 바람에 향을 실어 보냄으로써 수컷을 유인하는지 여부를 알아보고자 미시건 주의 상부반도(Upper Peninsula: 오대호의 일부인 수피리어호와 미시건호 사이에 자리한 반도로 미시건 주의 북부를 이룬다—옮긴이)에서 간단한 현장실험을 몇 가지 실시했다.(Lloyd 1972) 그는 암컷들을 작고 얕은 용기(과학실험에서 쓰는 지름 10센티미터의 페트리접시)에 넣었다. 그런 다음 각 접시들을 그물직물로 조심스레 덮었다. 이렇게 하면 공기는 자유롭게 통하되 암컷은 안에, 수컷은 바깥에 머물게 된다.

그는 이렇게 '포획 암컷'들을 숲속 공터 바닥에 가져다놓았다. 그리고 기다리면서 관찰했다. 가벼운 산들바람이 불고 있었는데, 채 3분도 되지 않아 수컷이 '바람을 거슬러' 속속 도착하더니 암컷이 들어 있는 접시와 그 부근에 곧바로 내려앉았다. 세어보니 처음 30분 동안 날아온 수컷은 모두 30마리였다. 로이드는 수컷 몇 마리를 표시한 다음 '포획 암컷'들이 있는 곳에서 '바람 부는 쪽으로' 저마다 거리를 달리하여 그들을 풀어주었다. 수컷들을 9미터 떨어진 곳에 풀어주었을 때는 그들 모두가 8분 내로 암컷을 찾아냈다. 개중에 속도가 빠른 수컷 한 마리는 27미터나 멀리 떨어진 곳에 풀어놓았는데도 용하게 단 3분밖에 안 지났을 때 암컷을 찾아내는 발군의 실력을 과시했다! 암컷들은 화학적 신호를 방출했고, 그 신호는 바람에 실려 마치 눈에 보이지 않는 깃털처럼 널리 퍼져나갔다. 수컷들은 날면서 짝을 찾아다니다가 암컷의 냄새를 맡으면 '바람을 거슬러' 그녀를 찾아오는 것으로 보인다.

주행성 반딧불이에 대한 또 다른 연구 역시 암컷이 수컷을 유인하기 위해 향을 내뿜는다는 주장을 뒷받침한다. 5장에서 소개한 벨기에의 과학자이자 음악가 라파엘 드 코크는 소형 유럽 백열발광 반딧불이, 포스파에누스 헤밉테루스를 연구했다.(De Cock and Matthysen 2005) 앤트워프 대학 구내에서 연구를 진행한 라파엘은 포스파에누스속 암컷들이 불빛뿐 아니라 대기에 실려 퍼지는 화학적 신호까지 써서 수컷을 유인하는지 여부를 알아보려고 몇 가지 실험을 실시했다. 그 실험에서 거즈로 덮은 접시에 넣은 암컷들은 딱 한 시간 만에 거의 30마리나 되는 수컷을 끌어들였다. 그런데 그 수컷들은 대다수가 '바람을 거슬러' 온 것들이었다. 라파엘은 암컷들이 향을 배출할 때면 복부를 옆으로 말면서 '부르는(calling)' 몸짓을 해 보인다고 설명했다.

이것이 주행성 반딧불이가 짝을 찾는 방법에 관해 우리가 알고 있는 것의 거의 전부이니만큼 이 분야는 활짝 열려 있다. 반딧불이 향의 성분이 무엇인지는 여전히 수수께끼로 남아 있으며, 대다수 종에서 짝 찾기 행동이 어떻게 이뤄지는지에 대해서는 기술조차 되어 있지 않다. 주행성 반딧불이는 세계적으로 광범위하게 분포한다. 미국 동부지역에서 흔히 발견되는 종은 엘리크니아 코루스카다. 뉴잉글랜드 지역에서는 그들의 교미철이 4~5월의 몇 주 동안 이어진다. 하지만 우리는 그들의 구애 행동에 관해서 거의 아는 바가 없다. 그리고 미국 서부지역은 수많은 다른 주행성 검은반딧불이종의 근거지다. 그러므로 그들을 관찰하고 실험해볼 의향이 있는 이라면 누구라도 완전히 새로운 뭔가를 발견할 수 있다!

쉽게 도전해볼 만한 실험이 한 가지 있다. 얕은 접시〔메이슨 유리병 (Mason jar: 뚜껑의 지름이 몸통의 지름과 거의 비슷한 식품 보존용 유리병—옮긴이)의 뚜껑도 좋다〕 몇 개, (직물가게에서 파는 모기장이나 망사천 같은) 그물직물 약간, 고무줄, 스펀지를 준비하라. 당신이 사는 지역의 주행성 검은반딧불이를 몇 마리 수집한 다음 식별 안내서를 참고하여 그들을 성별로 분리하라. 물에 적신 작은 스펀지 조각을 각각의 접시에 넣어 수분을 제공하라. 첫 번째 군의 접시에는 암컷을, 두 번째 군의 접시에는 수컷을 집어넣고, 세 번째 군의 접시는 비워둔다.(그림 11) 빈 접시는 수컷이 그저 접시라는 설정에 이끌릴 가능성을 배제하려는 것이다. 즉 이 실험은 포획 수컷이 암컷이든 수컷이든 간에 그들 종에 속한 다른 개체에게 이끌리는지 여부를 보여줄 것이다.

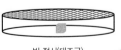

빈 접시(대조군)

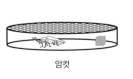

암컷

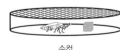

수컷

그림 11 반딧불이의 화학신호를 알아보기 위해 해볼 수 있는 간단한 실험.

당신네 지역의 반딧불이 서식지 주변에 그 접시들을 몇 미터 간격으로 놓아둔다. 다가오는 수컷을 알아보기 쉽도록 각 접시들 밑에 둥글게 자른 흰 널빤지나 마분지를 깔아놓아도 좋다. 차분하게 자리를 잡고서 계속 지켜보거나 주기적으로 수컷이 다가올 때마다 수를 센다. 다른 접시보다 암컷이 들어 있는 접시에 수컷이 더 많이 몰리는가?

비슷하게 설계된 실험을 통해 다음과 같은 추가 질문에 답을 얻을 수도 있다.

- 암컷은 하루 중 어느 시간대에 수컷을 더 많이 유인하는가? 수컷은 하루 중 어느 시간대에 좀더 빨리 도착하는가?
- 암컷은 어떤 '부르기' 행동을 하는가?
- 수컷은 '바람을 거슬러' 먼저 다가오는가? 바람의 방향을 가늠하기 위해서는 실을 사용하면 된다. 수컷이 날아다니는 것과 같은 높이의 나뭇가지나 말뚝에 30여 센티미터 길이의 실을 묶은 다음 끝에 작은 스티로폼 조각을 매달아 놓으면 풍향계로서 손색이 없다.
- 수컷은 암컷에게 다가가면서 어떻게 행동하는가? 그들은 지그재그로 날아가는가 아니면 곧장 날아가는가? 접시에 바로 내려앉는가 아니면 그 부근에 내려앉는가?
- 암컷이 수컷을 유인할 수 있는 최대 거리는 얼마인가? 밝은 색 중성펜이나 가는 불투명 사인펜('우치다 데코칼라 펜' 같은)으로 반딧불이의 딱지날개에 작은 점을 찍는 식으로 수컷을 표시해두라. 가능하면 수컷을 암컷으로부터 5미터, 10미터, 15미터…… 떨어진 지점에 풀어놓아라.

식성이 까다로운 자?

메이슨 유리병 안에 반딧불이를 채집하는 것은 미국에서 자란 사람들에게는 거의 보편적인 어린 시절의 추억이다. 이 추억은 대체로 향수나 경이감과 함께 떠오른다. 그러나 알고 보면 그 병 안에서는 더러 으스스한 일이 벌어지기도 한다.

내 조카 네이트는 다섯 살 무렵 그런 경험을 하고서 엄청난 충격을 받은 일이 있다. 그는 밤에 반딧불이를 유리병 한가득 잡는 즐거운 놀이를 하면서 시간을 보냈다. 우리는 잠자리에 들면서 조카가 그들의 매혹적인 불빛을 볼 수 있도록 그 병을 침실용 탁자에 올려놓았다. 그런데 이튿날 아침 눈을 뜬 네이트는 병 안에 큰 반딧불이가 딱 한 마리만 남아 있는 것을 보고 경악했다. 나머지는 모두 사라졌고, 유리병 바닥에 다리와 날개 조각만 몇 개 흩어져 있었던 것이다. 그가 미친 듯이 악을 쓰면서 도움을 요청했다. "내 반딧불이들이 살해당했어요!" 반딧불이를 수상쩍게 여기지 않는 다른 수많은 반딧불이 수집가들처럼, 네이트도 제 눈으로 직접 보고서야 포투리스속 반딧불이의 섭식 습성에 대해 깨닫게 된 것이다.

성충 반딧불이가 골육상쟁의 습성이 있다니 놀랍지만, 그들이 아무거나 먹는다는 사실 또한 꽤나 희한하게 들린다. 그러나 포투리스속 반딧불이는 선수급 포식자다.(그림 12) 7장에서 기술한 대로 그들은 다른 반딧불이들을 잡기 위해 여러 사냥전략을 구사한다. 그들에게 먹잇감은 단지 영양분을 제공하는 식사 이상의 의미를 지닌다. 몇 가지 연구에 따르면 이 포식성 반딧불이는 포티누스속 반딧불이를 잡아먹을 때 그들의 독성 화학물질까지 가로채서 보유하고 있다가 적으로부

그림 12 포투리스속 팜파탈이 포티누스속 수컷의 몸에서 부드러운 부분을 몽땅 먹어치웠다.(Photo by Hua-Te Fang)

터 스스로를 방어할 때 써먹는 것으로 드러났다.(Eisner et al. 1997)

하지만 우리는 포투리스속이 어떤 먹이를 좋아하는지 잘 알지 못한다. 야생에서 연구한 결과에 따르면 포투리스속 반딧불이는 주로 포티누스속을, 이따금 피락토메나속을 먹을 뿐 같은 포투리스속의 다른 반딧불이종을 먹는 경우는 흔치 않다.(Lloyd 1984) 그렇다면 그들이 '진짜로' 좋아하는 먹잇감은 무엇일까?

어느 해 6월, 우리는 그레이트스모키산맥에서 풍부하게 살아가는 포식성 포투리스속을 대상으로 이 질문에 답하고자 한 가지 실험을 실시했다.(Lewis et al. 2012) 우리가 사용한 장비는 동네 슈퍼마켓에서 구해온 1쿼트(액량·건량 단위로 1쿼트는 액량일 경우 약 0.94리터, 건량일 경우 약 1.10리터—옮긴이)짜리 투명 플라스틱 용기 몇 개였다. 거기에 구멍을 몇 군데 뚫은 다음 바닥에 가짜 자귀나무(silk plant)와 축축한 종이타월을 깔아놓았다. 용기마다 포투리스속 암컷을 한 마리씩 집어넣었다. 우리는 약 2주 동안 매일 밤 암컷들에게 여러 가지 다른 곤충들을 먹이로 제공했다. 그들의 메뉴로 선택한 것은 당시 활발하게 활동하던 반딧불이들로, 우리는 몇몇 포티누스속 반딧불이종들, 파우시스속 반딧불이종들, 그리고 루키도타속의 두 가지 반딧불이종 따위를 여러 가지 파리, 방아벌레, 메뚜기, 작은 벌레와 함께 제공했다. 이 실험은 자연 상태와 인공적 조건을 적절하게 뒤섞어놓은 만큼 먹잇감들의 처지에서 쉼터라든지 공격을 피해 달아날 수 있는 공간이 넉넉했다. 게다가 야생에서 가능할 법한 것보다 좀더 다양한 먹이류를 시험할 수 있었다.

여기서 우리의 실험 결과를 구구절절 늘어놓을 생각은 없다. 이 특수한 포투리스속 포식자들의 까다로운 섭식 습성에 관해 알고 싶은 사람은 (참고문헌에 링크되어 있는) 우리의 논문을 참조하기 바란다. 대신 나는 이 실험을 당신이 집에서 직접 해보았으면 한다. 당신 지역의 반딧불이를 탐구하다 보면 아마도 포투리스속을 몇 마리 만나게 될 것이다. 그 암컷들을 잡아서 각각 개별 용기에 넣는다. 그 용기를 자연 빛에 노출시키되 직사광선은 피하라. 매일 밤 그들에게 다른 종류의 먹이를 제공하고 그들이 무엇을 먹고 무엇을 먹지 않는지 기록하라. 당신이 호기심 많고 비위가 그리 약하지 않다면 이 반딧불이들이 사냥하는 모습을 흥미진진하게 관찰할 수도 있을 것이다. 관찰할 때는 그들을 방해하지 않도록 푸른색 필터를 씌운 등을 사용하면 좋다. (290쪽 '밤의 모험에 필요한 장비 목록' 참조)

한번 도전해보고 새로 알게 된 내용이 있을 경우 나한테도 알려주면 정말 고맙겠다!

본래 서식지에 되돌려놓기

나는 학생들과 함께 과학연구를 위해 반딧불이를 채집할 때면 언제나 그들을 본래 있던 자리에 되돌려놓으려 애쓴다. 즉 우리는 항상 반딧불이의 자손들, 즉 그녀의 알이나 유충을 그들 본래의 집단에게 되돌려준다. 만약 당신이 이처럼 선한 의도의 접근법을 시도해보고 싶다면 다음과 같이 하면 된다.

용량이 100그램 남짓한 작은 플라스틱 용기를 준비한 다음 (습기를 제공하기 위해) 바닥에 축축한 종이타월을 깔고 그 위에 산란하기 좋은 이끼층을 덮는다. 용기 속에 암수를 함께 집어넣는다. 용기에는 구멍을 몇 개만 내야 한다. 산소는 그리 많이 필요하지 않은데 공기가 너무 잘 통하면 삽시간에 말라버리기 때문이다. 그들은 자연 빛에 노출되면 대개 며칠 밤 내로 짝짓기를 한다.(그림 3.3은 짝짓기 자세의 포티누스 속 반딧불이 암수의 모습이다.) 당신은 푸른색 필터를 씌운 헤드램프를 써서 주기적으로 그들을 체크할 수도 있다. 운이 좋다면 이미 교미 중에 있는 암수를 바깥에서 발견할 수도 있다. 만약 그런 암수를 찾아낸다면 그들을 잡아 올리려 애쓰지 마라. 대신 그들이 머무는 나뭇잎을 건드리지 않도록 조심하면서 작은 붓이나 종잇조각으로 그들을 살살 용기 속에 담아라. 교미를 마치고 나면 그들에게 작은 사과 조각을 건네라. 사과 조각은 곰팡이가 생기지 않도록 매일 갈아주는 게 좋다. 나는 유기농 그래니스미스종(Granny Smith: 과즙이 풍부하고 새콤하며 과육이 단단해서 애플파이를 만들 때 흔히 쓰는 초록색 종—옮긴이)을 썼지만 아무 사과라도 상관없다.

암컷은 며칠 만에 작은 상앗빛 알을 낳는다. 알은 지름이 보통 1밀리미터 이하다. 이때 알을 그들 본래의 서식지에 되돌려놓으면 된다. 성충은 식물의 기저부에 풀어주고 알이 깔린 이끼는 축축한 장소에 놓아주라. 만약 당신이 포티누스속 유충이 어떻게 생겼는지 알고 싶을 정도로 호기심이 넘친다면 암컷이 산란한 용기를 따뜻하고 어두운 장소에 놔두라. 알을 주기적으로 확인하되 썩은 알이 눈에 띄면 솎아내라. 약 2주가 지나면 알은 부화하고 불빛을 반짝이는 작은 유충이 등장한다. 포티누스속 유충은 포획 상태로 기르기가 까다롭다. 그러니만큼 그들을 일단 보고 나면 한시바삐 본래 서식지에 되돌려주어야 한다.

밤의 모험에 필요한 장비 목록

반딧불이의 야간 세계를 탐구하기 위해 들판으로 나서기 전에 몇 가지 장비를 준비하는 것이 좋다. 다음은 반딧불이 과학자들이 꼭 챙겨가는 최소한의 필수 장비 목록이다.

- 야생에서 반딧불이 행동을 관찰하는 데 필요한 핸즈프리 헤드램프.(나는 갈아 넣을 수 있는 여러 칼라의 필터가 달린 'Petzl E89 PD Tactikka XP'를 사용한다.) 헤드램프에는 반드시 푸른색 필터를 달아야 한다. 아래에 설명한 대로 반딧불이가 파란색을 잘 보지 못하기 때문이다.
- 점멸 타이밍을 재기 위한 스톱워치. 밤에 당신의 시력을 해치지 않는 자체 발광 제품이 좋다.(나는 Timex Indiglo watch를 사용한다.)
- 기온을 재는 데 쓰는 온도계.(나는 동네 공구점에서 산 것을 사용한다.)

- 식별을 위해 약간의 반딧불이를 잡아들이는 데 쓰는 포충망.(포충망은 온라인에서 쉽게 구입할 수 있다. 나는 배낭에 쏙 들어가는 Bioquip folding pocket net를 쓴다.)
- 습기를 제공하기 위해 안에 축축한(흠뻑 젖은 게 아닌) 종이타월을 깐 용기들.(약국에서 흔히 볼 수 있는 약병 등 어느 것이나 상관없다.)
- 반딧불이와 대화하는 데 필요한 작은 LED 손전등 혹은 펜라이트. 열쇠고리에 걸어둘 수 있도록 설계된 작은 LED 손전등도 좋고, 안과의사들이 동공 크기를 측정하는 데 쓰는 펜라이트도 괜찮다. 그런데 스위치를 작동할 때만 불이 켜지도록 제조된 것이어야 한다. 그래야 반딧불이의 점멸 패턴을 흉내 내는 게 한결 수월하다.
- 반딧불이의 부드러운 몸을 상처 입히지 않고 다룰 수 있는 수채화용 붓.
- 반딧불이의 점멸 패턴과 행동을 기록하는 데 필요한 공책이나 음성기록 장치. 코네티컷 대학의 앤드루 모이세프 박사가 개발한 무료 아이폰 앱 '반딧불이 현장노트(Firefly Field Notes)'를 써서 점멸 타이밍, 점멸 위치, 기후 데이터를 기록할 수 있다.
- 선택사항: 반딧불이 구애가 진행되는 과정을 관찰할 계획이라면 캠핑용 의자가 필요하다. 구애가 몇 시간 동안 이어질 수 있기 때문이다.

반딧불이 행동을 관찰하려면 반딧불이의 시력에 관해서도 다소간 알아둘 필요가 있다. 반딧불이는 인간과 달리 색각(色覺)을 지니고 있지 않지만, 그들의 눈은 어느 빛의 파장에 대해서만큼은 매우 민감하다. 실제로 각각의 종들에서 그들 눈의 색상 민감도는 자신의 생물발광 점멸 색상에 맞추어 진화했다.(그들의 눈은 자외선도 잘 볼 수 있다.) 가령 황혼 녘에 활동하는 수많은 포티누스속 반딧불이종은 주로 노란색 점멸 불빛을 내므로, 눈이 노란색에 유독 민감하다. 그런가 하면 완전히 어두워지고 나서 활동하는 대다수 반딧불이들, 즉 대개의 포투리스속 반딧불이는 점멸 불빛이 초록색이라서 눈이 초록색에 제일 민감하다. 황혼 녘에 활동하는 반딧불이들이 노란색에 민감한 특징은 그들이 초록색 초목에 반사되는 배경불빛 속에서 점멸을 알아볼 수 있도록 도와준다.

'야행성' 반딧불이를 관찰하는 것은 쉬운 노릇이 아니다. 당신은 그들의 행동을 방해하지 않으면서 관찰할 수 있었으면 할 것이다. 만약 반딧불이 한 마리를 자세히 살펴보려고 밝은 손전등이나 헤드램프를 들이대면 그 반딧불이는 평상시처럼 행동하지 않고 불빛에 의해 일시적으로 눈이 멀어 점멸 불빛에 반응하지 않는다. 가장 좋은 해결책은 파란색을 사용하는 것이다. 반딧불이의 눈이 파란색을 감지할 수는 있지만 그 색에 가장 둔감하기 때문이다. 당신이 사용하는 파란색 불빛이 그들에게는 매우 희미한 빛으로 보인다. 아무 헤드램프나 손전등이라 하더라도 렌즈 위에 파란색 셀로판지를 덮으면 반딧불이를 관찰하기에 좀더 적합한 상태가 된다. 이러한 색판지는 일반 미술용품 가게에서 구매할 수 있다. 당신의 손전등 위에 몇 개의 파란색 셀로판지를 씌우면 그들을 방해하지 않으면서 면밀히 관찰할 수 있다. 빨간색 헤드램프도 대안이 될 수 있다. 실은 밤에 인간의 시력을 보호하도록 설계된 이 헤드램프가 좀더 널리 쓰인다. 다만 빨간색 헤드램프를 사용하려면 불빛을 약하게 해야 한다. 반딧불이가 파란색보다는 빨간색에 더 민감해서다.

마지막으로 몇 가지 주의사항을 덧붙이려 한다. 반딧불이는 축축한 서식지에 풍부하므로 관찰 시 모기떼에 물어뜯기기 일쑤다. 그러므로 반드시 긴 바지와 긴팔 셔츠를 챙겨 입어라. 곤충 퇴치제를 사용해도 되지만, 만약 손에 묻었다면 반딧불이를 만지기 전에 필히 씻어라. 벌레의 접근을 막는 이른바 '버즈어프 의류(Buzz Off clothing)'는 피하라. 이런 옷은 퍼메트린(permethrin)이라는 살충제로 처리되어 있어서 피부에 스며들 수 있고 반딧불이의 신경계에도 해를 끼친다. 나는 현장연구지에서 모기들이 너무 성가시게 굴면 얼씬거리지 못하도록 모기장으로 만든 재킷과 모자를 입고 썼으며, 라텍스나 리트릴 보호용 장갑을 끼기도 했다. 반딧불이를 관찰하면서 길게 자란 풀밭 사이나 숲 가장자리를 걸을 때면 진드기도 조심해야 한다. 바짓단을 양말 속에 접어 넣고, 신발·양말·바지에 곤충 퇴치제를 뿌려라. 모험을 마치고 귀가하면 몸뿐 아니라 옷도 샅샅이 확인하여 진드기를 잘 털어내라. 사정에 밝은 친구에게 도움을 요청해도 좋겠다.

감사의 글

이 책이 나오기까지 여러 방면으로 확실하게 도움을 준 스승, 독자, 조력자들에게 고마움을 전한다. 무엇보다 나의 스승, 경계를 넘나드는 지적 열정의 본보기인 빌 보서트(Bill Bossert), 방황하지 않고 우직하게 이 길을 걸을 수 있도록 이끌어주신 피터 웨인(Peter Wayne)에게 감사드린다. 터프츠 대학의 동료들은 과학자라면 누구나 부러워할 만한 우호적이고 협조적인 연구 분위기를 조성해주었다. 나의 가족은 숱한 밤을 지새우면서 심야 탐험을 진행할 수 있도록 온갖 방면에서 나를 밀어주었다. 내 인생의 불빛인 남편 토머스 미셸은 한결같이 사랑하고 지원해주었으며, 두 아들 벤과 잭은 끊임없이 경이의 감정을 되살릴 수 있도록 이끌어주었다. 반딧불이가 풍부하게 살아가는 거주지를 잘 보존해준 매사추세츠 주의 링컨 마을, 나와 함께 반딧불이 모험에 나서서 밤의 경이를 함께한 친구들, 오랜 세월 터프츠 대학의 반딧불이 연구팀에 기여한 학생들, 이 책을 쓸 수 있도록 격려해준 러스 게일런(Russ Galen), 편집과 관련하여 전문적 도움을 준 앨리슨 캘릿(Alison Kalett)에게 감사드린다. 제프 피셔(Jeff Fischer), 토머스 미셸, 존

알코크(John Alcock), 더그 에블런(Doug Emlen), 콜린 오라이언스(Colin Orians), 니콜 세인트 클레어-노블라크(Nicole St. Clair-Knobloch), 레일라 사이예(Laela Sayigh), 귄 라우드(Gwyn Loud), 캐런 루이스(Karen Lewis), 프란시 추(Francie Chew), 노리아 알-웨디키(Nooria Al-Wathiqui), 아만다 프랭클린(Amanda Franklin), 벤 미셸(Ben Michel) 등의 동료들에게도 귀한 시간을 내어 초고를 읽고 소중한 피드백을 제공해준 데 감사드린다. 사진을 실을 수 있도록 허락해준 수많은 사진작가들 덕택에 이 책이 아름다운 모습으로 세상에 나올 수 있었다. 마지막으로 과학연구를 지원해준 미국 시민들에게 감사드린다. 시민들이 낸 세금 덕분에 국립과학재단으로부터 지금을 지원받아 이 책에서 다룬 수많은 발견을 이룰 수 있었다. 시민 모두에게 머리 숙여 감사드린다!

나는 이 책을 2013~2014년 터프츠 대학에서 연구년 휴가를 받아 뉴햄프셔 주의 스큄 호숫가에서 지내면서 집필했다. 그 장소와 시간에도 감사할 따름이다.

마지막으로 나는 월간지 〈와이어드(Wired)〉 컬러펀(Colophon) 섹션의 오랜 팬이다. 저자들이 매호 잡지를 만들면서 도움받은 소소하고 희한한 것들의 목록을 열거한 섹션이다. 나 역시 이 책을 집필하면서 다음과 같은 존재나 활동의 도움을 받았다. 문도그(Moondog), 물의 '상전이(phase transitions)' 관찰, 임계혼탁(critical opalescence), 코르코바도국립공원(Corcovado National Park), 테드 2014(TED 2014), 드롭박스(Dropbox), 잠자리 탈피(dragonfly metamorphosis), 페페 흰조갯살 피자(Pepe's white clam pizza), 잎새버섯 채취(maitake hunting), 시글래스의 추억(seaglass memories), 댕기딱따구리(pileated woodpecker), 임스체어(Eames chairs), 밤색허리솔새(chestnut-sided warblers), 봄날의 물망

초(springtime forget-me-nots), 푸스테픽스 비눗방울(Pustefix bubbles), 불꽃놀이, 비 맞으면서 카약 타기, 원더 도그 이구아수(Iguaçu Wonder Dog)⋯⋯.

· · ·

주

1 침묵의 불꽃

경이의 세계

나는 늘 경이의 세계를 가까이하며 지내기 위해 '종교적 자연주의'에 대해 인상적으로 기술해놓은 생물학자 어설라 굿이너프(Goodenough 1998)와 레이첼 카슨(Carson 1965)의 저술들에서 영감을 얻어왔다.

점점 더 많은 이들이 자연의 장소에서 반딧불이를 관찰하기 위한 여정에 나서고 있다. 반딧불이 관광 관련 정보는 아래 기사를 참조했다. 대만·태국·말레이시아의 관광객 수는 각각 리쭝홍(李宗鴻) 박사와 주고받은 이메일(Taipei; December 10, 2013), Thancharoen(2012), Nada and colleagues(2009)에서 따왔다.

Chen, R.(2012, May 19). In search of Taipei's fireflies. *Taiwan Today*.〔검색은 http:// taiwantoday.tw (January 15, 2015)에서〕

Brown, R.(2011, June 15). Fireflies, following their leader, become a tourist beacon. *New York Times*.〔검색은 http://www.nytimes.com/2011/06/16/us/16fireflies.html?_r=0 (June 12, 2013)에서〕

일본의 예술·문학·문화에서 반딧불이가 차지하는 중요한 위치에 대해 기술해놓은 자료는 Yuma(1993), Ohba(2004), Oba and colleagues(2011)다. 일본어로 쓰인 이 책들을 이해하는 데는 동료이자 친구 가메다 레이(Ray Kameda)가 도움을 주었다.

반딧불이의 개략적 프로필

지구의 역사에서 딱정벌레와 반딧불이가 언제 출현했는지에 관한 추정치는 McKenna and Farrell (2009)을 참조했다. 그들은 그 시기가 진화 과정상의 어디쯤에 위치하는지를 화석 연도를 이용하여 시간 척도를 따지는 이른바 시간나무(time tree)를 토대로 추정했다.

반딧불이 다양성의 패턴과 이국적 반딧불이종의 도입에 관한 내용은 Lloyd(2002, 2008), Viviani (2001)를 참조했다. 시애틀과 포틀랜드 시의 공원에 포투리스속 반딧불이를 도입한 시도에 대해 들려준 것은 McDermott(1964)였다. 유럽의 백열발광 반딧불이가 우연찮게 노바스코샤 주에 도입된 경위와 관련해서는 Majka and MacIvor(2009)를 참조했다. 그들은 그로부터 50년 뒤 노바스코샤 주의 주도 핼리팩스 부근외 묘지에서 그 반딧불이 집단이 발견되었노라고 밝혔다.

세 가지 구애 방식: 점멸발광, 백열발광, 향

다른 모든 살아 있는 생명체들과 마찬가지로 반딧불이도 유전자 안에 그들의 역사가 오롯이 담겨 있다. Branham and Wenzel(2001, 2003)은 형태학적 특징을 기반으로, Stanger-Hall and colleagues (2007)는 DNA 서열을 기반으로 반딧불이 진화사를 재구성했다.

Branham(2005)과 Lewis(2009)는 서로 다른 반딧불이종의 구애 스타일이 어떻게 진화해왔는지를 개괄적으로 들려준다.

한걸음 더

Silent Sparks: The TED Talk

시간이 없어서 책 전체를 다 읽지 못하겠거든 우선 나의 TED 강연을 찾아보라. 반딧불이에 관한 이야기를 압축적으로 들려주는 14분짜리 강연이다. 그런 다음 다시 책으로 돌아와 반딧불이에 대해 좀 더 깊이 탐구해보라!

https://www.ted.com/talks/sara_lewis_the_loves_and_lies_of_fireflies?language=ko.

Firefly Watch

반딧불이에 관해 더욱 많은 것을 알고 싶거나 당신이 거주하는 지역의 점멸발광 반딧불이의 행동을 공유하고 싶으면, 보스턴과학박물관(Boston's Museum of Science)이 운영하는 이 시민과학프로젝트에 가입하여 활동하라.

https://legacy.mos.org/fireflywatch.

The Fireflyer Companion

반딧불이 전문가 제임스 로이드는 반딧불이의 생물학에 관한 인식을 높이고자 1993년부터 1998년까지 격식에 얽매이지 않는 소식지를 발간했다. 여기에는 반딧불이와 관련한 사실, 사색, 시 등 볼거리가 가득하며 이따금 낱말 맞추기 퍼즐도 실린다. 로이드의 박학다식하지만 어느 면에서는 두서없는 소통 방식이 잘 드러난 매체다. 'Silent Sparks' 블로그에서도 이 소식지를 다운받을 수 있다.

http://entnemdept.ufl.edu/lloyd/firefly/.

2 별들의 생활양식

그레이트스모키산맥 첩첩산중에서

애팔래치아산맥에 서식하는 동기화 반딧불이 포티누스 카롤리누스의 생애 주기와 습성, 교미 행동에 관한 소상한 기록은 Faust(2010)에 잘 드러나 있다. 엘크몬트의 반딧불이 디스플레이를 볼 수 있는 시기·장소·방법에 관한 정보는 국립공원관리청의 웹사이트(http://www.nps.gov/grsm/learn/nature/fireflies.htm)를 참조하라. 포티누스 카롤리누스는 사우스캐롤라이나 주 콩가리국립공원(Congaree National Park)과 펜실베이니아 주 앨러게니국유림(Allegheny National Forest)에서도 발견된다.

수학자 스티븐 스트로가츠는 자신의 책 《동기화》에서 동기화의 수학적 토대, 그리고 그 동기화가 조작된 세계와 자연세계에서 어떻게 이루어지는지를 매우 흥미롭고도 이해 가능하게 설명해놓았다.(Strogatz 2013)

존 코플랜드의 인용구는 다음의 글에서 따왔다.

Copeland, J.(1998). Synchrony in Elkmont: A story of discovery. *Tennessee Conservationist*

(May-June).

이 장에 실린 전기 성격의 내용은 내가 2009년, 2011년, 2013년에 린 파우스트와 실시한 인터뷰를 토대로 했다.

초라한 출발

페리스 자브르(Ferris Jabr)는 곤충들의 복잡하기 이를 데 없는 생활방식이 어떻게 발달해왔는지 알기 쉽게 설명해주었으며, 우리가 과학적으로 변태를 이해하기까지 거쳐온 과정을 보여주었다.

Jabr, F.(2012, August 10). How did insect metamorphosis evolve? Scientific American online. http://www.scientificamerican.com/article/insect-metamorphosis-evolution.

람피리스 녹틸루카 유충의 습성에 관한 자세한 사항은 주로 존 타일러(John Tyler)의 소논문을 참고했다.(Tylor 2002)

유충의 백열발광은 거부를 의미한다

Branham and Wenzel(2001)은 생물발광이 일부 반딧불이 선조의 유충 단계에서 경고신호로 시작되었음을 분명하게 보여주는 계통발생학적 증거를 제시했다.

창의적 즉흥작: 진화하는 반딧불이

많은 이들이 내가 찰스 다윈의 《종의 기원》에서 인용한 부분(1859, p. 84)을 그가 자연선택을 가장 시적으로 표현해놓은 구절이라 여긴다.

동기 교향곡

Greenfield(2002)는 곤충들의 구애 신호에서 발견되는 동기화의 진화를 설명해주는 여러 가설들을 충실하게 정리했다. Vencl and Carlson(1998)은 포티누스 피랄리스 암컷이 선도적 신호에 더 적극적으로 반응한다는 것을 알아냈다. Moiseff and Copeland(1995)는 포티누스 카롤리누스 반딧불이의 동기화 기작을 살펴보았으며, Moiseff and Copeland(2010)는 암컷이 비동기화 수컷보다 동기화 수컷의 점멸 불빛에 더 적극적으로 반응한다고 밝혔다.

한걸음 더

Darwin Online

2002년 존 밴 와이(John van Wyhe) 박사가 시작한 이 사이트는 찰스 다윈의 서적, 현장노트, 논문 따위를 검색 가능한 디지털 판으로 제공하고 있을 뿐만 아니라 음성 파일이나 이미지 파일을 다운로 드할 수 있는 서비스도 제공한다.

http://darwin-online.org.uk/.

활자본으로 만나는 다윈

Wilson, E. O., editor(2006). *From So Simple a Beginning: Darwin's Four Great Books*. W. W. Norton, New York, NY. 1706 pp.

저명한 생물학자이자 퓰리처상 수상자 E. O. 윌슨은 아름다운 삽화를 곁들인 데다 가격마저 적절 하게 책정된 이 책에서, 《비글호 항해기(Voyage of the H.M.S. Beagle)》(1845), 《종의 기원》(1859), 《인간의 유래와 성 선택》(1871), 《인간과 동물의 감정 표현(The Expression of emotions in Man and Animals)》(1872), 이렇게 다윈의 네 가지 저작을 싣고 주석을 달았다. 윌슨은 책 후기에서 과학 과 종교적 신념의 차이에 대해 진지하게 고찰했다.

유럽 백열발광 반딧불이에 대하여

람피리스 녹틸루카의 생활양식은 재능 있는 자연주의자들이 쓴 다음의 두 책에 소상히 소개되어 있 다. 그중 두 번째 책은 프랑스의 위대한 곤충학자 장 앙리 파브르(Jean Henri Fabre)가 마지막으로 쓴 작품들 가운데 하나다. 이 책은 오늘날의 입장에서 보면 문체가 다소 현란하지만 여전히 흥미진 진하다.

John Tyler(2002). *The Glow-worm*. (개인 출간)

Fabre, J. H.(1924). *The Glow-worm and Other Beetles*. Dodd, Mead, New York, NY.

The UK Glow-Worm Survey

1990년에 로빈 스커겔(Robin Scagell)이 설립한 이 비공식 단체는 영국 전역의 백열발광 반딧불이에 관한 정보를 모으는 데 주력한다. 이 웹사이트는 영국 백열발광 반딧불이의 생명현상과 보존을 다루며 다른 많은 자료 출처와 서적을 링크해놓았다.

http://www.glowworms.org.uk/.

Earth—Born Stars: Britain's Secret Glow—Worms
크리스토퍼 겐트(Christopher Gent)가 제작한 이 단편영화는 달팽이를 먹는 유충들의 모습과 암컷의 구애 습성을 보여주며, 영국에서 가장 사랑받지만 여전히 베일에 싸여 있는 곤충인 반딧불이의 보존을 방해하는 위협들에 대해 살펴보고 있다.

http://vimeo.com/31952006.

3 풀밭 속의 장엄함

반딧불이에 미치다

포티누스속 반딧불이는 제임스 로이드가 박사논문(Lloyd 1966)에서 파헤친 연구대상이었다. 그는 그 논문에 그들의 지리적 분포와 서식지, 구애 행동 따위를 담았다. 3장 〈그림 3.1〉은 본시 그의 논문에 권두삽화(미시건 대학교 동물학박물관의 허락하에 게재)로서 실린 것으로, 포티누스속 반딧불이종들의 비행경로와 발광 패턴을 멋진 그림으로 표현했다. 각각 ① 펄스가 느린 포티누스 콘시밀리스, ② 포티누스 브림레이(*Photinus brimleyi*), ③ 펄스가 빠른 포티누스 콘시밀리스, ④ 포티누스 콜루스트란스, ⑤ 포티누스 마르기넬루스, ⑥ 포티누스 콘상귀네우스, ⑦ 포티누스 이그니투스, ⑧ 포티누스 피랄리스, ⑨ 포티누스 그래눌라투스(*Photinus granulatus*)다.

정의할 수 없는 것 정의하기

찰스 다윈의 말은 그가 절친한 친구이자 식물학자 조셉 후커(Joseph Hooker)에게 쓴 편지에서 인용했다.

Darwin, C. R., Letter to J. D. Hooker. December 24, 1856. *Darwin Correspondence Database*. http://www.darwinproject.ac.uk/entry-2022.

밤의 여정에 나서다

칼 지머(Carl Zimmer)가 〈뉴욕타임스〉의 수상한 기사에서 우리의 반딧불이 연구에 대해 특별히 언급했다.

> Zimmer, C.(2009, 29 June). Blink Twice if you like me. *New York Times*. http://www. nytimes.com/2009/06/30/science/30firefly.html에서 가져왔다.

포티누스 그레니의 구애 행동에 관해서는 Demary and colleagues(2006)와 Michaelidis and colleagues(2006)를 참조했다.

포식자의 먹잇감으로 스러지다

Lloyd(2000)는 포티누스 콜루스트란스의 수컷이 암컷을 만나게 될 가능성과 포식자에게 희생당할 가능성을 알아보려고 그들을 수백 마리 추적하고 그 결과를 발표했다. 반딧불이를 먹는 여러 포식자들에 관해서는 Lloyd(1973a), Day(2011), Lewis and colleagues(2012)에 기술되어 있다.

아슬아슬한 만남

우리는 Lewis and Wang(1991)에서 뉴잉글랜드 지역에 서식하는 두 반딧불이종 포티누스 마르기넬루스와 포티누스 아퀼로니우스(*Photinus aquilonius*)의 구애와 교미 행동을 살펴보았다.

전리품은 승자의 것

Trivers(1972)는 수컷과 암컷의 성적 행동 차이는 양자 간에 부모 투자의 정도가 다른 데서 비롯된다고 주장했다. 생물학자 대릴 그윈(Darryl Gwynne) 등은 일부 수컷들이 도무지 가리는 게 없다는 사실을 밝혀냄으로써 '사람들을 웃고 나서 생각하게 만든 공로'로 이그노벨상(IgNobel Prize: 미국 하버드 대학교의 유머 과학 잡지사에서 기발한 연구나 업적에 대해 주는 상으로 노벨상을 풍자해 만들었다—옮긴이)을 수상했다. 그들은 오스트레일리아의 딱정벌레 줄로디모르파 바케르벨리종(*Julodimorpha bakervelli*)에서는 수컷이 길가에 버려진 맥주병과 교미를 시도하는 일마저 벌어진다는 사실을 알아냈다.(Gwynne and Rentz 1983)

에리카 데이넛(Erica Deinert)은 나에게 코스타리카에 서식하는 헬리코니우스속 나비가 배우자를 지키고 있는 현상에 대해 들려주었다. 린 파우스트는 두 반딧불이종 포티누스 카롤리누스(Faust 2010)와 피락토메나 보레알리스(Faust 2012)에서 수컷이 번데기를 지키고 있는 행동을 관찰했다.

구애가 포티누스속 반딧불이에서 몹시 경쟁적이라는 사실은 Maurer(1968), Vencl and Carlson (1998), 그리고 Faust(2010)에 잘 기술되어 있다. 프테롭틱스속 반딧불이 수컷은 짝짓기하는 동안 구부러진 딱지날개로 암컷의 복부 주위를 단단히 붙들고 있는데, 이에 대해서는 Wing and colleagues(1982)를 참조했다. Lloyd(1979a)는 암컷을 찾아내는 데 성공하지 못한 반딧불이 수컷들이 때로 암컷의 화답성 점멸을 흉내 내는 현상을 소개했다.

암컷의 선택

다윈이 자웅선택에 대해 설명한 인용문은 그의 책《인간의 유래와 성 선택》(1871) 2부 38쪽에 실려 있다.

Fisher(1930)는 공작의 꼬리 같은 화려한 수컷의 특징이 정교화하게끔 이끈 것이 바로 암컷의 선택이라는 주장을 최초로 제기했다. Branham and Greenfield(1996), Cratsley and Lewis(2003), Michaelidis and colleagues(2006)는 포티누스속 반딧불이를 대상으로 '녹화된 내용을 재생하여 들려주는 실험'을 실시하여 암컷의 선택을 실증적으로 보여주었다. Demary and colleagues(2006)는 암컷이 특정 수컷에게만 선별적으로 화답하며, 그에 따라 이러한 수컷이 짝짓기에 성공할 가능성이 높아진다는 사실을 보여주었다. Lewis and Cratsley(2008)는 과학자들이 반딧불이의 점멸 신호 진화, 구애, 포식에 관하여 밝혀낸 사실을 다소 전문적으로 다루고 있다.

구애에서 처지가 바뀐 암수

우리는 Lewis and Wang(1991)에서 반딧불이의 성비가 교미철 초기와 후기에 어떻게 달라지는지 알아보았다. Cratsley and Lewis(2005)는 교미철 후기에는 수컷이 일반적으로 더 많은 알을 품은 암컷을 선택하는 경향이 있다고 밝혔다.

한걸음 더

자웅선택과 관련한 추가 자료

다윈은 《인간의 유래와 성 선택》(1871) 2부에서 자웅선택이 동물의 형태와 기능을 주조하는 데 어떤 영향을 미치는지 기술했다. 다윈은 이 흥미진진한 진화 과정의 기제와 원칙을 개괄한 뒤 여러 장에 걸쳐 자웅선택이 어떻게 갑각류, 연체동물, 곤충, 양서류, 파충류, 조류, 그리고 심지어 인간에서 수컷의 놀랍고도 때로 기이한 수많은 특징을 발달시키는 것으로 이어졌는지 보여주었다.

Darwin, C.(1871). *The Descent of Man, and Selection in Relation to Sex*. John Murray, London.
http://darwin-online.org.uk/converted/pdf/1871_Descent_F937.2.pdf.

자웅선택을 다룬 책으로는 다음의 두 가지도 훌륭하다. 둘 다 다윈의 책보다 짧은 데다 기지도 넘친다. 사랑에 애태우는 딱정벌레, 대벌레, 대눈파리(stalk-eyed fly), 생쥐, 바다소를 상대로 한 성상담 칼럼 형식을 띤 올리비아 저드슨(Olivia Judson)의 유쾌한 책에는 자웅선택의 결과로 발달한 이상한 구조와 행동이 몇 가지 소개되어 있다.

Judson, O.(2002). *Dr Tatiana's Sex Advice to All Creation*. Metropolitan Books, Henry Holt, New York, NY. 320 pp.

Cronin, H.(1993). *The Ant and the Peacock*. Cambridge University Press, New York, NY, 504 pp.

제임스 로이드와 함께 떠나는 반딧불이 여행

제임스 로이드가 미국의 포티누스속 반딧불이종들에 관해 쓴 논문은 그들의 지리적 분포와 서식지, 구애 점멸 행동 따위를 조명한다. 온라인에서 무료로 읽을 수 있다.

Lloyd, J. E.(1966). Studies on the flash communication system in *Photinus* fireflies. *University of Michigan Miscellaneous Publications* 130: 1-95. https://deepblue.lib.umich.edu/bitstream/handle/2027.42/56374/MP130.pdf?sequence=1.

제임스 로이드는 1997년부터 2003년까지 접근이 자유로운 과학저널 〈플로리다 곤충학자(Florida Entomologist)〉에 '곤충학 교육 및 연구에 관하여(On Research and Entomological Education)'라는 제목으로 일련의 논문을 발표했다. 학생들에게 보내는 두서없는 편지 형식을 띤 글들로, 반딧불이의 자연사에 관한 정보가 가득하며 현장연구와 관련한 아이디어가 넘친다.

Lloyd, J. E.(1997). On Research and Entomological Education, and a different light in the lives of fireflies(Coleoptera: Lampyridae; *Pyractomena*). *Florida Entomologist* 80: 120-131. http://journals.fcla.edu/flaent/article/view/74752.

Lloyd, J. E.(1998). On Research and Entomological Education II: A conditional mating strategy and resource-sustained lek(?) in a classroom firefly(Coleoptera: Lampyridae; *Photinus*). *Florida Entomologist* 81: 261-272. http://journals.fcla.edu/flaent/article/view/74829.

Lloyd, J. E.(1999). On Research and Entomological Education III: Firefly brachyptery and wing "polymorphism" at Pitkin marsh and watery retreats near summer camps(Coleoptera: Lampyridae; *Pyropyga*). *Florida Entomologist* 82: 165-179. http://journals.fcla.edu/flaent/article/view/74877.

Lloyd, J. E.(2000). On Research and Entomological Education IV: Quantifying mate search in a perfect insect-seeking true facts and insight(Coleoptera: Lampyridae; *Photinus*). *Florida Entomologist* 83: 211-228. http://journals.fcla.edu/flaent/article/view/59545.

Lloyd, J. E.(2001). On Research and Entomological Education V: A species (c)oncept for fireflyers, at the bench and in old fields, and back to the Wisconsian glacier. *Florida Entomologist* 84: 587-601. http://journals.fcla.edu/flaent/article/view/75006.

Lloyd, J. E.(2003). On Research and Entomological Education VI: Firefly species and lists, old and now. *Florida Entomologist* 6: 99-113. http://journals.fcla.edu/flaent/article/view/75180.

4 이 괴물로 나는 너와 혼인하는 거야

불빛이 꺼지고 난 뒤

일부일처제에 종언을 고한 것은 1990년 〈뉴욕타임스〉에 실린 내털리 앤지어(Natalie Angier)의 글이었다. Pizzari and Wedell(2013)은 논문에서 '일처다부제 혁명(polyandry revolution)'이 과학계에 던진 파문을 다루었다. 우리는 Lewis and Wang(1991)에서 포티누스속 반딧불이가 야생에서 보이는 일처다부제 현상을 소개했다.

Angier, N.(1990, August 21). Mating for life? It's not for the birds or the bees. *New York Times*. http://www.nytimes.com/1990/08/21/science/mating-for-life-it-s-not-for-the-birds-of-the-bees.html.

정액을 둘러싼 사랑과 전쟁

빼어난 진화생물학자 리 시몬스(Leigh Simmons)는 정액 경쟁이론과 그 기제를 광범위하게 살펴보았다.(Simmons, 2001) 남성 성기와 '스위스 아미 나이프' 부분은 Lloyd(1979b) 22쪽에서 인용했다. Waage(1979)는 실잠자리 칼롭테릭스 마쿨라타(*Calopteryx maculata*)가 정액을 제거하는 현상을 밝혀냈으며, Davies(1983)는 바위종다리 프루넬라 모둘라리스(*Prunella modularis*) 수컷이 암컷의 엉덩이를 쪼아서 경쟁자 수컷의 정액 방울을 짜내게 만드는 현상을 소개했다. '은밀한' 암컷의 선택을 통한 자웅선택의 증거는 Eberhard(1996)와 Peretti and Aisenberg(2015)에서 찾아볼 수 있다.

매혹적인 덩어리

우리는 van der Reijden and colleagues(1997)에서 포티누스속 반딧불이들의 결혼 선물에 대해, 나중에 South and colleagues(2008)에서 일본 반딧불이의 결혼 선물에 대해 발표했다.

완벽한 선물 고르기

결혼 선물의 여러 유형, 그것들이 발달하게 된 진화적 원인과 결과에 대해서는 Lewis and South(2012), 그리고 Lewis and colleagues(2014)를 참조하라. Albo and colleagues(2011)에 따르면, 거미 피사우라 미라빌리스(*Pisaura mirabilis*)의 수컷은 가치 없는(즉 먹을 수 없는) 선물을 포장해 제공할 경우 짝을 얻는 데서는 진정한 선물(죽은 파리)을 제공한 수컷만큼 성공적이었지만, 허접한 선물로 자신을 속였다는 사실을 알게 되면 암컷이 주저 없이 짝짓기를 중단하므로 정액 경쟁에서는 불리해졌다. 화학생태학자 Eisner and Meinwald(1995)는 화려한 나방 우테테이사 오르나트릭스가 놀랍게도 유충일 때 먹는 먹이식물에서 쓴맛 나는 알칼로이드를 추출해 보유하며, 수컷이 이 독소를 암컷에게 결혼 선물로 건네는 현상을 규명했다. Koene(2006)는 달팽이가 짝짓기하는 동안 일어나는 은밀한 사건을 자세히 설명했다.

수컷의 성 경제학

우리는 Cratsley and colleagues(2003)에서 수컷이 결혼 선물을 생산하는 데는 많은 비용이 든다는 가설을 시험했다. South and Lewis(2012)에서는 수컷이 더 큰 선물을 주면 더 많은 자녀의 아비가 될 수 있으므로 아비 되기 경쟁에서 유리해진다는 것을 확인했다.

밝은 불빛과 패물이 암컷에게 주는 의미

Yoshizawa and colleagues(2014)는 영양소가 부족할 때 결혼 선물이 얼마나 요긴한 역할을 하는지 실증적으로 보여주려고 동굴에 사는 브라질의 다듬이벌레, 즉 네오트로글라를 대상으로 연구를 신행했다. 그들은 다듬이벌레 암컷은 수컷의 결혼 선물을 차지하기 위한 경쟁에서 이기려고 음경처럼 생긴 송입기관을 발달시킨 것 같다고 밝혔다.

Lewis and colleagues(2004)에서 논의한 대로, 선물 주기는 반딧불이의 경제학에서 중요한 역할을 담당한다. 대부분의 반딧불이들이 일단 성충이 되면 먹는 일을 중단하기 때문이다. 우리는 Rooney and Lewis(1999)에서 방사성 표지 연구를 통해 암컷은 수컷에게 얻은 선물에 함유된 단백질의 도움을 받아 알에게 영양을 공급한다는 사실을 규명했다. Rooney and Lewis(2002)는 포티누스 이그니투스에서 짝짓기를 더 많이 한 암컷이 그 결과 더 많은 알을 낳는다는 사실을 보여주었다. 포티누스 그레니 암컷에서는 그와는 다른 이득이 관찰되었다. 즉 더 큰 선물을 받은 암컷은 더 오래 살았던 것이다.(South and Lewis 2012)

Cratsley and Lewis(2003)는 포티누스 이그니투스 반딧불이에서 수컷의 점멸발광 지속시간과 그들의 정포 크기 간에 상관관계가 있음을 밝혀냈다. 이 종의 암컷은 수컷의 점멸발광 신호를 보고 그가 제공하게 될 선물의 크기가 어느 정도일지 가늠할 수 있는 것으로 보인다. 하지만 우리는 포티누스 그레니종에서도 그와 비슷한 상관관계가 나타나는지 살펴본 연구(Michaelidis et al. 2006)에서는 유의미한 결과를 얻어내지 못했다.

한걸음 더

동물의 결혼 선물

우리는 다음의 논문에 동물계 전반에서 목격되는 놀랄 만큼 다양한 결혼 선물 사례를 담았다.

Lewis, S. M., A. South, N. Al-Wathiqui, and R. Burns(2011). Quick guide: Nuptial gifts. *Current Biology* 21: 644-645. http://www.sciencedirect.com/science/article/pii/S096098221100604X.

아래의 탁월한 논문은 브랜던 케임(Brandon Keim)이 밸런타인데이에 맞춰 〈와이어드〉 온라인 판에 발표한 글로, 동물의 결혼 선물에 대해 실례를 들어가며 빼어나게 기술하고 있다.

Keim, B.(2013, February 14). Freaky ways animals woo mates with gifts. *Wired*. http://www.wired.com/2013/02/valentines-day-animal-style/.

네덜란드인 생물학자이자 과학저술가 메노 스힐트하위전(Menno Schilthuizen)이 쓴 정보가 풍부하며 열정과 명료함과 유머가 넘치는 책 두 권도 참조했다. 《생명체의 아랫도리(Nature's Nether Regions)》는 따개비·민달팽이·유인원 등의 생식기관을 살펴보면서 성기라고 알려진 기괴하고 특이한 발명품들이 '교미 후 자웅선택'에 의해 주조되는 경위를 들려준다. 그보다 먼저 나온 그의 또 다른 책 《개구리, 파리, 그리고 민들레(Frogs, Flies, and Dandelions)》는 새로운 종의 출현에 관한 개념들이 어떻게 달라져왔는지를 살펴보고, 종 분화 과정에서 자웅선택이 담당한 역할을 탐구했다.

Schilthuizen, M.(2014), *Nature's Nether Regions*, Viking, New York, NY, 256 pp.

Schilthuizen, M.(2001), *Frogs, Flies, and Dandelions: Speciation—The Evolution of New Species*. Oxford University Press, Oxford, 256 pp.

5 비행의 꿈

움벨트 속으로

생리학자 야코프 폰 윅스퀼은 여러 동물의 감각·인지 세계를 살펴본 매력적인 논문에서 움벨트라는 개념을 소개하고 그 개념을 실증적으로 설명해 보였다.(von Uexküll 1934) Healya and colleagues (2013)는 유기체의 시간 인지가 그 유기체의 크기와 신진대사율에 따라 달라진다고 주장했으며, 상이한 척추동물을 계통발생학적으로 비교분석함으로써 그 주장을 뒷받침했다.

자웅이형: 그들의 날개에는 무슨 일이 있었을까

세계적인 심해아귀 전문가 Ted Pietsch(2005)는 심해아귀의 성을 심도 있게 탐구하고 그 결과를 논문에 담았다. 반딧불이에서 암컷의 비행 능력이 수컷의 결혼 선물과 상관관계를 보인다는 우리의 연구 결과는 South and colleagues(2011)에 실려 있다.

백열발광 반딧불이의 대가

'세인트 존의 이브'와 백열발광 반딧불이의 문화적 연관성은 라파엘 드 코크가 유럽 반딧불이의 생명 현상과 행동에 관해 고찰한 책에 실려 있다.(De Cock 2009) 이 장에 소개된 전기적 성격의 내용은 내가 2011년과 2013년 두 차례에 걸쳐 라파엘 드 코크와 실시한 인터뷰를 토대로 했다.

라파엘 드 코크는 두꺼비에서 나타나는 경고신호로서의 발광을 연구하고, 그 결과를 De Cock and Matthysen(2003)에 발표했다. De Cock and Matthysen(2005)은 소형 유럽 백열발광 반딧불이 종, 포스파에누스 헤밉테루스의 암컷이 수컷을 유인하기 위해 성 페로몬을 사용한다는 증거를 제시했다.

으스스한 백열 불빛과 오묘한 향

Frick-Ruppert and Rosen(2008)은 블루고스트반딧불이의 자연사와 행동에 관해 기술했다. "요정들이 작고 푸른 등을 들고 다니는 것 같다"는 인용구는 사우스캐롤라이나 주에 있는 베니 리 싱클레어(Bennie Lee Sinclair)와 돈 루이스(Don Lewis) 소유의 반딧불이 숲을 소개한 블로그, 블루고스트포스트(*Blue Ghost Post*)에서 따왔다.

Blueghoster. *Saints, Sanctuaries, and The Blue Ghosts*. April 6, 2010. http://blueghostpost.blogspot.kr/2010/04/saints-santuaries-and-blue-ghosts.html.

우리의 블루고스트반딧불이를 기술한 논문은 De Cock and colleagues(2014)다. 솜욧 실랄롬(Somyot Silalom) 박사는 람프리게라 테네브로수스 암컷에게서 보이는 '알 지키기' 행동에 관해 내게 들려주었다. 반딧불이의 가까운 친척으로 여겨지는 라고프탈무스 오흐바이(*Rhagophthalmus ohbai*)에 관한 연구는 이 발광 알 지킴이 암컷은 토양 미생물의 공격으로부터 알을 지켜주는 휘발성 화학물질을 방출한다고 밝혔다.(Hosoe et al. 2014)

한걸음 더

백열발광 반딧불이 노래

다음의 동영상에서 1952년 밀스 브라더스가 녹음한 〈반딧불이〉를 들을 수 있다. http://www.youtube.com/watch?v=2zOoAPn3OjQ.

자웅이형

캘리포니아 대학의 진화생물학자 대프니 페어베언(Daphne Fairbairn)이 쓴 권위 있는 책은 코끼리물범(elephant seal), 무당거미(garden spider), 따개비, 아귀 같은 특정 종에서 발견되는 암수 간의 커다란 덩치 차이의 원인과 결과를 탐구했다.

Fairbairn, D. J.(2013). *Odd Couples: Extraordinary Differences between the Sexes in the Animal Kingdom*. Princeton University Press, Princeton, NJ. 312 pages.

맷 사이먼(Matt Simon)은 죽은 아귀의 사진(그리고 영상 자료)이 풍부하게 실린 아래 논문에서 아귀의 성적 습성을 논의했다.

Simon, M.(2013, November 8). Absurd creature of the week: the anglerfish and the absolute worst sex on Earth. *Wired*. http://www.wired.com/2013/11/absurd-creature-of-the-week-anglerfish/.

듀폰주유림

노스캐롤라이나 주 헨더슨빌과 브레바드 사이에 있는 듀폰주유림(http://www.dupontforest.com/)의 역사에 관한 내용은 아래 논문에 실려 있다. 과거에 듀폰사 부지였던 이 주유림은 4200헥타르에 달하는 보호지로 둘러싸여 있으며, 5월에 블루고스트반딧불이를 관람하기에 더없이 좋은 곳이다.

Summerville, D.(2011). Southern Lights: Blue Ghost Fireflies. *Our State: North Carolina*. http://www.ourstate.com/lightning-bugs/.

기타

아래 두 논문에는 우리가 오늘날 블루고스트반딧불이에 관해 알고 있는 내용들이 담겨 있다. 우리의 2014년 논문에는 블루고스트반딧불이의 짝짓기 행동을 담은 비디오도 보충자료로 실려 있다.(http://journals.fcla.edu/flaent/issue/view/4045.)

Frick-Ruppert, J., and J. Rosen(2008). Morphology and behavior of *Phausis reticulata* (Blue Ghost Firefly). *Journal of North Carolina Academy of Science* 124: 139-147. http://dc.lib.unc.edu/cdm/ref/collection/jncas/id/3883.

De Cock, R., L. Faust, and S. M. Lewis(2014). Courtship and mating in *Phausis reticulata*(Coleoptera: Lampyridae): Male flight behaviors, female glow displays, and male attraction to light traps. Florida Entomologist 97: 1290-1307. http://dx.doi.org/10.1653/024.097.0404.

6 발광기관의 생성

불빛을 만드는 화학작용

Wilson and Hastings(1998, 2013)의 리뷰는 생물발광의 화학작용을 개괄하고 있다. 루시페라아제에 관한 설명은 데이비드 S. 굿셀(David S. Goodsell)이 2006년 6월에 발표한 Molecule of the Month in the RCSB's Protein Data Bank(https://pdb101.rcsb.org/motm/78)를 참조했다. 반딧불이 생물발광의 양자수율이 40~60퍼센트라고 밝힌 것은 Niwa and colleagues(2010)다.

반딧불이 불빛의 진화

Viviani(2002)와 Oba(2015)는 딱정벌레 루시페라아제가 어떻게 진화했는지에 관한 가설들을 살펴보았다. Yuichi Oba and colleagues(2008)는 여러 비발광 딱정벌레의 루시페린 함량을 측정했다. Lynch(2007)는 유전자 복제가 뱀 독소의 진화에서 어떤 역할을 담당하는지 규명했다. '굴절적응'에 관한 다윈의 예지력 있는 인용구는 《종의 기원》(1859, p. 190)에서 따왔다.

반딧불이의 쓰임새

반딧불이의 불빛 생산 능력을 실용적으로 응용한 사례는 Weiss(1994), Rosellini(2012), Andreu and colleagues(2013)에 소개되어 있다.

Weiss, R.(1994, August 29). Researchers gaze in the (insect) light and gain answers. *Washington Post*, A3.

점멸발광의 통제

존 버크에 관한 전기적 성격의 정보는 Case and Hanson(2004)과 〈뉴욕타임스〉에 실린 그의 부고기사를 참조했다.

Pearce, J.(2005, April 3). John B. Buck, who studied fireflies' glow, is dead at 92. *New York Times*. http://www.nytimes.com/2005/04/03/science/03buck.html.

반딧불이 등의 내부

Buck(1948)와 Ghiradella(1998)는 반딧불이 등의 자세한 내부 구조를 밝혀냈다. 헬렌 기라델라 (Helen Ghiradella)는 반딧불이 등 구조에 관한 전문가일 뿐만 아니라 빼어난 화가이기도 하다. 그의 그림은 다른 사람들이 불빛을 생산하는 마술을 부리는 이 곤충의 내적 구조를 이해하는 데 도움을 주었다. 〈그림 6.2〉는 Ghiradella(1998)의 허락하에 약간 손본 것이다.

반딧불이의 전등 스위치

우리는 반딧불이의 점멸 불빛 통제에서 산화질소가 담당하는 역할을 밝혀냈으며, 그 결과를 Trimmer et al.(2001)로 정리해 발표했다. 반딧불이 공기관의 구조에 기반을 둔 산소 통제에 관한 보완적 가설은 Ghiradella and Schmidt(2008)가 제시한 것이다.

동기화를 일으키는 기작

Smith(1935)는 태국에서 목격한 동기화 반딧불이 프테롭틱스속을 기술했다. 물론 이 활동이 짝짓기와는 아무 관련이 없다고 잘못된 결론을 내놓기는 했지만 말이다.

버크 부부는 태국 여행을 통해 프테롭틱스 말라카에 반딧불이종이 어떻게 동기화 점멸을 할 수 있는지를 최초로 과학적으로 밝혀냈다.(Buck and Buck 1968) 엘리자베스 버크의 말은 라디오랩(뉴욕시에 본사를 둔 공영 라디오 방송국 WNYC에서 만드는 라디오 프로그램—옮긴이)의 팟캐스트 〈이머전스(Emergence)〉 2005년 2월 18일 자 방송분에서 따왔다. 존 버크는 반딧불이의 점멸 동기화 기작을 연구한 50년의 시작 연도와 마무리 연도에 점멸 동기화의 토대를 이루는 여러 생리적 기작에 관한 두 편의 리뷰 논문(Buck 1938, Buck 1988)을 썼다. 이 중 후자에서 그는 여러 유형의 점멸 동기화와 관련하여 그 지리학적·분류학적 분포를 다루었다.

과학계의 음습한 비밀

니코 틴베르헌(1907~1988)은 네덜란드의 동물행동학자이자 조류학자로서 동물행동을 몇 가지 발견한 공로로 1973년 노벨 생리의학상을 공동수상했다. 그는 자신이 쓴 1963년 논문을 콘라트 로렌츠(Konrad Lorenz)의 60회 생일을 기념하는 자리에서 그에게 헌정했다. 과학적 반목에 관한 나의 설명은 제임스 로이드와 존 버크 양쪽과 주고받은 편지와 사적 대화를 기반으로 했다. Buck and Buck(1978)는 동기화가 수컷 집단에게 어떤 이득을 안겨주는지에 관심을 집중한 반면, Lloyd(1973b)는 동기화가 수컷 집단뿐 아니라 개체 수컷들 각자에게 어떤 이익을 제공해주는지에 주목했다. Faust(2010)는 동기화 점멸하던 포티누스 카롤리누스 수컷이 한 암컷에게 다가가게 되면 점멸이 중구난방으로 흐트러진다는 사실을 확인했다. 프테롭틱스속 디스플레이 나무 안에서 이루어지는 현상을 좀더 자세히 살펴보려면 Case(1980)를 참조하라.

한걸음 더

생물발광에 관한 추가사항

스스로 불을 밝히는 생명체들은 더할 나위 없이 매혹적이다. 2009년 개봉작으로 제임스 캐머런(James Cameron)이 시나리오를 쓰고 감독한 공상과학 영화 〈아바타(Avatar)〉에는 판도라라는 환상의 세계에서 화려한 생물발광을 뽐내며 살아가는 생명체들이 등장한다. 두 명의 선도적 생물발광 권위자 테레즈 윌슨(Thérèse Wilson)과 우디 헤이스팅스(Woody Hastings)는 반딧불이를 비롯한 몇몇 생명체를 골라 그들의 생물발광을 분자 수준에서 상세히 기술했다.

Wilson, T., and J. W. Hastings(2013). *Bioluminescence: Living Lights, Lights for Living*. Harvard University Press, Cambridge, MA. 208 pp.

캘리포니아 대학 샌타바버라 캠퍼스가 운영하는 'Bioluminescence Web Page(http://www.lifesci.ucsb.edu/~biolum/)'는 자체적으로 불빛을 생산하는 모든 생명체를 폭넓게 다룬다.

동기화에 관한 추가사항

선도적인 수학자이자 수상 경험이 있는 과학 전파자 스티븐 스트로가츠는 일반 대중을 상대로 수천 마리의 반딧불이, 심박박동조율세포, 초전도체 내의 전자들이 어떻게 고도로 조직화된 동기화 행동을 누구의 지시도 없이 해낼 수 있게 되는지 들려준다.

Strogatz, S. H.(2003), *Sync: The Emerging Science of Spontaneous Order*. Hyperion Books, New York, NY. 338 pp.

생물학자 마이클 그린필드는 동물들이 서로 의사소통하기 위해 사용하는 청각신호, 화학신호, 진동성 신호, 시각신호, 생물발광 신호 따위를 면밀하게 고찰했다. 또한 반딧불이·귀뚜라미·매미에서 보이는 집단적 수컷 동기화의 방법과 그 연유를 살펴보았다.

Greenfield, M.(2002). *Signalers and Receivers: Mechanisms and Evolution of Arthropod Communication*. Oxford University Press, New York, NY. 432 pp.

라디오랩: 이머전스

2005년 2월 18일에 방송된 이 라디오랩 팟캐스트는 이를테면 반딧불이의 동기화처럼 단순한 규칙을 따르는 개인들이 어떻게 복잡한 집단행동을 만들어낼 수 있는지 탐구했다. 이 방송분은 수학자 스티븐 스트로가츠, 그리고 생물학자 존 버크와 엘리자베스 버크 부부와의 인터뷰를 특집으로 다루었다. http://www.radiolab.org/story/91500-emergence/.

7 독을 숨긴 매혹

곤충을 향한 사랑

토머스 아이스너의 인용구들은 대부분 그가 2000년에 Web of Stories(320쪽 '한걸음 더' 참조)를 위해 진행한 인터뷰나 2003년 NPR의 인터뷰를 참조했다. 나머지는 2008년 내가 코넬 대학를 방문했을 때 그와 나눈 사적 대화에서 따왔다.

> Eisner, T.(2003). Interviewed by Robert Siegel on *All Things Considered*, National Public Radio, November 18, 2003. http://www.npr.org/templates/story/story.php?storyId=1511501.

역겨운 먹이, 반딧불이

토머스 아이스너는 'Web of Stories'의 영상물에서뿐 아니라 자신이 집필한 인기 있는 과학서 《곤충 사랑(For Love of Insects)》에서도 좀더 매력적인 버전의 애완새 포겔의 일화를 들려주었다.(Eisner 2003)

제임스 로이드는 반딧불이를 어떤 생명체는 먹고 어떤 생명체는 먹지 않는지와 관련하여 100여 년에 걸친 증거를 두루 확보했다.(Lloyd 1973) Knight and colleagues(1999)는 반딧불이를 먹고 영문 모를 죽음을 맞은 턱수염도마뱀 사례를 소상하게 다루었다. 박쥐 연구(Moosman et al. 2009)는 미국 동부의 박쥐 개체수를 크게 줄여놓은 박쥐괴질(white nose syndrome)이 발발한 2007년 이전에 실시되었다.

화학무기

세 가지 포티누스속 반딧불이종의 성충에서 루시부파긴이라는 화학적 방어기제를 처음 식별해낸 것은 토머스 아이스너 연구진이었다.(Eisner et al. 1978) 포티누스속 반딧불이들은 이 스테로이드 피론(pyrones)을 여러 가지 맛으로 만든다. 루시부파긴은 람피리스 녹틸루카의 유충(Tyler et al. 2008)뿐 아니라 주행성 반딧불이 루키도타 아트라의 성충(Gronquist et al. 2006)에도 존재하는 것으로 밝혀졌다. 반딧불이의 방어에 관해서는 Day(2011)를 참조했다.

Gao and colleagues(2011)는 부파디에놀리드 약품의 치료적 잠재 가능성을 고찰했으며, Banuls et al.(2013)은 이 같은 35개 합성화합물의 암 치료 효능을 논의했다.

다면적 방어전략

포티누스 피랄리스에서 반사출혈을 처음 다룬 것은 Blum and Sannasi(1974)였다. 그 현상은 그때 이후 피로코엘리아속(*Pyrocoelia*), 루키올라속(*Luciola*), 루키디나속(*Lucidina*) 등 다른 여러 반딧불이속에서도 보고되었다. 유충의 팝업 방어샘에 관해서는 루키올라 레이(*Luciola leii*) 반딧불이종의 경우 Xinhua Fu and colleagues(2007)가, 다른 몇 개 종의 경우 역시 Fu et al.(2009)이 기술했다. 그레이트스모키산맥 불꽃쇼의 이면에 관해 탐구한 것은 Lewis et al.(2012)이다.

경계 표시의 진화

앨프리드 러셀 월리스는 열대지방에서 현장연구를 하며 오랜 세월을 보낸 덕택에 경계색을 다윈보다 더 잘 이해할 수 있게 되었다. 그는 1867년 논문에서 '몸 숨기기에 알맞은 색깔(cryptic coloration)', 경계 표시, 의태에 관해 기술했다.(인용구는 9쪽) 월리스의 '위험신호기' 개념은 그가 자연선택에 관해 1889년 출간한 책(232쪽)에 실려 있다. 다윈의 인용구는 1867년 2월 26일 다운하우스에서 월리스에게 보낸 편지에서 따왔다.(F. Darwin 1887, p. 94)

De Cock and Matthysen(2001)은 반딧불이의 색채 패턴이 찌르레기에게 경고신호로 기능한다는 것을 발견했다. 다른 연구들은 백열 불빛이 두꺼비(De Cock and Matthysen 2003), 생쥐(Underwood et al. 1997), 거미(Long et al. 2012), 박쥐(Moosman et al. 2009)에서 그들의 기피 학습을 용이하게 해주는 힘이 있음을 실증해 보였다.

반딧불이의 의태곤충들: '식용 가능한 종' 혹은 '유독한 종'

베이츠는 자신의 여행이며 자연사 관찰에 관한 글을 폭넓게 발표했다.(320쪽 '한걸음 더' 참조) 인용문은 아마존 유역에 서식하는 나비들에서 발견되는 의태 현상을 다룬 1862년 논문(Bates 1862, p. 507)을 참조했다.

〈그림 7.3〉에 실린 반딧불이의 의태곤충 사진은 왼쪽 위부터 시계 방향으로 바큇과(Blattellinae)

Pseudomops septentrionalis(Photo by John Hartgerink), 가룃과(Meloidae) *Pseudozonitis* sp.(Photo by Mike Quinn, TexasEnto.net), 하늘솟과(Cerambycidae) *Hemierana marginata* (Photo by Patrick Coin), 홍반딧과(Lycidae) *Plateros* sp.(Photo by Gayle and Jeanell Stickland), 나방(Photo by Shirley Sekarajasingham), 병대벌렛과(Cantharidae) *Rhagonycha lineola*(Photo by Patrick Coin).

무자비한 포식성 반딧불이

포투리스속 팜파탈의 공격적 의태에 관한 기술은 Lloyd(1965, 1975, 1984)를 참조하라. Eisner and colleagues(1997)는 포투리스속 암컷들이 먹잇감의 유독한 루시부파긴을 가로채서 자신을 보호하는 데 쓰려고 비축해둔다는 사실을 보여주었다. 또한 이 연구팀은 팜파탈이 먹잇감으로부터 다량의 루시부파긴을 획득하지만, 포티누스속을 결코 먹지 못하는 실험실에서 자란 일부 포투리스속에서는 루시부파긴이 지극히 소량만 발견되었음을 확인했다. González and colleagues(1999)는 포투리스속 반딧불이 유충은 베타인(betaine)이라는 내생적 방어용 화학물질을 지니며, 그것을 성충까지 전달하여 성충이 포식자로부터 스스로를 보호하는 데 얼마간 도움을 받는다고 밝혔다. 그들은 또한 포투리스속 암컷들이 먹잇감으로부터 빼앗은 고농도의 루시부파긴을 알에게까지 전달하는 현상도 규명했다.

Lloyd and Wing(1983)과 Woods and colleagues(2007)는 포투리스속 포식자들의 사냥에 대해 기술했으며, Faust and colleagues(2012)는 이 도둑들이 밤에 저지르는 절취기생(kleptoparasitism) 행동을 소개했다.

한걸음 더

토머스 아이스너에 관한 추가 사항: Web of Stories

온라인 웹사이트 'Web of Stories'에는 우리 시대의 몇몇 위대한 과학자들과의 영상 인터뷰가 실려 있다. 토머스 아이스너도 그중 한 사람이다. 그는 여러 군데에서 자신의 삶과 연구에 관해 이야기한다. 《곤충학자는 왜 벌레를 먹는가: 반딧불이 이야기(Why Entomologists Eat Bugs: A Firefly Story)》에서는 어쩌다가 포겔과 함께 반딧불이가 포식자에 맞서 스스로를 방어하는 데 도움을 주는 화학물질을 발견하게 되었는지, 그 사연을 들려준다.

http://www.webofstories.com/play/thomas.eisner/7.

소통의 귀재 아이스너가 2003년에 쓴 책에서는 그가 화학생태학 분야에서 겪은 수많은 탐험 이야기가 흥미진진하게 펼쳐진다. 그 자신이 찍은 생생하고도 멋진 사진을 곁들여 독자들의 이해를 돕는다.

Eisner, T.(2003). *For Love of Insects*. Belknap Press of Harvard University Press, Cambridge, MA. 464 pp.

불빛 스낵: 반딧불이 포식

루이스 랩에서 제작한 이 짧은 비디오는 새라 루이스, 린 파우스트, 라파엘 드 코크의 연구를 기반으로 거미, 벌레, 포식성 포투리스 팜파탈의 공격을 받은 반딧불이에 관한 현장 관찰 기록을 담았다. 밴드 그리프 섹스텟(Griff Sextet)이 사운드트랙을 제공했는데, 과학자이자 음악가인 라파엘 드 코크가 보컬을 맡았다.

http://vimeo.com/28816083.

경고와 의태 관련 추가사항

그레임 럭스턴(Graeme Ruxton)과 동료들은 동물에게서 나타나는 '몸 숨기기에 알맞은 색깔', 경고 신호, 의태의 진화 같은 지식을 다소 전문적인 부분도 없지는 않지만 대체로 이해하기 쉽도록 설명했다.

Ruxton, G. D., T. N. Sherratt, and M. P. Speed(2004). *Avoiding Attack: The Evolutionary Ecology of Crypsis, Warning Signals, and Mimicry*. Oxford University Press, Oxford.

1863년 처음 출간되었을 당시 선풍적인 인기를 누린 아래의 19세기 고전은 영국의 자연주의자이자 곤충수집가 헨리 월터 베이츠가 아마존 분지를 여행한 과정을 시간순으로 소개한다. 자연사·지리학·민족지학 따위를 자유자재로 넘나드는 포괄적이고 매혹적인 책이다. 베이츠를 추앙하던 찰스 다윈은 이 책을 "영국에서 출간된 자연사 여행서 가운데 단연 최고"라고 평했다. 이 책은 그로부터 150년이 지난 오늘날까지도 부러움을 한 몸에 받는 자연사 저술의 모범으로 꼽힌다.

Bates, H. W.(2009). *The Naturalist on the River Amazon*. Cambridge University Press, Cambridge, UK.

8 반딧불이를 위해 소등을!

반딧불이의 불꽃이 사라진 여름

Keneagy(1993)는 플로리다 주에서 반딧불이 수가 감소하고 있다고 보고했다. 반딧불이 이메일의 출처는 텍사스 주 휴스턴에서 활동하는 신체상해 전문 변호사이자 반딧불이광인 도널드 레이 버거(Donald Ray Burger)가 운영하는 웹사이트 'Fireflies in Houston'(http://www.burger.com/firefly. htm)이다. 이 사이트는 반딧불이와 관련한 수많은 정보를 링크해놓았다. 버거는 1996년 이후 북아메리카 전역에 서식하는 반딧불이종과 관련해 수집한 자료 수백 가지를 실었다.

Keneagy, B.(1993, September 25). Lights out for firefly population. *Orlando Sentinel*. http://articles.orlandosentinel.com/1993-09-25/news/9309250716_1_lightning-bugs-fireflies-osceola.

태국의 반딧불이 수 감소에 관한 추정치는 태국 남부 반 롬투안(Ban Lomtuan) 마을의 매끌롱 강가에서 반딧불이 개체수가 줄어들고 있다는 New Tang Dynasty(新唐人) TV의 뉴스 보도와 Casey(2008)를 참조했다.

Casey, M.(2008, August 30) Lights out? Experts fear fireflies are dwindling. *USA Today*. http://usatoday30.usatoday.com/news/world/2008-08-30-1331112362_x.htm.

New Tang Dynasty Television(2009, June 10). *Fireflies' spectacle coming to an end*. (Video file). http://www.youtube.com/watch?v=06RHumVQ-e8.

포장이 깔린 천국

휴스턴에 반딧불이가 잘 보이지 않는다는 제임스 로이드의 말은 Grossman(2000)의 기사에서 인용했다.

Grossman, W.(2000, March 2). Fireflies are disappearing from the night sky. *Houston Press*. http://www.houstonpress.com/issues/2000-03-02/feature2.html에서 가져왔다.

Jusoh and Hashim(2012)은 맹그로브 서식지의 파괴가 어떻게 말레이시아의 동기화 반딧불이종 프테롭틱스 테네르에 영향을 미쳤는지 따져보았다. 태국의 반딧불이 관광과 보존에 관해서는 Thancharoen(2012)을 참조했다.

소니 웡은 말레이시아의 반딧불이를 소개하는 자신의 블로그에서 반딧불이 관람 수칙을 조언하고 있다. https://malaysianfireflies.wordpress.com/2010/01/20/firefly-watching-ethics/. 웡의 말은 Sharmilla Ganesan(2010)과의 인터뷰에서 따왔다.

Ganesan, S. (2010, February 16). Keeping the lights on. *The Star Online*. http://www.thestar.com.my/Lifestyle/Features/2010/02/16/Keeping-the-lights-on/.

빛 공해

David Owen(2007)은 국제밤하늘협회에 관해 기사를 썼다.

Owen, D.(2007, August 20). The dark side: Making war on light pollution. *New Yorker*. http://www.newyorker.com/magazine/2007/08/20/the-dark-side-2.

Ineichen and Rüttimann(2012)은 인공조명이 유럽 백열발광 반딧불이에 미치는 영향을 다루었다. Rich and Longcore(2006)는 인공조명이 이를테면 조류의 둥지 선택이나 번식의 성공에 영향을 끼치며, 도룡뇽의 행동 및 생리를 달라지게 만드는 등 생태계에 미치는 결과를 탐구했다. 제임스 로이드는 자신이 쓴 책의 어느 장에서 '미광'이 어떻게 반딧불이에 영향을 주는지 다루었다.

보상금을 노린 반딧불이 채집

Pieribone and Gruber(2005, p. 101)는 존스홉킨스의 윌리엄 매켈로이 이야기를 복원하여 들려주었다. 윌리엄 매켈로이는 "분자생물학 혁명이 아직 이뤄지지 않은 때" 루시페라제를 추출하려고 보상금을 지급하면서까지 수많은 반딧불이를 확보하고자 애썼던 것이다. 나는 실제로 매켈로이를 위해 반딧불이를 잡아다 준 적이 있는 이들을 몇 사람 만나보았다. 그들은 이튿날 돈과 바꾸려고 밤마다 반딧불이를 모으러 볼티모어 주변을 신나게 뛰어다니던 어린 시절을 회고했다.

〈시카고트리뷴(Chicago Tribune)〉은 1987년 시그마 화학사의 반딧불이 채집 활동에 관해 기사를 내보냈다. 1993년에는 밸러리 라이트먼(Valerie Reitman)이 〈월스트리트저널〉에 같은 기사를 실었다. 구글 뉴스(Google News)에서 'Firefly Scientist's Club'을 검색하면 상업적 판매용 반딧불이 포획을 위해 채집가들을 모집하던 과거의 신문광고를 다수 찾아볼 수 있다.

United Press International(1987, August 24). Pennies from heaven for firefly catchers. *Chicago Tribune*. http://articles.chicagotribune.com/1987-08-24/business/8703040337_1_

fireflies-sclerosis-and‑heart-disease-shark-tank.

Reitman, V.(1993, September 2) Scientists are abuzz over the decline of the gentle firefly. *Wall Street Journal.* A1.

2015년 현재도 Sigma-Aldrich 웹사이트에서는 반딧불이를 이용한 수많은 제품들이 판매되고 있다. 이를테면 말린 반딧불이 꼬리(복부)는 http://www.sigmaaldrich.com/catalog/product/sigma/fft에서,

말린 반딧불이 전체는 http://www.sigmaaldrich.com/catalog/product/sigma/ffw에서 취급한다.

Gilbert(2003)는 테네시 주 모건 카운티에서 이뤄진 반딧불이 수집 사업을 소개했다. 캘리포니아 주 휘티어에 사는 드와이트 설리번(Dwight Sullivan) 목사가 주도한 일이다. O'Daniel(2014)이 밝힌 대로, 2014년 여름 설리번은 살아 있는 반딧불이 100마리에 2달러를 지급하고 있었다. 우리는 Bauer et al.(2013)에서 지속가능한 반딧불이 수집 수준이 어느 정도인지 알아보려고 모델을 돌렸다.

Gilbert, K.(2003, June 20). Fireflies light the way for this pastor. *United Methodist Church News.* http://archives.umc.org/umns/news_archive2003.asp?ptid=&story={661B5CCE-59B8-4C1F-8BF3-F0F17B99DDE6}&mid=2406.

O'Daniel, R.(2014, July 16). Blicking bucks: Scientists will pay for summer's glow. *Morgan County News.* http://www.morgancountynews.net/content/blinking-bucks-scientists-will-pay-summers-glow.

반딧불이를 위협하는 그 밖의 요소들

살충제 사용률 추정치는 Beyond Pesticides라는 웹사이트에서 가져왔다. 이 웹사이트는 자료표와 뉴스를 제공하며, 인간의 건강을 수호하고 살충제가 환경에 미치는 영향을 탐구한다.

Beyond Pesticides Fact Sheet(August 2005). *Lawn Pesticide Facts and Figures.* http://www.beyondpesticides.org/assets/media/documents/lawn/factsheets/LAWNFACTS&FIGURES_8_05.pdf.

Ki-Yeol Lee and colleagues(2008)는 살충제와 비료가 흔히 볼 수 있는 아시아 반딧불이종 루키올라 라테랄리스[지금은 아쿠아티카 라테랄리스로 이름이 바뀌었다]의 여러 생애 단계에 어떤 영향

을 미치는지 확인하는 광범위한 실험을 실시했다. 루키올라 라테랄리스는 유충 단계를 물속에서 지낸다. 시간 경과에 따른 반딧불이 감소 현상을 분석한 Masahide Yuma(1993)는 일본 반딧불이의 개체수 감소에 영향을 미친 요인의 하나로 논에 뿌린 농약 사용량의 증가를 꼽았다. 과거 내 지도학생이었으며 이제 동료가 된 가메다 레이가 일본어로 된 이 논문과 그 외 자료들을 번역해주었다.

호타루 코이(반딧불이야 오너라!)

Erik Laurent(2001)와 Akito Kawahara(2007)는 일본의 곤충 사랑(entomophilia)에 대해 더없이 잘 묘사해놓았다. 일본 문화 속에 녹아 있는 지극한 반딧불이 사랑은 Yuma(1993), Ohba(2004), Oba and colleagues(2011)에 잘 드러나 있다.

고이즈미 야쿠모(1850~1904)는 인기 있는 저술가이자 번역가이며 일본의 삶과 문화의 해설가였다. 본문에 인용된 말은 그가 1902년에 쓴 글 〈반딧불이〉에 나오는 내용이다. 그 글은 1992년 루이스 앨런(Louis Alle)과 진 윌슨(Jean Wilson)이 엮은 그의 저술 선집 188~194쪽에 재게재되었고, 나는 그 구절을 거기서 따왔다.

Yuma(1995)는 우지 마을 반딧불이의 역사를 추적했다. 겐지 반딧불이 암컷이 늦은 밤에 산란하는 현상은 Yuma and Hori(1981)를 참조했다. 도쿄호타루축제(http://tokyo-hotaru.jp/)는 오늘날 매년 5월에 열리고 있다.

    Spacey, J.(2012, June 14). Hotaru Festival: A light spectacular in Tokyo. *Japan Talk*.
       http://www.japan-talk.com/jt/new/tokyo-hotaru-festival.

Iguchi(2009)의 보고에 따르면, 매년 여름 반딧불이 축제가 열리는 나가노 현 타츠노는 인공적으로 사육된 차분한 겐지 반딧불이를 다른 지역에서 들여와 풀어놓았는데, 이 조치는 그 지역 반딧불이에게 좋지 않은 영향을 끼쳤다고 한다.

한걸음 더

일본의 반딧불이에 관하여

〈딱정벌레 여왕이 도쿄를 정복하다(Beetle Queen Conquers Tokyo)〉는 2009년 제시카 오렉(Jessica Oreck)이 제작·감독한 매력적인 다큐멘터리로 일본인들의 곤충, 특히 딱정벌레에 대한 남다른 사랑을 면밀하게 추적하고 있다.

짧은 영상 https://vimeo.com/67980309은 도쿄반딧불이축제를 다루고 있다. 수미다강에 띄운 인공 반딧불이들이 도심을 관통하며 흘러가는 광경이 이채롭다.

반딧불이 보존을 위한 셀랑고르 선언
세계적인 반딧불이 전문가 집단이 2010년 말레이시아 셀랑고르에서 발표한 이 선언은 2014년 새로 개정되었다.
https://malaysianfireflies.files.wordpress.com/2014/01/the-selangor-declaration-rev-25nov2014.pdf.

The International Dark-Sky Association
이 비영리집단은 빛 공해에 관한 인식을 널리 확산하고 밤을 수호하는 데 도움이 되는 자원들을 제공한다.
http://www.darksky.org/.

현장 안내서: 북아메리카의 반딧불이

E. O. 윌슨의 말은 Wilson(1984) 139쪽에서 인용했다. 이 현장 안내서 부분에 훌륭한 반딧불이 사진을 실을 수 있도록 너그러이 허락해준 사진작가들에게 감사드린다. 포티누스속, 포투리스속, 엘리크니아속은 Croar.net, 피락토메나 앙굴라타는 스티븐 크레스웰(Stephen Cresswell), 피락토메나 보레알리스는 리처드 미그놀트(Richard Migneault), 루키도타 아트라는 페트릭 코인(Patrick Coin)이 찍은 사진이다.

아래는 반딧불이를 비슷하게 생긴 다른 딱정벌레들과 확실하게 구분할 수 있는 몇 가지 식별 방식을 제시한 자료들이다.

White, R. E.(1998). *A Field Guide to the Beetles of North America*. Houghton Mifflin Harcourt, New York, NY.

BugGuide(http://bugguide.net)는 아이오와 주립대학이 운영하는 무료 온라인 사이트다. 이곳에서는 헌신적인 곤충학자 팀이 미국과 캐나다 전역의 호기심 많은 자연주의자들이 올린 곤충 사진을 보고 종을 식별해주기도 한다.

Evans, A. V.(2014). *Beetles of Eastern North America*. Princeton University Press, Princeton, NJ.

세계 전역의 반딧불이 현장 안내서

대만, 홍콩, 포르투갈, 중국, 일본 등 세계 각국은 자국의 반딧불이 동물군을 다룬 현장 안내서를 발간했다. 존 데이(John Day)가 운영하는 정보 풍성한 웹사이트 Fireflies and Glow-worms는 유럽 반딧불이속을 소개하고 있다.(http://www.firefliesandglow-worms.co.uk/)

Chen T. R.(2003). *The Fireflies of Taiwan*. Field Image Press, Taipei City, Taiwan. 255 pp. (중국어판)

De Cock, R., H. N. Alves, N. G. Oliveira, and J. Gomes(2015). *Fireflies and Glow-Worms of Portugal (Pirilampos de Portugal)*. Parque Biologico de Gaia, Avintes, Portugal. 80 pp. (포르투갈어와 영어판)

Fu, X.(2014). *Ecological Atlas of Chinese Fireflies*. Commercial Press, Beijing. 167 pp. (중국어판)

Ohba, N.(2004). *Mysteries of Fireflies* (Hotaru Tenmetsu no Fushigi). Yokosuka City Museum, Yokosuka, Japan. (일본어판)

Vor, Y.(2012). *Fireflies of Hong Kong*. Hong Kong Entomological Society, Hong Kong. 117 pp. (중국어판)

놀랍게도 지금껏 본격적인 북아메리카 반딧불이 현장 안내서는 나와 있지 않다. 다만 다음의 몇 가지 자료는 제법 유익하다.

보스턴과학박물관(Boston Museum of Science)이 운영하는 사이트 *Firefly Watch*(https://legacy.mos.org/fireflywatch)는 점멸발광 반딧불이 포티누스속, 피락토메나속, 포투리스속의 특성과 그들의 점멸 도표를 제공한다.

Faust, L.(2017). *Fireflies, Glow-Worms, and Lightning Bugs! Natural History and a Guide to the Fireflies of the Eastern US and Canada*. University of Georgia Press, Athens.

Lloyd, J. E.(1966). Studies on the flash communication systems of *Photinus* fireflies. *University of Michigan Miscellaneous Publications* No. 130. http://deepblue.lib.umich.edu/handle/2027.42/56374.

Luk, S. P. L., S. A. Marshall, and M. A. Branham (2011). The fireflies (Coleoptera: Lampyridae) of Ontario. *Canadian Journal of Arthropod Identification* 16. http://www. biology.ualberta.ca/bsc/ejournal/lmb_16/lmb_16.html.

Majka, C. G.(2012). The Lampyridae (Coleoptera) of Atlantic Canada. *Journal of the Acadian Entomological Society* 8: 11-29. http://www.acadianes.org/journal.php.

용어 설명

경계색 디스플레이　유해한 먹잇감이 외양·소리·냄새를 함께 만들어내 포식자가 공격하기도 '전'에
　　지레 포기하도록 만든다.

계통발생학(phylogenetics)　살아 있는 유기체와 멸종한 유기체들 간의 역사적 관련성을 추론함으로
　　써 진화 과정을 연구하는 학문.

공격적 의태　포식자가 먹잇감에 접근하기 위하여 무해한 어떤 것의 형태나 행동을 모방하는 진화적
　　적응방식을 말한다.

굴절적응　본래 그 소지자에게 모종의 이득을 안겨주었으나 나중에 그 기능이 달라진 형질을 말한다.

딱정벌레목　딱정벌레는 곤충목 가운데 가장 큰 분류군일 뿐 아니라 지상에서 살아가는 것으로 알려
　　진 총 동물종의 25퍼센트 정도를 차지한다. 모든 딱정벌레는 그들의 생애 동안 완전변태를 거친
　　다. 그 과정에서 그들의 외양·습성·서식지가 급격하게 달라진다.

딱지날개　딱정벌레의 겉날개로, 비행날개를 보호하는 단단한 덮개로 바뀌었다.

레크　수컷들이 무리 지어 구애 디스플레이를 펼치는 장소로, 암컷들이 이곳을 찾아와 짝을 선택한다.

루시부파긴　일부 반딧불이가 포식자로부터 스스로를 지키려고 만들어낸 유독 화학물질을 말한다.

루시페라아제　불빛 생산을 촉진하는 일군의 효소를 통칭하는 용어.

루시페린　발광기관에서 발견되는, 불빛을 내뿜는 일군의 화합물을 통칭하는 용어.

뮐러식 의태　자연선택이 추동하는 진화 현상으로, 두 개 혹은 그 이상의 유해 종들이 포식자를 물리
　　치기 위해 공동의 신호로 수렴해 서로 닮아간다.

미토콘드리아　동물·식물·균을 포괄하는 모든 진핵생물의 세포 속에서 발견되는 에너지 공장이다.

이 세포기관은 ATP를 만드는 역할을 담당한다.

반딧불잇과 모든 반딧불이들이 속해 있는 딱정벌렛과를 지칭한다.

발광포 불빛을 만들어내는 특수한 세포다. 반딧불이에서는 발광포가 등(燈)이라 불리는 기관에 위치한다.

번데기 곤충의 생애에서 유충과 성충의 중간 단계.

베이츠식 의태 자연선택을 통해 실제로 먹어도 무방한 종이 포식자로부터 스스로를 보호하고자 유해종이 자기 보호를 위해 사용하는 경고신호를 모방하는 진화 현상을 말한다.

부파디에놀리드 수많은 식물과 일부 동물(두꺼비·반딧불이)이 적으로부터 스스로를 지키려고 만들어내는 유해 화학물질이다. 원래 1933년 이집트에 서식하는 나릿과의 해충(squill)에서 분리해낸 이스테로이드는 적은 용량을 사용하면 강심제와 항암제 역할을 할 수도 있다.

산화질소(NO) 세포들 간에 신호를 보내기 위해 사용하는 작은 분자.

생리학(physiology) 살아 있는 유기체들이 어떻게 기능하는지 탐구하는 과학 분야로, 대개 세포, 기관, 혹은 전체 유기체 차원에서 연구를 진행한다.

생물학적 분석(bioassay) 살아 있는 동물의 반응을 정보로 활용하는 시험을 말한다. 이러한 시험은 이를테면 어떤 특정 화학물질이 포식자를 저지할 수 있는지 여부를 측정한다.

아데노신삼인산(ATP) 살아 있는 세포 내에서 에너지를 축적하고 운반하는 데 쓰이는 분자.

엘리크니아속 북아메리카의 검은반딧불이 집단으로, 점멸발광 반딧불이 포티누스속과 긴밀한 유연관계에 놓여 있다. 이들의 성충은 낮 동안 날아다니며 불빛을 켜지 않는다.

유충 뚜렷하게 구분되는 곤충의 유년 단계다. 이 생애 단계의 반딧불이는 육식성으로 땅속이나 물속에서 살아간다.

자연선택 구조적·생화학적·생리적·행동적 특성 등 일부 유전형질에서 생긴 변이가 개인들 사이에서 생존이나 생식의 성공에서 차이를 만들어낼 때마다 나타나는 진화 과정을 의미한다.

자웅선택 자연선택의 일종으로, 개체들은 자웅선택을 거치면서 배우자를 유혹하거나 배우자를 차지하기 위해 경쟁하거나 혹은 끝내 수정하게 되는 능력이 저마다 달라진다.

자웅이형 어느 한 종의 수컷과 암컷 간에 크기나 외양이 확연하게 다른 형태.

전흉배판 반딧불이의 머리 뒤통수를 덮은 판 모양의 방패.

페로몬 동일 종의 구성원들 사이에 정보를 전달해주는 화학적 신호.

페록시좀 세포 안에 위치한 소기관으로 반딧불이에서는 이것이 발광포 안에 존재하면서 불빛 생산에 쓰이는 성분들을 저장한다.

포투리스속 북아메리카에서 흔히 볼 수 있는 점멸발광 반딧불이로, 포투리스속 암컷 가운데 포식성의 팜파탈이 포함되어 있다.

포티누스속 북아메리카에서 흔히 볼 수 있는 점멸발광 반딧불이종으로, 이들의 수컷은 이따금 포식성의 팜파탈(포투리스속 암컷)에게 잡아먹히곤 한다.

효소 커다란 단백질 분자로 특정 화학작용을 촉진하는 촉매 역할을 한다.

참고문헌

Albo, M. J., G. Winther, C. Tuni, S. Toft, and T. Bilde (2011). Worthless donations: Male deception and female counterplay in a nuptial gift-giving spider. *BMC Evolutionary Biology* 11: 329. http://www.biomedcentral.com/1471-2148/11/329.

Allen, L., and J. Wilson, editors (1992). *Lafcadio Hearn: Japan's Great Interpreter; A New Anthology of His Writings 1894-1904*. Japan Library, Sandgate, Kent, UK.

Andreu, N., et al. (2013). Rapid in-vivo assessment of drug efficacy against *Mycobacterium tuberculosis* using an improved firefly luciferase. *Journal of Antimicrobial Chemotherapy* 68: 2118-2127.

Banuls, L. M. Y., E. Urban, M. Gelbcke, F. Dufrasne, B. Kopp, R. Kiss, and M. Zehl (2013). Structure-activity relationship analysis of bufadienolide-induced in vitro growth inhibitory effects on mouse and human cancer cells. *Journal of Natural Products* 76: 1078-1084.

Barber, H. S. (1951). North American fireflies of the genus *Photuris*. *Smithsonian Miscellaneous Collection* 117, no. 1. 58 pp.

Bates, H. W. (1862). Contributions to an insect fauna of the Amazon Valley. Lepidoptera: Heliconidae. *Transactions of the Linnaean Society* (London) 23 (3): 495-566. doi:10.1111/j.1096-3642.1860.tb00146.x.

Bauer, C. M., G. Nachman, S. M. Lewis, L. Faust, and J. M. Reed (2013). Modeling effects of harvest on firefly population persistence. *Ecological Modelling* 256: 43-52.

Blum, M. S., and A. Sannasi (1974). Reflex bleeding in the lampyrid *Photinus pyralis*: defensive function. *Journal of Insect Physiology* 20: 451-460.

Branham, M. A. (2005). Firefly Communication. pp. 110-112 In: M. Licker, E. Geller, J. Weil, D. Blumel, A. Rappaport, C. Wagner, and R. Taylor (eds.) *The McGraw-Hill 2005 Yearbook of Science and Technology*. McGraw-Hill, New York, NY.

Branham, M. A., and M. Greenfield (1996). Flashing males win mate success. *Nature* 381: 745-746.

Branham, M. A., and J. W. Wenzel (2001). The evolution of bioluminescence in cantharoids (Coleoptera: Elateroidea). *Florida Entomologist* 84: 565-586. http://journals.fcla.edu/flaent/article/view/75005.

Branham, M. A., and J. Wenzel (2003). The origin of photic behavior and the evolution of sexual communication in fireflies. *Cladistics* 19: 1-22. http://branhamlab com/default. asp?action=show_pubs.

Buck, J. B. (1937). *Studies on the Firefly*. PhD thesis, Johns Hopkins University, Baltimore, MD.

Buck, J. B. (1938). Synchronous rhythmic flashing of fireflies. *Quarterly Review of Biology* 13: 301-314. http://www.jstor.org/stable/2808377.

Buck, J. B. (1948). The anatomy and physiology of the light organ in fireflies. *Annals of the New York Academy of Sciences* 49: 397-482.

Buck, J. B. (1988). Synchronous rhythmic flashing of fireflies II. *Quarterly Review of Biology* 65: 265-289. http://www.jstor.org/stable/2830425.

Buck, J. B., and E. Buck (1968). Mechanism of rhythmic synchronous flashing of fireflies. *Science* 159: 1319-1327.

Buck, J. B., and E. Buck (1978). Toward a functional interpretation of synchronous flashing by fireflies. *American Naturalist*. 112: 471-492.

Carson, R. (1965). *The Sense of Wonder*. Harper and Row, New York, NY.

Case, J. F. (1980). Courting behavior in a synchronously flashing, aggregative firefly, *Pteroptyx tener*. *Biological Bulletin* 159: 613-625. http://www.biolbull.org/content/159/3/613.

Case, J., and F. Hanson (2004). The luminous world of John and Elisabeth Buck. *Integrative and Comparative Biology* 44: 197-202. http://icb.oxfordjournals.org/content/44/3/197.full.

Cratsley, C. K., and S. M. Lewis (2003). Female preference for male courtship flashes in *Photinus ignitus* fireflies. *Behavioral Ecology* 14: 135-140. https://academic.oup.com/beheco/article/14/1/135/209237/Female-preference-for-male-courtship-flashes-in.

Cratsley, C. K., and S. M. Lewis (2005). Seasonal variation in mate choice of *Photinus ignitus* fireflies. *Ethology* 111: 89-100.

Cratsley, C. K., J. Rooney, and S. M. Lewis (2003). Limits to nuptial gift production by male fireflies, *Photinus ignitus*. *Journal of Insect Behavior* 16: 361-370.

Darwin, C. R. (1859). *The Origin of Species by Means of Natural Selection, or the Preservation of Favoured Races in the Struggle for Life*. John Murray, London.

Darwin, C. (1871). *The Descent of Man and Selection in Relation to Sex*. John Murray, London.

Darwin, F., editor (1887). *The Life and Letters of Charles Darwin, Including an Autobiographical Chapter*. John Murray, London.

Davies, N. (1983). Polyandry, cloaca-pecking and sperm competition in dunnocks. *Nature* 302: 334-336.

Day, J. C. (2011). Parasites, predators, and defence of fireflies and glow-worms. *Lampyrid* 1: 70-102.

De Cock, R. (2009). Biology and behaviour of European lampyrids. pp. 161-200. In: V. B. Meyer-Rochow (ed.) *Bioluminescence in Focus—A Collection of Illuminating Essays*. Research Signpost, Kerala, India.

De Cock, R., and E. Matthysen (2001). Do glow-worm larvae (Coleoptera: Lampyridae) use warning coloration? *Ethology* 107: 1019-1033.

De Cock R., and E. Matthysen (2003). Glow-worm larvae bioluminescence (Coleoptera: Lampyridae) operates as an aposematic signal upon toads (*Bufo bufo*). *Behavioral Ecology* 14: 103-108. http://beheco.oxfordjournals.org/content/14/1/103.full.

De Cock R., and E. Matthysen (2005). Sexual communication by pheromones in a firefly, *Phosphaenus hemipterus* (Coleoptera: Lampyridae). *Animal Behaviour* 70: 807-818.

De Cock, R., L. Faust, and S. M. Lewis (2014). Courtship and mating in *Phausis reticulata*

(Coleoptera: Lampyridae): Male flight behaviors, female glow displays, and male attraction to light traps. *Florida Entomologist* 97: 1290-1307. http://www.bioone.org/doi/abs/10.1653/024.097.0404.

Demary, K., C. Michaelidis, and S. M. Lewis (2006). Firefly courtship: Behavioral and morphological predictors of male mating success in *Photinus greeni*. *Ethology* 112: 485-492.

Eberhard, W. G. (1996). *Female Control: Sexual Selection by Cryptic Female Choice*. Princeton University Press, Princeton, NJ. 472 pp.

Eisner, T. (2003). *For Love of Insects*. Belknap Press of Harvard University Press, Cambridge, MA. 464 pp.

Eisner, T., M. A. Goetz, D. E. Hill, S. R. Smedley, and J. Meinwald (1997). Firefly "femme fatales" acquire defensive steroids (lucibufagins) from their firefly prey. *Proceedings of the National Academy of Sciences USA* 94: 9723-9728.

Eisner, T., and J. Meinwald (1995). The chemistry of sexual selection. *Proceedings of the National Academy of Sciences USA* 92: 50-55. https://www.ncbi.nlm.nih.gov/pmc/articles/PMC42815/.

Eisner,T., D. F. Wiemer, L. W. Haynes, and J. Meinwald (1978). Lucibufagins: Defensive steroids from the fireflies *Photinus ignitus* and *P. marginellus* (Coleoptera: Lampyridae). *Proceedings of the National Academy of Sciences USA* 75: 905-908. http://www.pnas.org/content/75/2/905.full.pdf.

Faust, L. (2010). Natural history and flash repertoire of the synchronous firefly *Photinus carolinus* in the Great Smoky Mountains National Park. *Florida Entomologist* 93: 208-217. http://journals.fcla.edu/flaent/article/view/76082.

Faust, L. (2012). Fireflies in the snow: Observations on two early-season arboreal fireflies *Ellychnia corrusca* and *Pyractomena borealis*. *Lampyrid* 2: 48-71.

Faust, L., S. M. Lewis, and R. De Cock (2012). Thieves in the night: Kleptoparasitism by fireflies in the genus *Photuris* (Coleoptera: Lampyridae). *Coleopterists Bulletin* 66: 1-6.

Fender, K. M. (1970). *Ellychnia* of western North America (Coleoptera: Lampyridae). *Northwest Science* 44: 31-43.

Fisher, R. A. (1930). *The Genetical Theory of Natural Selection*. Clarendon Press, Oxford.

Frick-Ruppert, J., and J. Rosen (2008). Morphology and behavior of *Phausis reticulata* (Blue Ghost Firefly). *Journal of North Carolina Academy of Science* 124: 39-47. http://dc.lib.unc.edu/cdm/ref/collection/jncas/id/3883.

Fu, X., V. Meyer-Rochow, J. Tyler, H. Suzuki, and R. De Cock (2009). Structure and function of the eversible organs of several genera of larval firefly (Coleoptera: Lampyridae). *Chemoecology* 19: 155-168.

Fu, X., F. Vencl, N. Ohba, V. Meyer-Rochow, C. Lei, and Z. Zhang (2007). Structure and function of the eversible glands of the aquatic firefly *Luciola leii* (Coleoptera: Lampyridae). *Chemoecology* 17: 117-124.

Gao, H., R. Popescu, B. Kopp, and Z. Wang (2011). Bufadienolides and their antitumor activity. *Natural Product Reports* 28: 953-969. http://dx.doi.org/10.1039/c0np00032a.

Ghiradella, H. (1998). Anatomy of light production: The firefly lantern. In: F. W. Harrison and M. Locke (eds.) *Microscopic Anatomy of invertebrates*, Volume 11A: *Insecta*. Wiley-Liss, New York, NY.

Ghiradella, H., and J. T. Schmidt (2008). Fireflies: Control of flashing. pp. 1452-1463. In: J. Capinera (ed.) *Encyclopedia of Entomology*. Springer, New York, NY.

González, A., J. F. Hare, and T. Eisner (1999). Chemical egg defense in *Photuris* firefly "femmes fatales." *Chemoecology* 9: 177-185.

Goodenough, U. (1998). *The Sacred Depths of Nature*. Oxford University Press, New York, NY. 224 pp.

Green, J. W. (1956). Revision of the Nearctic species of *Photinus* (Coleoptera: Lampyridae). *Proceedings of the California Academy of Sciences* Series 4, Vol. 28: 561-613.

Green, J. W. (1957). Revision of the Nearctic species of *Pyractomena* (Coleoptera: Lampyridae). *Wasmann Journal of Biology* 15: 237-284.

Greenfield, M. (2002). *Signalers and Receivers: Mechanisms and Evolution of Arthropod Communication*. Oxford University Press, New York, NY.

Gronquist, M., F. C. Schroeder, H. Ghiradella, D. Hill, E. M. McCoy, J. Meinwald, and T. Eisner (2006). Shunning the night to elude the hunter: Diurnal fireflies and the "femmes fatales." *Chemoecology* 16: 39-43.

Gwynne, D. T., and D. Rentz (1983). Beetles on the bottle: Male buprestids mistake stubbies for females (Coleoptera). *Australian Journal of Entomology* 22: 79-80. http://onlinelibrary. wiley.com/doi/10.1111/j.1440-6055.1983.tb01846.x/pdf.

Healya, K., L. McNally, G. D. Ruxton, N. Cooper, and A. Jackson (2013). Metabolic rate and body size are linked with perception of temporal information. *Animal Behaviour* 86: 685-696. http://dx.doi.org/10.1016/j.anbehav.2013.06.018.

Hosoe, T., K. Saito, M. Ichikawa, and N. Ohba (2014). Chemical defense in the firefly *Rhagophthalmus ohbai* (Coleoptera: Rhagophthalmidae). *Applied Entomology and Zoology* 49: 331-335.

Iguchi, Y. (2009). The ecological impact of an introduced population on a native population in the firefly *Luciola cruciata* (Coleoptera: Lampyridae). *Biodiversity and Conservation* 18: 2119-2126. http://link.springer.com/article/10.1007%2Fs10531-009-9576-8.

Ineichen, S., and B. Rüttimann (2012). Impact of artificial light on the distribution of the common European glow-worm, *Lampyris noctiluca. Lampyrid* 2: 31-36.

Jusoh, W. F. A. W., and N. R. Hashim (2012). The effect of habitat modification on firefly populations at the Rembau-Linggi estuary, Peninsular Malaysia. *Lampyrid* 2: 149-155.

Kawahara, A. (2007). Thirty-foot telescopic nets, bug-collecting video games, and beetle pets: Entomology in modern Japan. *American Entomologist* 53: 160-172. http://dx.doi. org/10.1093/ae/53.3.160.

Knight, M., R. Glor, S. R. Smedley, A. González, K. Adler, and T. Eisner (1999). Firefly toxicosis in lizards. *Journal of Chemical Ecology* 25 (9): 1981-1986.

Koene, J. (2006). Tales of two snails: Sexual selection and sexual conflict in *Lymnaea stagnalis* and *Helix aspersa. Integrative and Comparative Biology* 46: 419-429. https:// academic.oup.com/icb/article/46/4/419/633995/Tales-of-two-snails-sexual-selection-and-sexual.

Laurent, E. (2001). Mushi. *Natural History* (March): 70-75.

Lee, K., Y. Kim, J. Lee, M. Song, and S. Nam (2008). Toxicity to firefly, *Luciola lateralis*, of commercially registered insecticides and fertilizers. *Korean Journal of Applied Entomology*

47: 265-272 (in Korean).〔이기열·김영호·이재웅·송명규·남상호 (2008). "애반딧불이(*Luciola lateralis*)에 대한 살충제와 비료의 독성 평가", 《한응곤지(韓應昆誌)》 47(3): 265-272.〕

Lewis, S. M. (2009). Bioluminescence and sexual signaling in fireflies. In: V. B. Meyer-Rochow (ed.) *Bioluminescence in Focus—A Collection of Illuminating Essays*. Research Signpost, Kerala, India.

Lewis, S. M., and C. K. Cratsley (2008). Flash signal evolution, mate choice and predation in fireflies. *Annual Review of Entomology* 53: 293-321.

Lewis, S. M., C. K. Cratsley, and J. A. Rooney (2004). Nuptial gifts and sexual selection in *Photinus* fireflies. *Integrative and Comparative Biology* 44: 234-237. https://academic. oup.com/icb/article/44/3/234/600914/Nuptial-Gifts-and-Sexual-Selection-in-Photinus? searchresult=1.

Lewis, S. M., L. Faust, and R. De Cock (2012). The dark side of the Light Show: Predation on fireflies of the Great Smokies. *Psyche*. http://dx.doi.org/10.1155/2012/634027.

Lewis, S. M., and A. South (2012). The evolution of animal nuptial gifts. *Advances in the Study of Behavior* 44: 53-97.

Lewis, S. M., K. Vahed, J. M. Koene, L. Engqvist, L. F. Bussière, J. C. Perry, D. Gwynne, and G. U. C. Lehmann (2014). Emerging issues in the evolution of animal nuptial gifts. *Biology Letters* 10: 20140336. http://dx.doi.org/10.1098/rsbl.2014.0336.

Lewis, S. M., and O. Wang (1991). Reproductive ecology of two species of *Photinus* fireflies (Coleoptera: Lampyridae). *Psyche* 98: 293-307. https://www.hindawi.com/journals/ psyche/1991/076452/abs/.

Lloyd, J. E. (1965). Aggressive mimicry in *Photuris*: Firefly *femmes fatales*. *Science* 149: 653-654.

Lloyd, J. E. (1966). Studies on the flash communication system in *Photinus* fireflies. *University of Michigan Miscellaneous Publications* 130: 1-95. https://deepblue.lib.umich.edu/ bitstream/handle/2027.42/56374/MP130.pdf?sequence=1.

Lloyd, J. E. (1972). Chemical communication in fireflies. *Environmental Entomology* 1: 265-266.

Lloyd, J. E. (1973a). Firefly parasites and predators. *Coleopterists Bulletin* 27: 91-106. http://

www.jstor.org/discover/10.2307/3999442.

Lloyd, J. E. (1973b). Model for the mating protocol of synchronously flashing fireflies. *Nature* 245: 268-270.

Lloyd, J. E. (1975). Aggressive mimicry in *Photuris* fireflies: Signal repertoires by *femmes fatales*. *Science* 187: 452-453.

Lloyd J. E. (1979a). Sexual selection in luminescent beetles. pp. 293-342. In: M. S. Blum and N. A. Blum (eds.) *Sexual Selection and Reproductive Competition in Insects*. Academic Press, New York, NY. 463 pp.

Lloyd, J. E. (1979b). Symposium: Mating behavior and natural selection. *Florida Entomologist* 62: 17-34.

Lloyd, J. E. (1984). On the occurrence of aggressive mimicry in fireflies. *Florida Entomologist* 67: 368-376. http://journals.fcla.edu/flaent/article/view/57933.

Lloyd, J. E. (2000). On research and entomological education IV: Quantifying mate search in a perfect insect-seeking true facts and insight (Coleoptera: Lampyridae, *Photinus*) *Florida Entomologist* 83: 211-228. http://journals.fcla.edu/flaent/article/view/59545.

Lloyd, J. E. (2002). Family 62: Lampyridae. pp. 187-196. In: R. H. Arnett, M. C. Thomas, P. E. Skelley, and J. H. Frank (eds.) *American Beetles*, Volume II: *Polyphaga: Scarabaeoidea through Curculionoidea*. CRC Press, Boca Raton, FL.

Lloyd, J. E. (2008). Fireflies (Coleoptera: Lampyridae). pp. 1429-1452. In: J. L. Capinera (ed.) *Encyclopedia of Entomology*. Springer, New York, NY.

Lloyd, J. E., and S. Wing (1983). Nocturnal aerial predation of fireflies by light-seeking fireflies. *Science* 222: 634-635.

Long, S. M., S. Lewis, L. Jean-Louis, G. Ramos, J. Richmond, and E. M. Jakob (2012). Firefly flashing and jumping spider predation. *Animal Behaviour* 83: 81-86.

Lynch, V. J. (2007). Inventing an arsenal: Adaptive evolution and neofunctionalization of snake venom phospholipase A2 genes. *BMC Evolutionary Biology* 7 (2). https://bmcevolbiol.biomedcentral.com/articles/10.1186/1471-2148-7-2.

Majka, C. G., and J. S. MacIvor (2009). The European lesser glow worm, *Phosphaenus hemipterus*, in North America (Coleoptera, Lampyridae). *ZooKeys* 29: 35-47. doi: 10.3897/

zookeys.29.279.

Maurer, U. (1968). Some parameters of photic signalling important to sexual and species recognition in the firefly *Photinus pyralis*. Unpublished master's thesis. State University of New York, Stony Brook. 114 pp.

McDermott, F. (1964). The taxonomy of the Lampyridae. *Transactions of the American Entomological Society* 90: 1-72. http://www.jstor.org/stable/25077867.

McDermott, F. A. (1967). The North American fireflies of the genus *Photuris* Dejean: A modification of Barber's key (Coleoptera; Lampyridae). *Coleopterists Bulletin* 21: 106-116. http://www.jstor.org/stable/3999313.

McKenna, D., and B. Farrell (2009). Beetles (Coleoptera). pp. 278-289. In: S. B. Hedges and S. Kumar (eds.) *The Timetree of Life*. Oxford University Press, New York, NY. 572 pp.

Michaelidis, C., K. Demary, and S. M. Lewis (2006). Male courtship signals and female signal assessment in *Photinus greeni* fireflies. *Behavioral Ecology* 17: 329-335. https://academic.oup.com/beheco/article/17/3/329/201368/Male-courtship-signals-and-female-signal.

Moiseff, A., and J. Copeland (1995). Mechanisms of synchrony in the North American firefly *Photinus carolinus*. *Journal of Insect Behavior* 8: 395-407.

Moiseff, A., and J. Copeland (2010). Firefly synchrony: A behavioral strategy to minimize visual clutter. *Science* 329: 181.

Moosman, P., C. K. Cratsley, S. D. Lehto, and H. H. Thomas (2009). Do courtship flashes of fireflies (Coleoptera: Lampyridae) serve as aposematic signals to insectivorous bats? *Animal Behaviour* 78: 1019-1025.

Nada, B., L. G. Kirton, Y. Norma-Rashid, and V. Khoo (2009). Conservation efforts for the synchronous fireflies of the Selangor River in Malaysia. pp. 160-171. In: B. Napompeth (ed.) *Proceedings of the 2008 International Symposium on Diversity and Conservation of Fireflies*. Queen Sirikit Botanic Garden, Chiang Mai, Thailand.

Niwa, K., Y. Ichino, and Y. Ohmiya (2010). Quantum yield measurements of firefly bioluminescence using a commercial luminometer. *Chemical Letters* 39: 291-293.

Oba, Y. (2015). Insect bioluminescence in the post-molecular biology era. pp. 94-119. In: K. H. Hoffmann (ed.) *Insect Molecular Biology and Ecology*. CRC Press, Boca Raton, FL.

Oba, Y., M. Branham, and T. Fukatsu (2011). The terrestrial bioluminescent animals of Japan. *Zoological Science* 28: 771-789.

Oba, Y., T. Shintani, T. Nakamura, M. Ojika, and S. Inouye (2008). Determination of the luciferin content in luminous and non-luminous beetles. *Bioscience Biotechnology and Biochemistry* 72: 1384-1387.

Ohba, N. (2004). *Mysteries of Fireflies*. Yokosuka City Museum, Yokosuka, Japan (in Japanese).

Peretti, A. V., and A. Aisenberg, editors. (2015). *Cryptic Female Choice in Arthropods: Patterns, Mechanisms, and Prospects*. Springer International, London. 509 pp.

Pieribone, V., and D. Gruber (2005). A Glow in the Dark: The Revolutionary Science of Biofluorescence. Harvard University Press, Cambridge, MA.

Pietsch, T. (2005). Dimorphism, parasitism, and sex revisited: Modes of reproduction among deep-sea ceratioid anglerfishes (Teleostei: Lophiiformes). *Ichthyological Research* 52: 207-236.

Pizzari, T., and N. Wedell (2013). Introduction: The polyandry revolution. *Philosophical Transactions of the Royal Society B* 368: 20120041.

Rich, C., and T. Longcore, editors (2006). *Ecological Consequences of Artificial Night Lighting*. Island Press, Washington, DC. 480 pp.

Rooney, J., and S. M. Lewis (1999). Differential allocation of male-derived nutrients in two lamyprid beetles with contrasting life-history characteristics. *Behavioral Ecology* 10: 97-104. http://beheco.oxfordjournals.org/content/10/1/97.full.

Rooney, J. A., and S. M. Lewis (2000). Notes on the life history and mating behavior of *Ellychnia corrusca* (Coleoptera: Lampyridae). *Florida Entomologist* 83: 324-334. http://journals.fcla.edu/flaent/article/view/59556.

Rooney, J., and S. M. Lewis (2002). Fitness advantage of nuptial gifts in female fireflies. *Ecological Entomology* 27: 373-377.

Rosellini, D. (2012). Selectable markers and reporter genes: A well-furnished toolbox for plant science and genetic engineering. *Critical Reviews in Plant Sciences* 31: 401-453.

Simmons, L. W. (2001). *Sperm Competition and Its Evolutionary Consequences in the Insects*.

Princeton University Press, Princeton, NJ. 456 pp.

Smith, H. M. (1935). Synchronous flashing of fireflies. *Science* 82: 151-152. http://science. sciencemag.org/content/82/2120/151.

South, A., and S. M. Lewis (2012a). Determinants of reproductive success across sequential episodes of sexual selection in a firefly. *Proceedings of the Royal Society B* 279: 3201-3208. http://dx.doi.org/10.1098/rspb.2012.0370.

South, A., and S. M. Lewis (2012b). Effects of male ejaculate on female reproductive output and longevity in *Photinus* fireflies. *Canadian Journal of Zoology* 90: 677-681.

South, A., T. Sota, N. Abe, M. Yuma, and S. M. Lewis (2008). The production and transfer of spermatophores in three Asian species of *Luciola* fireflies. *Journal of Insect Physiology* 54: 861-866.

South, A., K. Stanger-Hall, M. Jeng, and S. M. Lewis (2011). Correlated evolution of female neoteny and flightlessness with male spermatophore production in fireflies (Coleoptera: Lampyridae). *Evolution* 65: 1099-1113.

Stanger-Hall, K., D. Hillis, and J. Lloyd (2007). Phylogeny of North American fireflies: Implications for the evolution of light signals. *Molecular Phylogenetics and Evolution* 45: 33-39.

Strogatz, S. H. (2003). *Sync: The Emerging Science of Spontaneous Order*. Hyperion Books, New York, NY. 338 pp.

Thancharoen, A. (2012). Well-managed firefly tourism: A good tool for firefly conservation in Thailand. *Lampyrid* 2: 142-148.

Tinbergen, N. (1963). On aims and methods of ethology. *Zeitschrift für Tierpsychologie* 20: 410-433.

Trimmer, B. A., J. R. Aprille, D. Dudzinski, C. Lagace, S. M. Lewis, T. Michel, S. Qazi, and R. Zayas (2001). Nitric oxide and the control of firefly flashing. *Science* 292: 2486-2488.

Trivers, R. (1972). Parental investment and sexual selection. pp. 136-179. In: B. Campbell (ed.) *Sexual Selection and the Descent of Man, 1871-1971*. Aldine, Chicago.

Tyler, J. (2002). *The Glow-worm*. Privately published.

Tyler, J., W. McKinnon, G. Lord, and P. J. Hilton (2008). A defensive steroidal pyrone in the glow-worm *Lampyris noctiluca* L. (Coleoptera: Lampyridae). *Physiological Entomology* 33: 167-170.

Underwood, T. J., D. W. Tallamy, and J. D. Pesek (1997). Bioluminescence in firefly larvae: A test of the aposematic display hypothesis (Coleoptera: Lampyridae). *Journal of Insect Behavior* 10: 365-370.

van der Reijden, E., J. Monchamp, and S. M. Lewis (1997). The formation, transfer, and fate of male spermatophores in *Photinus* fireflies (Coleoptera: Lampyridae). *Canadian Journal of Zoology* 75: 1202-1205.

Vencl, F. V., and A. D. Carlson (1998). Proximate mechanisms of sexual selection in the firefly *Photinus pyralis* (Coleoptera: Lampyridae). *Journal of Insect Behavior* 11: 191-207.

Viviani, V. (2001). Fireflies (Coleoptera: Lampyridae) from southeastern Brazil: Habitats, life history, and bioluminescence. *Annals of the Entomological Society of America* 94: 129-145.

Viviani, V. (2002). The origin, diversity, and structure function relationships of insect luciferases. *Cellular and Molecular Life Sciences* 59: 1833-1850.

von Uexküll, J. (1934). A stroll through the worlds of animals and men: A picture book of invisible worlds. pp. 5-80. In: C. H. Schiller (ed.) *Instinctive Behavior: The Development of a Modern Concept*. International Universities Press, New York, NY.

Waage, J. K. (1979). Dual function of the damselfly penis: Sperm removal and transfer. *Science* 203: 916-918.

Wallace, A. R. (1867). Mimicry, and other protective resemblances among animals. *Westminster Review* 88: 1-20.

Wallace, A. R. (1889). *Darwinism—An Exposition of the Theory of Natural Selection with Some of Its Applications*. Macmillan, London.

Williams, F. X. (1917). Notes on the life-history of some North American Lampyridae. *Journal of the New York Entomological Society* 25: 11-33. http://www.jstor.org/stable/25003739?seq=1#page_scan_tab_contents.

Wilson, E. O. (1984). *Biophilia*. Harvard University Press, Cambridge, MA.

Wilson, T., and J. W. Hastings (1998). Bioluminescence. *Annual Review of Cell and Developmental Biology* 14: 197-230.

Wilson, T., and J. W. Hastings (2013). *Bioluminescence: Living Lights, Lights for Living*. Harvard University Press, Cambridge, MA. 208 pp.

Wing, S., J. E. Lloyd, and T. Hongtrakul (1982). Male competition in *Pteroptyx* fireflies: Wing-cover clamps, female anatomy, and mating plugs. *Florida Entomologist* 66: 86-91. http://journals.fcla.edu/flaent/article/view/57785.

Woods W. A., H. Hendrickson, J. Mason, and S. M. Lewis (2007). Energy and predation costs of firefly courtship signals. *American Naturalist* 170: 702-708.

Yoshizawa, K., R. L. Ferreira, Y. Kamimura, and C. Lienhard (2014). Female penis, male vagina, and their correlated evolution in a cave insect. *Current Biology* 24: 1006-1010.

Yuma, M. (1993). *Hotaru no mizu, hito no mizu* (Fireflies' water, human's water). Shinhyoron, Tokyo (in Japanese).

Yuma, M. (1995). The welfare of Moriyama fireflies. *Japan Association for Firefly Research* 28: 29-31 (in Japanese).

Yuma, M., and M. Hori (1981). Gregarious oviposition of *Luciola cruciata*. *Physiology and Ecology Japan* 181: 93-112.

* * *

옮긴이의 글: 세밀화로 보는 반딧불이

2016년 여름, 우리 가족은 한 해 일정으로 미국 오하이오 주에 머무르고 있었다. 당시 우리는 미국에서 흔히 볼 수 있는 앞마당과 뒷마당이 딸린 소박한 단독 주택에서 살았다. 미국 북동부에 위치한 오하이오 주는 사계절이 비교적 뚜렷하여 우리나라 중부지역과 계절 변화가 얼추 비슷하다. 때는 전해 여름 끝자락부터 춘하추동을 딱 한 바퀴 돌고 이제 막 떠날 채비를 하던 초여름이었다. 어느 날부터인가 밤마다 불빛을 깜빡이며 돌아다니는 수많은 반딧불이가 보이기 시작했다. 이 책을 옮기고 나니 알겠다. 우리가 그해 초여름 그곳에서 반딧불이를 몇 주 동안 원 없이 볼 수 있었던 까닭을.

"자연의 경이를 체험하기 위해 군이 외딴 황야로 여행을 떠날 필요는 없다. 조용한 불꽃들이 바로 우리 집 뒷마당이나 도심의 공원에서 그저 우리 눈에 띄기를 기다리고 있기 때문이다." 잠시 경험한 바에 따르면 본문에 실린 이 말은 동부지역에서 살아가는 미국인들에게는 과연 맞는 말이다. 그해 여름밤마다 우리가 살던 집 앞마당과 뒷마당에서도, 조금만 걸어 나가면 드넓게 펼쳐져 있는 동네 공원들에서도 무릎 높이로 날아다니는 불빛들을 실컷 구경할 수 있었으니 말이다.

그즈음 방충망에 수도 없이 달라붙어 있던 곤충들도 알고 보니 반딧불이었다. 자연스럽게 그들을 붙잡아 외양을 자세히 들여다보면서 어떻게 생겼는지, 불빛을 내는 등은 어디에 위치하는지 살펴볼 수 있었다. 개중 조심성 없는 녀석들은 아예 방충망에 뚫린 구멍을 비집고 방 안으로까지 날아들었다. 어찌 들어는 왔으되 빠져나가지는 못한 녀석들이 잠자리에 누운 우리 머리 위에서 밤이 이슥하도록 형광 불빛을 수놓았다. 일어나 쫓아낼 기력도 없었거니와 그들의 존재가 싫지는 않아 가만 바라보다 스르르 잠이 들었던 것 같다.

그 무렵 에코리브르 사장님께 보낸 메일에서 밤에 방 안을 어지럽히던 반딧불이 이야기를 잠깐 꺼냈을 것이다. 그런데 바로 다음번 메일에서 마치 거짓말처럼 평생 반딧불이만 연구해온 사람이 쓴 책《경이로운 반딧불이의 세계(Silent Sparks)》를 번역해달라는 제의를 받았다. 번역하는 책과는 이러저러하게 인연이 닿지만 이번 경우는 그 계기가 참으로 우연하면서도 뜬금없었다. 살다 보니 그런 기막힌 행운도 있었다.

우리 가족은 그 몇 해 전에도 미국 캘리포니아 주에서 5년을 살았다. 그렇지만 여름철에 반딧불이를 본 일은 단 한 번도 없었다. 오하이오 주에서 수많은 반딧불이를 지켜보면서 자문해보았다. 미국에는 이렇듯 반딧불이가 천지인데, 그렇다면 예전에는 내가 자연에 그토록 무심했단 말인가? 하지만 이 책을 통해 내가 무심했던 게 아니라 캘리포니아 주에는 본시 반딧불이가 거의 서식하지 않는다는 것을 알았다. 그 5년 동안의 어느 해 여름 매사추세츠 주 액튼의 친척집을 며칠간 방문한 일이 있었다. 그때 수많은 반딧불이의 불꽃쇼를 난생처음

보았다. 서부인 캘리포니아 주에서 5년 내내 본 적 없는 반딧불이가 동부 액튼에는 수도 없이 살아가고 있다는 것이 내 짧은 경험에서 얻은 결론이었다. 그런데 이 책을 보면 그것이 그저 우연한 관찰의 결과가 아님을 알 수 있다.

우리나라에 사는 수많은 도시 거주민들은 주소를 주고받아야 할 때 으레 대뜸 '어느 아파트세요?'라고 묻고, 또 당연하다는 듯이 '××아파트 ×동 ×호'라고 답한다. 우리 대다수에게 집에 앞마당과 뒷마당이 있으며 가까이 매일 산책할 수 있는 드넓은 공원이 펼쳐져 있다는 것, 게다가 거기서 여름밤이면 반딧불이를 실컷 구경할 수 있다는 것은 머나먼 꿈나라 이야기일 것이다.

그러니만큼 반딧불이에 대해 이렇듯 세밀하게 묘사한 책에 대해, 그것도 주로 북아메리카의 시선에서 쓰인 책에 대해 우리나라에서 얼마나 많은 이들이 관심을 기울일지 솔직히 좀 걱정이 앞선다. 이 책을 옮기는 동안 지인들을 만날 때면 다짜고짜 '반딧불이에 대해 궁금하냐'고 묻곤 했는데 거개가 뜨뜻미지근한 반응을 보인 탓인 것도 같다. 이 책을 만나기 전의 나 역시 그들과 크게 다르지 않았음에도 지금의 나는 어떻게 반딧불이가 궁금하지 않을 수 있다는 건지 참으로 안타까워 죽겠다. 이 책에 등장하는 반딧불이의 대가들도 다들 그랬지만 어떤 계기에선가 일단 반딧불이를 알게 되면 그들의 색다른 매력에 푹 빠져들게 된다. 이 책이 누군가에게는 분명 그런 계기가 되리라 믿는다.

반딧불이는 '알고 보면' 더욱 경이롭고 사랑스러운 존재다. 그들은 생명의 진화 과정을 더할 나위 없이 잘 보여주는 예이자 지구 환경의 건강을 드러내는 지표이기도 하다. 게다가 혁신적 연구를 거들고 의학적 지식을 키우고 공중보건을 개선하는 소중한 도구를 제공하여 인간의 삶에도 실질적인 도움을 준다. 알면 알수록 놀라울 뿐이다.

2017년 8월

김홍옥

찾아보기